CHINA

LAOMO JINGSHEN YANJIU

劳模精神研究

徐大慰◎著

安徽师范大学出版社
ANHUI NORMAL UNIVERSITY PRESS

·芜湖·

图书在版编目（CIP）数据

劳模精神研究 / 徐大慰著 .— 芜湖：安徽师范大学出版社，2020.9（2022.2重印）
ISBN 978-7-5676-3505-0

Ⅰ.①劳… Ⅱ.①徐… Ⅲ.①职业道德－研究－中国 Ⅳ.①B822.9

中国版本图书馆CIP数据核字（2020）第171116号

劳模精神研究　　　　　　　　　　徐大慰◎著

责任编辑：胡志恒　　　　责任校对：潘　安
装帧设计：丁奕奕　　　　责任印制：桑国磊
出版发行：安徽师范大学出版社
　　　　　芜湖市九华南路189号安徽师范大学花津校区
网　　址：http://www.ahnupress.com/
发 行 部：0553-3883578　5910327　5910310（传真）
印　　刷：江苏凤凰数码印务有限公司
版　　次：2020年9月第1版
印　　次：2022年2月第2次印刷
规　　格：700 mm×1000 mm　1/16
印　　张：21.25
字　　数：335千字
书　　号：ISBN 978-7-5676-3505-0
定　　价：54.00元

如发现印装质量问题，影响阅读，请与发行部联系调换。

目　录

第一章　劳模精神内涵和价值 ·················001

　第一节　劳动模范的历史地位和重大贡献 ·······001

　　一、党和国家领导人的重要论述 ···········001

　　二、习近平新时代劳模精神重要论述 ········006

　　三、劳动模范的重大贡献 ···············013

　第二节　劳模精神的时代变迁和基本内涵 ·······017

　　一、劳模精神的时代特征 ···············017

　　二、劳模精神的基本内涵 ···············024

　　三、劳模精神内涵的内在逻辑 ···········028

　第三节　劳模精神的文化渊源和当代价值 ·······032

　　一、劳模精神的文化渊源 ···············032

　　二、劳模精神的当代价值 ···············037

第二章　劳动模范的先进事迹 ················044

　第一节　"七仙女"型劳模 ·················044

　　一、裔式娟和"裔式娟小组" ·············045

　　二、杨富珍和"杨富珍小组" ·············049

　　三、赵梦桃和"赵梦桃小组" ·············051

　　四、黄宝妹和"劳模公司" ···············056

　第二节　"革命"型劳模 ···················059

　　一、"铁人"王进喜 ···················059

　　二、"中国的保尔"吴运铎 ··············065

第三节 "铁姑娘"型劳模 …………………… 070

一、大寨"铁姑娘战斗队" ………………… 070

二、"三八"带电作业班 ………………… 075

三、工业战线"铁姑娘" ………………… 079

四、农业战线"铁姑娘" ………………… 087

第三章 劳动模范的精神品质 …………………… 104

第一节 "梦桃精神" …………………… 104

一、"高、严、快、实" ………………… 104

二、新时代价值 ………………… 106

第二节 铁人精神 …………………… 108

一、"爱国、创业、求实、奉献" ………………… 109

二、"话说铁人精神" ………………… 114

三、铁人精神研究 ………………… 120

第三节 "西沟精神" …………………… 122

一、"男女同工同酬"提出者 ………………… 122

二、妇女劳动模范 ………………… 126

三、信念坚定、廉洁奉公的共产党员 ………………… 129

四、中国人大制度建设的"常青树" ………………… 130

第四章 劳模形象塑造 …………………… 132

第一节 "黄宝妹"形象及电影创作 …………………… 132

一、"黄宝妹"形象 ………………… 132

二、"纪录性艺术片"创作 ………………… 139

三、纺织工人本色表演 ………………… 147

第二节 "铁人"形象变迁及塑造方式 …………………… 153

一、"铁人"形象变迁 ………………… 153

二、铁人形象的塑造方式 ………………… 159

　　　　三、王进喜纪念馆 ●●●●●●●●●●●●●●●●●●●●●●●●●●●●●●●●●●●●●●●162

　　　　四、铁人文学 ●●165

　　第三节　铁人电影及其创作过程 ●●●●●●●●●●●●●●●●●●●●●●●●●169

　　　　一、电影《创业》 ●●●●●●●●●●●●●●●●●●●●●●●●●●●●●●●●●●●●●169

　　　　二、电影《铁人》 ●●●●●●●●●●●●●●●●●●●●●●●●●●●●●●●●●●●●●171

　　　　三、电影《铁人王进喜》 ●●●●●●●●●●●●●●●●●●●●●●●●●●●●●●183

　　第四节　"改革先锋"及艺术创作 ●●●●●●●●●●●●●●●●●●●●●●●●●189

　　　　一、新闻报道与领导嘉奖 ●●●●●●●●●●●●●●●●●●●●●●●●●●●●188

　　　　二、上党梆子戏《西沟女儿》及其创作 ●●●●●●●●●●●●●●●199

　　　　三、上党落子戏《申纪兰》及其创作 ●●●●●●●●●●●●●●●●●203

　　　　四、长篇报告文学《见证共和国》及其创作 ●●●●●●●●●205

　　第五节　影视《吴运铎》创作及人物形象 ●●●●●●●●●●●●●●●209

　　　　一、电视剧《中国保尔·吴运铎》 ●●●●●●●●●●●●●●●●●●209

　　　　二、电影《吴运铎》 ●●●●●●●●●●●●●●●●●●●●●●●●●●●●●●●●215

　　　　三、话剧《把一切献给党》 ●●●●●●●●●●●●●●●●●●●●●●●●●221

第五章　弘扬劳模精神 ●●●●●●●●●●●●●●●●●●●●●●●●●●●●●●●●●●225

　　第一节　"梦桃精神"代代传 ●●●●●●●●●●●●●●●●●●●●●●●●●●●225

　　　　一、赵梦桃小组永葆先进本色 ●●●●●●●●●●●●●●●●●●●●●●226

　　　　二、争做新时代的最美奋斗者 ●●●●●●●●●●●●●●●●●●●●●●232

　　第二节　传承铁人精神 ●●●●●●●●●●●●●●●●●●●●●●●●●●●●●●●242

　　　　一、铁人精神的当代意蕴 ●●●●●●●●●●●●●●●●●●●●●●●●●●242

　　　　二、电影《铁人》首映式及观感 ●●●●●●●●●●●●●●●●●●●●244

　　　　三、看《铁人》,说铁人,学铁人 ●●●●●●●●●●●●●●●●●●●249

　　　　四、《铁人王进喜》"一直没有离去" ●●●●●●●●●●●●●●●257

　　第三节　学习"西沟精神" ●●●●●●●●●●●●●●●●●●●●●●●●●●●259

　　　　一、开展农业增产竞赛运动 ●●●●●●●●●●●●●●●●●●●●●●●260

　　　　二、开展"学纪兰,转作风"活动 ●●●●●●●●●●●●●●●●●●269

三、廉政教育、党性教育和爱国主义教育 ……… 273

四、公民道德和政治思想教育 ……… 276

第四节 "把一切献给党" ……… 283

一、"中国的保尔·柯察金" ……… 284

二、影视剧观后感 ……… 287

第六章 劳模精神的多维透视 ……… 293

第一节 劳动模范的生命历程 ……… 293

一、生命历程理论的北美艾尔德范式和欧洲科利范式 ……… 294

三、劳动模范的本色和特色 ……… 297

四、生命历程视野下的国家和个人 ……… 301

第二节 铁人王进喜的典型塑造 ……… 303

一、典型报道的理论基础 ……… 304

二、关于王进喜的典型报道 ……… 307

三、典型报道的社会作用 ……… 312

第三节 "铁姑娘"的话语模式 ……… 315

一、"铁姑娘"生成的历史语境 ……… 315

二、话语主题和话语对象 ……… 317

三、话语的社会影响 ……… 319

第四节 劳模精神再生产机制 ……… 321

一、再生产机制及理论基础 ……… 321

二、党和国家的意识形态主线 ……… 323

参考文献 ……… 325

第一章　劳模精神内涵和价值

> 劳动模范，简称"劳模"，是指在社会主义建设事业中成绩卓著或有重大贡献的劳动者，经职工民主评选，有关部门审核和政府审批后被授予的荣誉称号。中共中央、国务院授予的劳动模范为"全国劳动模范"，是中国最高的荣誉称号。与此同级的还有"全国先进生产者""全国先进工作者"称号。"爱岗敬业、争创一流，艰苦奋斗、勇于创新，淡泊名利、甘于奉献"是劳模精神的基本内涵。劳模精神是社会主义核心价值观的生动诠释，也是中国精神的生动体现。

第一节　劳动模范的历史地位和重大贡献

习近平总书记指出，一个有希望的民族不能没有英雄，一个有前途的国家不能没有先锋。劳动模范是"我们民族的精英、国家的脊梁、社会的中坚和人民的楷模"，是走在时代前列的领跑者。劳动模范是我国工人阶级中一个闪光的群体，享有崇高声誉，备受人民尊敬。对劳模价值的肯定、劳模精神的弘扬、劳模品质的褒奖，贯穿在党领导革命、建设和改革开放的各个历史时期。

一、党和国家领导人的重要论述

中国共产党和政府非常重视劳动模范工作，自1950年以来先后召开了

15次全国劳动模范和先进工作者表彰大会。以毛泽东、邓小平、江泽民、胡锦涛、习近平为代表的党的领导核心分别在劳模表彰大会上发表重要讲话，对劳模工作都作出过一系列重要论述。

劳动模范起着"骨干、带头和桥梁作用"。1950年，毛泽东在全国工农兵劳动模范代表会议上对劳动模范给予很高的评价，指出劳动模范"是全中华民族的模范人物，是推动各方面人民事业胜利前进的骨干，是人民政府的可靠支柱和人民政府联系广大群众的桥梁"①。早在1945年1月10日，毛泽东就指出："你们（劳模）有三种长处，起了三个作用。第一个，带头作用。这就是因为你们特别努力，有许多创造，你们的工作成了一般人的模范，提高了工作标准，引起了大家向你们学习。第二个，骨干作用。你们的大多数现在还不是干部，但是你们已经是群众中的骨干，群众中的核心，有了你们，工作就好推动了。到了将来，你们可能成为干部，你们现在是干部的后备军。第三个，桥梁作用。你们是上面的领导人员和下面的广大群众之间的桥梁，群众的意见经过你们传上来，上面的意见经过你们传下去。"②后来被人们概括为劳动模范的"三大作用"——"骨干、带头和桥梁作用"。作为我国社会主义革命、建设和改革事业作出突出贡献的先进模范人物，在全面推进社会主义经济建设、政治建设、文化建设、社会建设以及生态文明建设和党的建设中取得了显著成绩，发挥了骨干、带头、示范作用。

服务群众是劳动模范的价值指向，也是其鲜明的身份特征。毛泽东在《工作方法六十条（草案）》（1958年）中强调"任何英雄豪杰，他的思想、意见、计划、办法，只能是客观世界的反映，其原料或者半成品只能来自人民群众的实践中"③。毛泽东强调"拿出个榜样给群众看"，充分发挥榜样的引领和教育功能，从情感上感染群众，在行动中带动群众。"苏联为什么要提倡学习斯达汉诺夫？因为他积极，要使别人向他看齐。我们要

---

① 刘少奇：《在全国先进生产者代表会议上的祝词》（1956年4月30日）。中共中央文献研究室：《建国以来重要文献选编》第8册，北京：中央文献出版社，1994年，第270页。

② 毛泽东：《必须学会做经济工作》（1945年1月10日）。《毛泽东选集》第3卷，北京：人民出版社，1991年，第1013页。

③《毛泽东文集》第7卷，北京：人民出版社，1999年，第358页。

采取这样的态度，号召所有的人向积极分子看齐"。①这是因为劳模工作是一项群众工作，早在 1950 年中央和政务院就已经指出劳模工作实际上是一场"劳模运动"。1956 年中央和国务院将劳模工作即"先进生产者运动"称作是"最广泛、最深刻的群众运动"。1982 年中共中央再次将劳模工作称作"学赶先进活动"，重申劳模工作是群众运动的属性。

　　1956 年，刘少奇在全国先进生产者代表会议上，阐明了劳动模范的历史作用和历史地位，他在祝词中指出："先进生产者是人类经济生活向前发展的先驱，也是人类社会历史向前发展的先驱。""在人民民主制度的条件下，先进生产者不但是人民群众的先驱，而且成了人民群众的核心，成了国家和人民群众之间的重要纽带。"②劳模的作用在于把他们的生产水平迅速地变为全社会的生产水平。"在任何时代，在任何生产部门中，总是有少数比较先进的生产者，他们采用着比较先进的生产技术，创造着比较先进的生产定额。随后，就有愈来愈多的生产者学会了他们的技术，达到了他们的定额，直至最后，原来是少数先进分子的生产水平就成为全社会的生产水平，社会生产就提高了。"③因此，"先进生产者不只是要保持自己的先进，而且要努力促进别人由落后达到先进。"④"每一个普通生产者应当向先进生产者学习，向先进生产者看齐，迅速地把一般的生产水平提高到先进分子的水平。"⑤

　　十一届三中全会以后，中国共产党所面临的形势、任务发生了急剧的变化，以邓小平为代表的党的第二代领导核心为劳模工作的发展明确了新的方向。"文革"时期那种大树特树"纯政治""纯精神"典型的方式已经不合时宜，邓小平强调"宣传好的典型时，一定要讲清楚他们是在什么条

---

　　①《毛泽东文集》第 2 卷，北京：人民出版社，1993 年，第 419 页。

　　② 刘少奇：《在全国先进生产者代表会议上的祝词》（1956 年 4 月 30 日）。中共中央文献研究室：《建国以来重要文献选编》第 8 册，北京：中央文献出版社，1994 年，第 269 页。

　　③ 刘少奇：《在全国先进生产者代表会议上的祝词》（1956 年 4 月 30 日）。中共中央文献研究室：《建国以来重要文献选编》第 8 册，北京：中央文献出版社，1994 年，第 268 页。

　　④ 刘少奇：《在全国先进生产者代表会议上的祝词》（1956 年 4 月 30 日）。中共中央文献研究室：《建国以来重要文献选编》第 8 册，北京：中央文献出版社，1994 年，第 270 页。

　　⑤ 刘少奇：《在全国先进生产者代表会议上的祝词》（1956 年 4 月 30 日）。中共中央文献研究室：《建国以来重要文献选编》第 8 册，北京：中央文献出版社，1994 年，第 271 页。

件下，怎样根据自己的情况搞起来的，不能把他们说得什么都好，什么问题都解决了，更不能要求别的地方不顾自己的条件生搬硬套"①。1975年5月，邓小平就要求"在落实政策时，还要特别注意那些老工人、技术骨干、老劳模，要把这一部分人的积极性调动起来"②。1978年10月，邓小平在中国工会九大的致词中指出："在党的领导和工会的帮助下，全国各民族各地区各工业部门的职工群众中都涌现了一批劳动模范和工人阶级的革命骨干，他们至今还是我们学习的榜样和团结的核心。"③这时期劳动模范必须是对社会主义物质文明和精神文明建设起到先锋模范作用的榜样，不仅关乎精神层面，也关乎实践层面。邓小平说："任何人对四个现代化贡献得越多，国家给他的荣誉和奖励就越多，这是理所当然的"④，他号召广大干部群众向模范人物学习，"做有理想、有道德、有文化、守纪律的共产主义新人"。

1995年4月29日，江泽民在庆祝"五一"国际劳动节暨表彰全国劳动模范和先进工作者大会上的讲话中指出："各条战线的劳动模范和先进工作者，为全社会树立了光辉的榜样。党和国家感谢你们，各族人民尊敬你们。全社会都要尊重、爱护劳动模范和先进工作者，虚心向他们学习，关心他们的工作和生活。榜样的力量是无穷的……"在2000年全国劳动模范和先进工作者表彰大会上，江泽民进一步明确："全国劳动模范和先进工作者，是亿万劳动群众的杰出代表。""（他们）在平凡的岗位上做出了不平凡的业绩，是建设社会主义物质文明和精神文明的先锋。""他们的思想和行动，体现了中国工人阶级的高贵品格。""他们不愧为我们民族的精英、国家的脊梁、社会的中坚和人民的楷模。"⑤

胡锦涛充分肯定了劳模的历史地位和现实意义。在2005年全国劳动模

---

① 《邓小平文选》第2卷，北京：人民出版社，1994年，第316—317页。

② 《邓小平文选》第2卷，北京：人民出版社，1994年，第10页。

③ 邓小平：《在中国工会第九次全国代表大会上的致词》（1978年10月11日）。《中国工会第九次全国代表大会纪念刊》，北京：工人出版社，1978年，第2页。

④ 邓小平：《在中国工会第九次全国代表大会上的致词》（1978年10月11日）。《中国工会第九次全国代表大会纪念刊》，北京：工人出版社，1978年，第5页。

⑤ 中国金融工会全国委员会编：《工会工作参考资料汇编》（上），北京：中国金融出版社，2002年，第6—8页。

范和先进工作者表彰大会上，他指出："新中国成立50多年来，我国不同时期涌现出来的千千万万先进模范人物，为国家发展、民族振兴、人民幸福建立了卓越功勋。他们不仅创造了巨大的物质财富，而且创造了巨大的精神财富。"他重申："广大先进模范人物不愧为民族的精英、国家的栋梁、社会的中坚、人民的楷模。"①在2010年全国劳模表彰大会上，他指出："伟大劳模精神，是中国工人阶级崇高品格的生动体现，是我们时代的宝贵财富，是激励全国各族人民团结奋斗、勇往直前的强大精神力量。"②

2013年4月28日，习近平在同全国劳动模范代表座谈时指出："在我们党团结带领人民进行革命、建设、改革各个历史时期，劳动模范始终是我国工人阶级中一个闪光的群体，享有崇高声誉，备受人民尊敬。""长期以来，广大劳模以高度的主人翁责任感、卓越的劳动创造、忘我的拼搏奉献，谱写出一曲曲可歌可泣的动人赞歌，为全国各族人民树立了光辉的学习榜样。""榜样的力量是无穷的。劳动模范是民族的精英、人民的楷模。"③2014年"五一"国际劳动节前夕，习近平在乌鲁木齐接见劳动模范和先进工作者、先进人物代表时指出，"一代又一代的劳动模范和先进工作者、先进人物，是我劳动人民的杰出代表，是祖国和人民的骄傲。你们大家以强烈的主人翁责任感，立足本职，争创一流，集中体现了伟大的时代精神、创业精神、奉献精神，为国家和民族增添了绚丽光彩。党和人民感谢你们。"④2015年4月28日，习近平在庆祝"五一"国际劳动节暨表彰全国劳动模范和先进工作者大会上指出："劳动模范和先进工作者是坚持中国道路、弘扬中国精神、凝聚中国力量的楷模，他们以高度的主人翁责任感、卓越的劳动创造、忘我的拼搏奉献，为全国各族人民树立了学习的榜

---

① 《胡锦涛在2005年全国劳动模范和先进工作者表彰大会上的讲话》，《新华日报》2005年4月30日。

② 《胡锦涛在2010年全国劳动模范和先进工作者表彰大会上的讲话》，《新华日报》2010年4月27日。

③ 《习近平在同全国劳动模范代表座谈时的讲话》，《人民日报》2013年4月28日。

④ 《习近平在乌鲁木齐接见劳动模范和先进工作者、先进人物代表，向全国广大劳动者致以"五一"节问候》，《人民日报》2014年5月1日。

样。"①2016年4月26日，习近平在合肥同知识分子、劳动模范、青年代表座谈时指出："劳动模范是劳动群众的杰出代表，是最美的劳动者。""我们要在全社会大力宣传劳动模范的先进事迹，号召全社会向他们学习、向他们致敬。"②2018年4月30日，习近平给中国劳动关系学院劳模本科班学员的回信中说："我一直强调，劳动最光荣、劳动最崇高、劳动最伟大、劳动最美丽。全社会都应该尊敬劳动模范、弘扬劳模精神，让诚实劳动、勤勉工作蔚然成风。"③

二、习近平新时代劳模精神重要论述

十八大以来，习近平总书记在劳模表彰大会上的一系列重要讲话中，阐述了他关于劳动模范和劳模精神的新观点。在国家层面上，劳动模范是坚持中国道路、弘扬中国精神、凝聚中国力量的楷模；在社会层面上，大力弘扬劳模精神，营造劳动光荣的社会风尚；在个体层面上，关心和爱护劳模，造福劳动者。

（一）劳模是坚持中国道路、弘扬中国精神、凝聚中国力量的楷模

习近平总书记在历年劳模表彰大会上发表重要讲话，高度评价了劳动模范的历史功绩和卓越贡献。2013年4月28日，习近平总书记肯定了我国工人阶级的历史功绩和劳动模范的卓越贡献，深刻阐述了坚持工人阶级的领导阶级地位、崇尚劳动、弘扬劳模精神对实现中国梦的重大意义。讲话指出，在我们党团结带领人民进行革命、建设、改革各个历史时期，劳动模范始终是我国工人阶级中一个闪光的群体，享有崇高声誉，备受人民尊敬。长期以来，广大劳模以高度的主人翁责任感、卓越的劳动创造、忘我的拼搏奉献，谱写出一曲曲可歌可泣的动人赞歌，为全国各族人民树立了

---

①《习近平在庆祝"五一"国际劳动节暨表彰全国劳动模范和先进工作者大会上的讲话》，《人民日报》2015年4月28日。

②《习近平在知识分子、劳动模范、青年代表座谈会上的讲话》，《新华日报》2016年4月26日。

③《习近平给中国劳动关系学院劳模本科班学员的回信》，《新华日报》2018年4月30日。

光辉的学习榜样。2014年5月1日，习近平总书记指出，劳动模范、先进工作者、先进人物是我国劳动人民的杰出代表，是祖国和人民的骄傲；劳动是一切成功的必经之路，也是共产党人保持政治本色的重要途径；我国工人阶级是改革开放和社会主义现代化建设的主力军。一代又一代的劳动模范和先进工作者，是我国劳动人民的杰出代表，是祖国和人民的骄傲。他们以强烈的主人翁责任感，立足本职，争创一流，集中体现了伟大的时代精神、创业精神、奉献精神，为国家和民族增添了绚丽光彩。

2015年4月28日，习近平总书记要求，在前进道路上，我们要始终弘扬劳模精神、劳动精神，为中国经济社会发展汇聚强大正能量；要始终坚持人民主体地位，充分调动工人阶级和广大劳动群众的积极性、主动性和创造性；要始终高度重视提高劳动者素质，培养宏大的高素质劳动者大军。劳动模范和先进工作者是坚持中国道路、弘扬中国精神、凝聚中国力量的楷模，他们以高度的主人翁责任感、卓越的劳动创造、忘我的拼搏奉献，为全国各族人民树立了学习的榜样。2016年4月26日，习近平总书记强调，全面建成小康社会，实现中国梦，必须依靠知识、依靠劳动、依靠广大青年。广大知识分子、劳动模范、青年要紧跟时代、肩负使命、锐意进取，把自身的前途命运同国家和民族的前途命运紧紧联系在一起，努力为共同理想和目标而团结奋斗。劳动模范是劳动群众的杰出代表，是最美的劳动者。劳动模范身上体现的"爱岗敬业、争创一流，艰苦奋斗、勇于创新，淡泊名利、敢于奉献"的劳模精神，是伟大时代精神的生动体现。我们要在全社会大力宣传劳动模范的先进事迹，号召全社会向他们学习、向他们致敬。①

习近平总书记强调："坚持和发展中国特色社会主义，必须全心全意依靠工人阶级、巩固工人阶级的领导阶级地位，充分发挥工人阶级的主力军作用。"②"不论时代怎样变迁，不论社会怎样变化，我们党全心全意依靠工人阶级的根本方针都不能忘记、不能淡化，我国工人阶级地位和作用都

---

①《紧跟时代肩负使命锐意进取　为共同理想和目标团结奋斗》，《人民日报》2016年4月30日。
②《习近平在同全国劳动模范代表座谈时的讲话》，《人民日报》2013年4月28日。

不容动摇、不容忽视。"①这充分体现了习近平总书记对工人阶级的高度重视和殷切期望，进一步丰富和发展了党的全心全意依靠工人阶级方针的重要思想。习近平指出，在不同的历史进程和时代坐标中，我国工人阶级从来都具有走在前列、勇挑重担的光荣传统，他们是中国共产党最坚实最可靠的阶级基础。无论经济社会发展到什么样的水平，无论技术进步和知识更新到什么样的程度，工人阶级和广大劳动群众始终是推动我国经济社会发展、维护社会安定团结的根本力量。那种无视我国工人阶级成长进步的观点，那种无视我国工人阶级主力军作用的观点，那种以为科技进步条件下工人阶级越来越无足轻重的观点，都是错误的、有害的。全心全意依靠工人阶级，要在政治保证、制度落实、素质提高、权益维护上下工夫。

实现中国梦必须弘扬中国精神，这就是以爱国主义为核心的民族精神和以改革创新为核心的时代精神。劳模精神是民族精神和时代精神的重要内容，是中国精神的生动体现。对广大职工来说，带头践行中国精神，就要大力弘扬劳模精神，争当行动楷模，争做时代先锋，不断为中国精神注入新能量。劳模精神生动诠释了社会主义核心价值观，是我们的宝贵精神财富和强大精神力量。无论是革命战争年代、新中国建设时期还是改革开放新时期、新时代涌现出的劳动模范，他们都具有高度的主人翁精神，对祖国无比热爱。劳动模范忠于职守，把职业当事业，力求干一行爱一行、钻一行精一行，在本职工作岗位上创造一流业绩。新时代劳模在继承老一代劳模爱岗敬业的基础上，与时俱进，开拓创新，成长为知识型、技能型和创新型劳模。劳动模范诚实守信，对人诚实无欺，守信践诺，以真诚之心，行信义之事。他们老老实实做人，踏踏实实做事，待人处事表里如一。劳动模范强调人与人之间相互尊重、相互关心、相互帮助，和睦友好，努力形成人之亲、家之亲、国之亲。劳动模范往往也是全国道德模范，如郭明义、申纪兰、袁隆平、吴仁宝、李斌等人。道德模范是体现了当前社会鲜活的价值观和有形的正能量，是推进社会主义核心价值体系建设的重要参与者，为实现中华民族伟大复兴的中国梦凝聚起强大的精神力量提供了

①《习近平在庆祝"五一"国际劳动节暨表彰全国劳动模范和先进工作者大会上的讲话》，《人民日报》2015年4月28日。

道德引领。

（二）弘扬劳模精神，营造劳动光荣的社会风尚

劳模精神的基本内涵是"爱岗敬业、争创一流，艰苦奋斗、勇于创新，淡泊名利、甘于奉献"。"爱岗敬业、争创一流"是劳模精神的本质特征。劳动模范用自身模范行为带动广大群众立足本职、尽职尽责、精益求精，在平凡工作岗位上做出不平凡的业绩。"艰苦奋斗、勇于创新"是劳模精神的品质体现。劳动模范是辛勤劳动、创新劳动的实践者，他们解放思想、奋发图强、敢为人先，把自己先进的工作理念和技术技能传授给普通群众，带动广大群众拓展新视野、掌握新知识、增强新本领。"淡泊名利、甘于奉献"是劳模精神的优秀品格。劳动模范有强烈的事业心和高度的责任感，对党和人民极端负责。他们默默地为祖国和人民奉献一切，却从不计较名利得失，吃苦在前，享受在后。

伟大事业需要伟大精神的支撑和引领。习近平总书记要求，在全社会大力弘扬劳模精神，大力宣传劳动模范的先进事迹，引导广大人民群众树立辛勤劳动、诚实劳动、创造性劳动的理念，让劳动光荣、创造伟大成为铿锵的时代强音，让劳动最光荣、劳动最崇高、劳动最伟大、劳动最美丽蔚然成风。他希望广大劳动群众以劳动模范为榜样、爱岗敬业、勤奋工作、锐意进取、勇于创造，不断谱写新时代的劳动之歌。他同时强调，劳动是共产党人保持政治本色的重要途径，是共产党人保持政治肌体健康的重要手段，也是共产党人发扬优良作风、自觉抵制"四风"的重要保障。[1]

伟大精神来自伟大的人民。劳动模范产生于劳动竞赛，来自职工群众之中，有着特殊的影响力、凝聚力。他们的行动是无声的号召，他们的力量是榜样的力量。长期以来，一批又一批的劳动模范以高度的主人翁责任感、忘我的劳动热情和卓越的创造才能，影响带动着广大劳动群众为国家富强、民族振兴不懈奋斗，成为时代的领跑者。劳动模范都是各条战线上的精英，是企业的骨干、国家的栋梁，是经济社会发展的中坚，利用劳模

---

[1]《习近平在乌鲁木齐接见劳动模范和先进工作者、先进人物代表，向全国广大劳动者致以"五一"节问候》，《人民日报》2014年5月1日。

的所能所长和广泛的影响力，示范带领广大劳动群众为实现中国梦奉献智慧和力量。

加大对劳动模范的宣传力度。用劳模的先进事迹感召人民群众，用劳模的优秀品质引领社会风尚，形成强有力的舆论导向，推动全社会进一步形成崇尚劳模、学习劳模、争当劳模、关爱劳模的良好氛围；形成劳动最光荣、劳动最伟大、劳模精神最崇高的社会共识。让广大群众懂得劳模可敬、劳模精神可学；劳模精神并不是高不可攀，它就生长于工人阶级和劳动群众普遍具有的优秀品质之中；人不一定都能成为劳模，但每个人都能践行劳模精神。

大力弘扬劳模精神、劳动精神。就是要像劳模那样，坚守家国一体、爱党报国的信念，坚定民族复兴伟大目标。就是要在全社会倡导尊重和鼓励一切劳动，包括体力劳动和脑力劳动；倡导尊重和鼓励一切创造，包括个人创造和集体创造。就是要求每个劳动者将人生理想、家庭幸福融入国家富强、民族复兴的伟业中，在本职工作中精益求精而非马马虎虎，诚实守信而非投机取巧，淡泊名利而非"精致利己"。幸福不会从天降，美好生活靠劳动创造。全面建成小康社会，进而建成富强民主文明和谐美丽的社会主义现代化强国，根本上靠劳动、靠劳动者创造。新中国从"站起来"到"富起来"再到"强起来"，是亿万劳动者日夜耕作的结果。劳动开辟未来，人世间的美好梦想，只有通过劳动创造才能实现；发展中的各种难题，只有通过劳动创造才能破解。

广大劳动群众要以劳模为榜样，树立劳动创造幸福生活、实现人生理想的信念，做勤奋劳动、诚实劳动、创新劳动的表率。要增强主人翁精神，始终保持高昂的劳动热情、忘我的劳动精神，不断提高劳动生产率，积极为企业发展建言献策，努力为企业提高经济效益和转型升级贡献力量，立足本职工作，提升劳动技能，勤奋扎实工作，争创一流业绩。

（三）关心和爱护劳模，造福劳动者

习近平总书记一直强调和要求，各级党委和政府要关心劳动模范的工作、学习、生活，为他们的健康和幸福、为他们更好发挥作用创造良好环

境和条件。劳动模范为国家作出了重大贡献，是国家的宝贵财富，理应得到更多的关心和爱护。让他们劳有所得、老有所养，生活得自豪、有尊严，不仅是对他们所做贡献的回报，也是对劳动者的尊重，对劳动价值的肯定。我们要不断加大对劳模的关心关爱力度，努力为劳模解决生产生活中的实际困难，让劳模感受社会对他们的关爱，自身感觉到自豪，同时也让广大劳动群众体验到劳动模范的无上光荣，自觉地学赶先进、争当劳模、争作贡献。

国家应制定并完善关爱劳模、落实劳模待遇的政策措施，特别是对困难劳模要进一步加大政策资金倾斜力度，督查各地落实好中央财政专款补助，让困难劳模切实受益。各级党委和政府要提升劳模地位，拓展劳模成长舞台，为他们干事创业创造环境。工会要传播接地气的劳模故事，让劳模事迹四方传扬，让劳模精神感召人心，推动全社会形成尊重劳模、爱护劳模、关心劳模、争当劳模的良好风尚。进一步研究解决劳模在工作中遇到的新情况新问题，落实有关劳模待遇的政策，支持劳模提升自身素质，为劳模施展才华提供全方位支持。所在单位应把关心爱护劳模摆在更加重要的位置，积极落实好国家相关政策，帮助劳模解决工作、学习、生活中遇到的实际问题。

荣誉是继续前行的动力。广大劳动模范要珍惜荣誉、再接再厉，爱岗敬业、争创一流，用工人阶级的优秀品格、模范行动引导和鼓舞全体人民，再立新功、再创佳绩。劳动模范不仅自己要做好工作，还要身体力行向全社会传播劳动精神和劳动观念，让勤奋做事、勤勉为人、勤劳致富在全社会蔚然成风。特别是要通过各种措施和方式，教育引导广大青少年树立热爱劳动的思想、养成热爱劳动的良好习惯，为祖国发展培养一代又一代勤于劳动、善于劳动的高素质劳动者。

习近平总书记阐述了造福劳动者的重要思想，强调"坚持崇尚劳动、造福劳动者""让劳动者实现体面劳动、全面发展"。造福劳动者是践行党的宗旨的内在要求。全心全意为人民服务是中国共产党的根本宗旨，党的一切工作和全部奋斗，最终目的是要造福劳动者，让广大人民群众过上幸福美好生活。中国梦归根到底是人民的梦，必须紧紧依靠人民来实现，必须不断为人民造福。只有造福劳动者，才能充分调动广大劳动者的积极性、主动性和创造性。造福劳动者，尊重和维护广大职工的合法权益，是全心全意依靠工人阶级，发挥工人阶级主力军作用的现实基础。

造福劳动者，须让劳动者分享改革发展成果。劳动报酬事关劳动者的核心权益。以前，劳动报酬在初次分配中的占比较低，劳动者的劳动所得增幅落后于经济增速和社会财富的增速，劳动价值在改革发展中没有得到充分体现。在深化改革中，要推动国家收入分配制度改革政策的贯彻落实，不断促进一线劳动者工资收入提高，促进劳动者收入增长和经济发展同步、劳动报酬增长和劳动生产率提高同步，逐步提高居民收入在国民收入分配中的比重，提高劳动报酬在初次分配中的比例。推动完善社会保障体系建设，构建覆盖城乡、可持续的公共服务体系，使更多劳动者公平享有基本社会保障。

造福劳动者，须让劳动者实现体面劳动、全面发展。"体面劳动"（decent work）概念由国际劳工组织（ILO）于1999年提出，要实现的目标包括权利、就业平等、社会保障和社会对话四个方面。体面劳动是所有劳动者的美好愿望和梦想，是一种较高层次的劳动权利与劳动尊严状态，不仅意味着拥有足够的就业机会以选择恰当的就业岗位，拥有良好的劳动条件以提高劳动质量，拥有鼓励进取的环境以实现全面发展，还体现在能够平等地参与企业沟通，对企业的经营状况有知情权，对企业重大事项有参与权，对自身利益有话语权。只有坚持公平正义，排除阻碍劳动者参与发展、分享发展成果的障碍，使发展成果更多更公平地惠及全体人民，才能真正实现劳动者的体面劳动和全面发展。

习近平总书记关于劳动模范和劳模精神的重要论述，继承了中国传统劳动观念，丰富和发展了马克思主义劳动学说，对树立科学正确的劳动观，充分发挥工人阶级和劳动人民的积极性，实现中国梦，决胜全面建成小康社会具有重要的现实意义。

三、劳动模范的重大贡献

1950 年 9 月 25 日，我国召开第一届全国战斗英雄和工农兵劳动模范代表会议，毛泽东在祝贺词《你们是全民族的模范人物》中说："你们在消灭敌人的斗争中，在恢复和发展工农业生产的斗争中，克服了很多的艰难困苦，表现了极大的勇敢、智慧和积极性。"新中国刚刚成立，"中国必须建立强大的国防军，必须建立强大的经济力量，这是两件大事。"战斗英雄和工农兵劳动模范起到了带头作用。

新中国成立初期，为了恢复和发展生产力，劳动模范率先响应国家的号召，提议开展爱国主义劳动竞赛，这激发了广大工人群众的劳动热情，大大提高了生产效率。1951 年 1 月 17 日，马恒昌小组向全国职工发出爱国主义劳动竞赛倡议，全国有 1.8 万多个小组提出应战，"不久，各地工人群众热烈响应，纷纷提出应战条件，仅东北就出现 6000 个马恒昌式生产小组……全国工人有 223 万人以上参加了爱国主义的劳动竞赛，有 1.9 万多个生产小组向马恒昌小组应战。"①通过劳动模范的典型示范，可以将劳模们创造的先进经验和技术向全社会推广。推广的形式多种多样，如开展爱国主义劳动竞赛；组织劳模带徒弟，传技术、帮思想、带作风；举办技术操作表演或短期训练班，让劳模当教员现场示范、传经送宝；协作攻关、技术交流、技术革新、合理化建议；等等，这些都是群众喜闻乐见的普及劳模的先进经验的形式。报刊、广播、电视、文艺以及基层单位的黑板报、宣传栏等，也是行之有效的宣传工具。

劳动模范代表着先进生产力的发展方向，提高了劳动生产率。但是，全社会生产力水平的提高不取决于这些劳动模范的成就和纪录，而决定于全社会的生产力水平。所以说，劳模工作的中心环节就是总结和传播劳动模范的先进经验和技术，把他们创造的先进工作法、先进工具、先进技术以及先进经验迅速传播给全体劳动者。事实如此，劳动模范郝建秀创造的

---

① 李广增等：《正确的舆论导向与建国初期经济建设的凯歌行进》，《河北大学学报（哲学社会科学版）》2002 年第 3 期。

"细纱工作法"，促进了我国纺织行业的发展，在全国各地涌现出成千上万个"郝建秀工作者"；劳动模范王崇伦、马学礼、苏广铭等创造了万能工具胎及新刀具，提高了我国金属切削能力；黄荣昌、王全禄创造的木工机械，推动了我国木工机械化的进程。

普及和推广劳模们的先进经验和技术，对提前完成"一五"计划起了推动作用。1956年7月，中国第一座年产3万辆载重的长春汽车制造厂试装出第一批"解放牌"载重汽车，中国第一座电子管厂北京电子管厂于1956年10月建成并正式生产，试制成功了十几种电子管。中国第一座飞机制造厂也正式投产并于1956年9月9日试制成功了中国第一架喷气式飞机。在"一五"期间，每个工人平均使用的动力机械总能力提高79%，每个工人使用的电力提高80%以上。在一些体力繁重的部门已广泛采用机械化操作方法。五年内，十二个工业部的工业产品成本降低了29%，平均每年降低6.5%，另外，中国工业职工队伍空前壮大，工业技术力量也有很大增长。1957年全国工业工程技术人员达17.5万人，比1952年增长2倍，工人的技术装备有了明显的提高，同时，农业机械化程度也有所提高，农用拖拉机的用量1952年全国只有2006台，到1957年24629台，增长了12.3倍。[①]

在社会主义劳动竞赛中，劳模们发扬共产主义协作精神。许多先进单位和个人毫无保留地把自己的先进经验和发明创造传授给其他单位和个人，帮助他们赶上自己。许多企业毫无代价地把新厂的图纸设计、设备安装、工人培训等全部包下来，相互调剂设备、物资和劳动力。许多城市主动地抽调技术人员和物资下乡，帮助农村兴修水利；各地农村也主动地帮助城市解决劳动力、副食品、原材料不足等问题。尤其是在兴修水利、造林、抗旱、防涝、收割等工作中，农民们打破本乡本土的狭隘观念，自带粮食，自备工具，敲锣打鼓，扛着红旗，支援别的地方。劳模倪海宝在"双革"运动中，经常把自己的先进经验教给别人，一次不会就多次，直到教会为止。她们小组里22个挡车工，有9个是40岁以上的老工人，这些老工人对学新技术顾虑大，怕学不好。倪海宝就以帮助殷三大学习和提高技术为突

---

① 有林、郑新立、王瑞璞主编：《中华人民共和国国史通鉴》（第二卷），北京：红旗出版社，1993年，第185页。

破口，教育了小组里的全体成员。在短短一个月的时间里，使全组22个挡车工人都达到了厂里能手标准，最后又人人提高到全市棉纺织厂"三百能手倡议"的技术水平。①

劳动模范是社会主义道德的楷模，他们是普通群众学习的榜样。劳动模范以不平凡的主人翁责任感和艰苦创业精神、忘我的劳动热情和无私奉献精神成为全国人民学习的楷模。"抓住普通人对雷锋、焦裕禄、王进喜和陈永贵等人某种程度上的'我辈'的认同，通过对他们事迹的宣传，给人一种人人都可以成为英雄常人的感觉，并试图将这种同类的亲切感和追赶目标近在咫尺的感觉转化成民众学习的动力。这些英雄常人的重要特征就是，普通人可以'学习与仿效'"②。劳动模范不仅是普通群众日常生活中的榜样，更是"革命、党性和胜利"的一个能指，他们典型而又集中地反映了社会主义本质和主流。毛泽东"将劳模表彰视为党联系群众的一种好的工作方法，并在劳动中与劳模交朋友，虚心向劳模学习，开展调查研究，使劳模的带头、骨干和桥梁作用最大限度地发挥出来。劳模表彰……对于20世纪五六十年代良好社会风气和党的良好工作作风的形成起到了积极的推动作用。"③

20世纪50年代，我国评选出成千上万个劳动模范和先进工作生产者，广泛分布在工业、农业、部队、交通运输、基本建设、财贸、教育、文化、卫生、体育、新闻等国民经济和社会建设的多个方面，既有生产能手、岗位标兵、技术人员、科学工作者，又有先进工作者、优秀组织者和管理者。他们为国民经济的恢复、社会主义建设在各条战线的起步与发展作出了重大贡献，为树立社会主义劳动观念、推广劳模经验、提高生产工作效率、提升组织管理协作水平发挥了重大作用。他们影响了一个时代，激励了一代人去学技术，鼓舞了一代人想去当个好工人，"一五"计划、"二五"计划的实现，全是在这一代人的手中完成的，这一代劳模的精神至今仍在发

① 斯而中、成卫民：《力争高速度的织布英雄——倪海宝》，载于唐克新：《共产主义的火花》，上海：上海文艺出版社，1960年，第1—2页。

② 张婧：《劳动模范：在道德与权力之间——从社会学的视角看一种道德教育制度》，《开放时代》2007年第2期。

③ 姚力：《劳模表彰：毛泽东群众路线思想的应用实践》，《当代中国史研究》2013年第6期。

挥作用。[①]

20世纪80年代，中国吹响了改革开放的号角，提出"实现四个现代化"的目标。20世纪90年代，中国社会发展迎来剧烈变化，飞速发展的经济让世界刮目相看。21世纪是一个开拓未来、创造历史的时代，是一个成就英雄、成就梦想的时代。在新的历史起点上，加快经济发展方式转变，全面建成小康社会，发展中国特色社会主义事业，实现中华民族伟大复兴，是时代赋予我们中华民族的光荣与梦想、责任与使命。

"创新是民族进步的灵魂，是一个国家兴旺发达的不竭源泉，也是中华民族最深沉的民族禀赋。"[②]创新精神是这个时代赋予我们的使命。劳动模范是创新劳动的实践者，他们思想先进，敢为人先，并付诸劳动，为之奋斗。他们把自己先进的工作理念和技术技能传授给普通群众，带动身边的同事开拓新视野，学习新知识，掌握新本领，为社会主义建设贡献力量。全国劳动模范包起帆20世纪80年代被誉为"抓斗大王"，进入新世纪，他继续创新，被誉为"发明大王"。他主持的科研项目曾3次获国家发明奖，3次获国家科技进步奖，17次获部、省级科技奖，21次在法国、瑞士、美国等国际发明展览会上获金奖。全国劳动模范孔祥瑞坚持学习，坚持实践，坚持创新，从一名只有初中文凭的码头工人，成长为一名享誉全国的"蓝领专家"。他主持开展的技术创新项目200余项，创造效益过亿元，其中"门座式起重机中心集电器"等多个项目获得国家实用新型专利。全国劳动模范李斌先后完成新产品开发55项，完成工艺攻关201项，完成加工工艺编程1500多条，直接创造经济效益830多万元。他自主设计了刀具184把，技术革新、自制改进工装夹具82副，为企业节约支出110多万元，并获得多项专利。农民技术员出身的全国先进工作者李登海选育出100多个紧凑型玉米杂交品种，其中51个通过国家级、省级审定，获得11项发明专利和43项植物新品种权，被誉为"中国紧凑型杂交玉米之父"。新时代劳模在继承老一代劳模爱岗敬业的基础上，与时俱进，开拓创新，成长为知识型、技能型和创新型劳模。

---

① 向德荣主编：《劳模精神职工读本》，北京：中国工人出版社，2016年，第23页。
② 习近平：《在同各界优秀青年代表座谈会时的讲话》，《中国青年报》2013年5月6日。

第二节 劳模精神的时代变迁和基本内涵

不同时代的劳模精神有不同的时代特点，劳模身上也不同程度地带有那个时代的影子。60多年来，从"铁人精神"到"振超效率"，从"埋头苦干"到"创新劳动"，劳模已从传统意义上的"出大力，出大汗""苦干加巧干"向"知识型、技术型、创新型"方向转变，但劳模的基本内涵"爱岗敬业、争创一流，艰苦奋斗、勇于创新，淡泊名利、甘于奉献"没有变。

一、劳模精神的时代特征

（一）中华人民共和国成立前的劳模精神

劳动模范最早诞生于土地革命战争时期（1927—1937年）中央苏区的公营企业和革命竞赛中，尔后出现在抗日战争时期的陕甘宁边区大生产运动（1941—1942年）和各项建设中，解放战争时期又出现了大量的"支前劳模"和解放城市中的"工业劳模"。20世纪40年代，由于日本帝国主义和国民党反动派的封锁，陕甘宁边区政府在经济上面临着巨大的困难。自力更生，发展生产，打破敌人的封锁，成为当时边区的紧迫任务。在党的领导下，边区政府开展了"新劳动者运动""增产立功运动"，争当"增产立功"的"新劳动者"成为边区工人的响亮口号和奋斗目标。

"劳动模范"这一称号，可追溯到延安时期（1935—1948年），脍炙人口的《南泥湾》歌词中有一句"鲜花送模范"。这时期的劳动模范主要包括生产好的劳动英雄和工作好的模范工作者。1939年秋天，在农具厂做化铁工作的赵占魁被陕甘宁边区政府树为模范工人。1942年，边区总工会开展"赵占魁运动"。同年9月12日，《解放日报》刊登边区总工会通知，号召全边区工人学习赵占魁辛苦劳作、始终如一的新的劳动态度。1943年，赵占魁又被评为边区特等劳动英雄。吴云铎是抗日战争时期革命根据地兵工事业开拓者，也是新中国第一代工人作家。在抗战时期，他带领职工自制枪弹，在生产与研制武器弹药中多次负伤。解放战争时期，马恒昌创立了"马恒昌小组"，他冒险坚持生产，保证军工生产任务的完成；开展迎接红五月劳动竞赛，掀起东北地区捐献器材运动。抗美援朝时期，他领导小组发出倡议，开展爱国主义劳动竞赛。

延安时期的劳模运动经历了从个人到集体、从生产领域到各个方面、从上级指定到群众评选、从数量增多到质量提高、从提倡号召到按规定标准予以推广、从革命竞赛到全面的群众运动的发展过程。[①]他们按照"服务战争、支援军事"的指导思想，"以新的劳动态度对待新的劳动"积极参加义务劳动，充分体现了"为革命献身、革命加拼命、苦干加巧干、经验加创新"的劳模精神，为新民主主义革命胜利和新中国的建立作出了重大贡献。

（二）20世纪50年代的劳模精神

新中国初期，我国经济技术发展落后，党和政府动员一切力量改变这种落后状况，"我们各个生产战线上的先进生产者，各个工作部门中的先进工作者，正是我国社会主义建设中的一种最积极的因素。"[②]为了恢复发展国民经济，进行社会主义建设，党和政府坚持沿用革命战争时期的经验做法，依托社会主义劳动竞赛和生产运动开展形式多样的劳模运动，评选出成千上万的劳动模范和先进生产者。以时传祥、郝建秀、向秀丽、王崇伦、赵梦桃、张秉贵为代表的一大批普通劳动者，在他们平凡的工作岗位上，以不平凡的主人翁责任感和艰苦创业精神、高尚忘我的劳动热情和无私奉献精神赢得了社会的尊重，成为激励全国人民的楷模。

20世纪50年代我国召开过三次劳模大会（1950年、1956年、1959年）。劳动模范评选标准是围绕社会主义劳动竞赛和生产运动制定的，强调

---

① 向德荣主编：《劳模精神职工读本》，北京：中国工人出版社，2016年，第18—19页。

② 刘少奇：《在全国先进生产者代表会议上的祝词》。中共中央文献研究室：《建国以来重要文献选编》第8册，北京：中央文献出版社，1994年，第268页。

超额完成任务、推广先进经验、大闹技术革新、提出合理化建议等在经济生产方面的贡献，加班加点、努力工作是主要标准。1950 年 12 月 14 日，周恩来在《关于全国工农兵劳动模范代表会议的总结报告的批示》中指出："劳模的推选主要应注意善于起带头作用，组织群众实行团结互助，提高全村生产，或在改良农具种籽、组织副业生产植树造林等方面起模范作用的积极分子；由于个人勤劳耕作，提高产量显著成绩的分子，亦可推选。""每次总结生产工作时，都必须评选劳动模范，而这种评选要依靠平日的生产成绩的可靠纪录。"1959 年 10 月在北京召开的全国群英会上，有 3267 人被授予全国先进生产者称号，不仅包括工作上努力的劳动者，还增加了在企业管理上有重大改进和在钻研先进科学技术和创造发明方面有贡献的先进集体和先进生产者。

"这一时期的劳模主要来源于基层，一线产业工人是主流。'一不怕苦、二不怕死'的硬骨头精神和'老黄牛'形象是他们的真实写照，提高操作技能和熟练程度、提升技术水平和生产能力、提出合理化建议和总结推广先进经验、从生产型向技术革新型转变是他们的典型特征。"[1]"学习毛泽东思想，听党的话、忠于职守、勤奋工作"是这个时期劳模精神的鲜明特色。这些劳模身上体现出的是社会主义理想和爱国报恩的价值追求，其中蕴含的劳模精神内涵是"不畏困难、艰苦奋斗、自力更生、无私奉献、刻苦钻研、勇于创新、不怕牺牲、团结协作、爱岗敬业、多作贡献"[2]。

（三）20 世纪 60—70 年代的劳模精神

这个时期的劳动模范只求奉献、不求索取，他们面对现实，以自力更生、奋发图强的精神为全国人民树立了榜样。如王进喜身上体现出来的"铁人精神"，激励了一代又一代石油工人争做为国家分忧解难、为民族争光争气、顶天立地的人民英雄。1960 年 6 月在北京举办了全国文教群英会，劳模的评选范围扩大到了教育领域和文化领域之中。从 1960 年至 1977 年，全国性的劳模评选停了 17 年。1979 年，邓小平提出"知识分子成为工人阶

---

① 王永玺、张晓明：《简述中国劳模的历史发展》，《北京市工会干部学院学报》2010 年第 3 期。

② 向德荣主编：《劳模精神职工读本》，北京：中国工人出版社，2016 年，第 23 页。

级的一部分"的论断，这极大鼓舞了知识分子和脑力劳动者的工作热情。中国科技界涌现出一大批知识精英，体现了"淡泊名利、献身科学"的劳模精神。

20世纪70年代，我国召开了五次劳动模范和先进工作者表彰大会（1977年、1978年2次、1979年2次）。党的十一届三中全会后，我国社会主义现代化建设"以经济建设为中心，坚定不移地进行经济体制改革，坚定不移地加强精神文明建设，并且使这几个方面相互配合，相互促进"①。"发展生产力"是这时期制定评选标准和条件的重要依据。1979年，中共中央、国务院关于召开全国职工劳模代表大会的通知指出："判断一个职工是不是模范，一个集体是不是先进，归根到底，要看其在推动生产力发展方面是不是起了显著作用，对社会主义建设事业是不是做出了较大贡献。这就是我们选拔劳动模范和先进集体的根本标准。"按照这个根本标准，党中央和国务院制定了具体的评选条件：（1）在超额完成全国先进定额和计划指标有重大贡献者。（2）在提高产品质量方面有重大贡献者。（3）在节约物资、资金和劳动，特别是节约劳动力、燃料和原料、材料方面有重大贡献者。（4）在技术革新和推广先进技术方面有重大贡献者。（5）在科学技术的研究和产品、工程的设计方面有重大贡献者。（6）在生产、交通、运输建设的组织和管理方面有重大贡献者。（7）在商业（包括外贸）、服务业和财政、金融工作中有重大贡献者。（8）在文化、教育、卫生、体育工作中有重大贡献者。因邓小平提出"科技是生产力"论断，一部分科技人员进入劳动模范行列。

（四）20世纪80—90年代的劳模精神

1988年，邓小平提出"科学技术是第一生产力"，一大批科技文化教育工作者劳模走进人们的视野。新一代劳模发扬"当代愚公"和"两弹一星"精神，带领广大职工群众勇攀科技高峰。以数学家陈景润、"两弹元勋"邓稼先、优秀光学专家蒋筑英、微电子研究专家罗健夫等为代表的一

---

①《中共中央关于社会主义精神文明建设指导方针的决议》，见李洪峰：《〈共和国章程〉集注》，北京：党建读物出版社，2013年，第548页。

大批科学家劳模，将毕生精力献给了祖国的科技事业。20世纪90年代，一大批先进模范人物，如孔繁森、李素丽、徐虎等，以当代社会所需要的"求真务实、拼搏进取"的时代精神和主流价值观，唱响了时代的最强音。

1989年，党中央、国务院进一步充实和丰富了劳动模范评选条件。"全国劳动模范和先进工作者必须是热爱祖国，坚持四项基本原则，拥护改革开放总方针，并且具备下列条件之一者"：（1）在企业发展生产，深化改革，改善经营管理，提高经济效益、社会效益方面做出重大贡献的。（2）在发展农业生产和农村经济方面做出重大贡献的。（3）在科研、教育、卫生、体育等事业中做出重大贡献的。（4）在发明创造、技术改造、合理化建议、技术协作、技术扶贫等方面做出重大贡献的。（5）在提高劳动生产率、提高产品质量、服务质量、降低消耗以及增产节约、增收节支方面做出重大贡献的。（6）在环境保护、安全生产、文明生产方面做出重大贡献的。（7）在保卫国家和人民利益、维护社会安定和增进民族团结、维护国家尊严方面做出重大贡献的。（8）在社会主义精神文明建设方面做出重大贡献的。（9）在其他方面做出重大贡献的。1989年和1995年的《全国劳动模范和先进工作者表彰大会》的评选条件基本相同，称"热爱祖国、坚持四项基本原则，拥护改革开放方针"并符合九项条件之一者可入选。评选条件中强调政治表现及在企业发展中的领导作用，这使共产党员和企事业单位领导容易评上劳动模范和先进工作者。

（五）21世纪初及新时代劳模精神

2000年后我国每隔五年召开一次全国劳动模范和先进工作者表彰大会。2000年全国劳动模范和先进工作者推荐评选条件，必须是热爱祖国，坚持邓小平理论，坚持党的基本路线，在政治上、思想上、行动上同以江泽民同志为核心的党中央保持一致，在本职工作岗位上勇于开拓创新，为经济建设和社会发展做出突出贡献，有较为广泛的群众基础，并具备下列条件之一者：（1）为企业改革发展、提高经济效益和社会效益做出重大贡献的；（2）为发展农业生产和农村经济做出重大贡献的；（3）为科技、教育、文化、卫生、体育等事业发展做出重大贡献的；（4）为控制人口、保护环境做出重大贡献的；（5）为维护社会稳定、保卫国家和人民利益、增进民族团结做出重大贡献的；（6）为建设社会主义精神文明做出重大贡献的；（7）在其他方面对国家和人民做出重大贡献的。规定私营企业主、在华外国人（包括外商投资企业中的外方人员）不得参加评选，企业负责人、党政机关领导参评要从严掌握。凡违反国家政策法规、计划外超生、造成重大安全事故或严重职业危害的责任者，不得评为全国劳动模范或先进工作者。

2005年全国劳动模范和先进工作者推荐评选条件。必须是热爱祖国，拥护中国共产党的领导和社会主义制度，高举邓小平理论和"三个代表"重要思想伟大旗帜，坚持科学发展观，认真执行党的方针政策，遵守国家法律法规，立足岗位，奋发进取，开拓创新，勇于奉献，在推进社会主义物质文明、政治文明和精神文明建设中取得显著成绩，在群众中享有较高威信，并具备下列条件之一者：（1）在深化企业改革，推进体制和管理创新，推动技术进步，促进安全生产等方面作出突出贡献的；（2）在国家重点工程建设或完成重大科研项目中作出突出贡献的；（3）在发展农业生产和农村经济，增加农民收入，推进农业现代化建设方面作出突出贡献的；（4）在科技、教育、文化、卫生、体育等社会事业发展中作出突出贡献的；（5）在促进社会主义民主和法制建设，维护社会稳定，保卫国家安全和保护人民利益，增进民族团结，构建社会主义和谐社会方面作出突出贡献的；（6）在控制人口，改善环境，保护资源，推动社会全面协调可持续发展中作出突出贡献的；（7）在其他方面作出突出贡献的。首次允许私营企业主、进城务工人员和下岗再就业人员参选。

2010年全国劳动模范和先进工作者推荐评选条件。必须是热爱祖国，拥护中国共产党的领导和社会主义制度，高举中国特色社会主义伟大旗帜，以邓小平理论和"三个代表"重要思想为指导，深入贯彻落实科学发展观，认真执行党的方针政策，遵守国家法律法规，立足岗位，奋发进取，开拓创新，勇于奉献，在全面推进社会主义经济建设、政治建设、文化建设、社会建设以及生态文明建设和党的建设中取得显著成绩，在群众中享有较高威信，并具备下列条件之一者：（1）在推动经济发展方式转变，优化经济结构，提高自主创新能力，实现国有资产保值增值，促进经济平稳较快发展方面作出突出贡献的；（2）在国家重点工程建设或重大科研项目研制中作出突出贡献的；（3）在发展现代农业、繁荣农村经济、增加农民收入，推进社会主义新农村建设方面作出突出贡献的；（4）在科技、教育、文化、卫生、体育等社会事业中作出突出贡献的；（5）在改善民生，维护社会稳定，增进民族团结，促进社会和谐中作出突出贡献的；（6）在保卫国家和人民生命财产安全，推进社会主义民主法治建设方面作出突出贡献的；（7）在节能减排，保护环境，安全生产，推动科学发展中作出突出贡献的；（8）在抗击重特大自然灾害，应对国际金融危机冲击等重大事件中作出突出贡献的；（9）在推动国防和军队现代化建设方面作出突出贡献的；（10）在其他方面作出突出贡献的。2010年全国劳模评选条件增加到十条，新增（8）（9）两条内容。再次明确外国人、港澳台人员以及持有外国绿卡人员均不参加评选。

2015年全国劳动模范和先进工作者推荐评选条件与2010年相同。2015年表彰的全国劳动模范"都有坚定的政治信念、扎实的群众基础、突出的工作业绩和广泛的社会影响"，专业技术人员占比较大，倾向知识型、技术型、创新型劳动者。

进入21世纪，劳模精神的内涵在不断丰富：以知识创造效益、以科技提升竞争力，实现个人价值、创造社会价值成为劳模的价值追求，知识型、创新型、技能型、管理型成为劳模的鲜明特征。中国特色社会主义进入新时代，劳模精神既传承了以往时代的共同点，又展现出新的内涵和实践指向。其一，爱岗敬业是劳模精神的基础。劳模以劳动为基础，没有劳动就没有劳模精神。其二，创新创造是劳模精神的核心。劳动的特质就是创新创造，新时代要抓紧抓好提高劳动者整体素质这项战略任务，建设宏大的知识型、技能型、创新型劳动者大军。其三，艰苦奋斗是劳模精神的本质。劳模之所以能够成为劳模，最根本的是依靠艰苦奋斗创造不平凡的业绩。其四，甘于奉献是劳模精神的底色。一代代劳模在自己的岗位上用劳动为祖国和人民奉献一切，在奉献中实现自己的人生价值，体现出淡泊名利、无私奉献的优秀品质，体现出报效祖国、服务人民的崇高追求。①

　　20世纪50年代，我国表彰的劳动模范主要是生产一线的工人，授予的称号是"全国劳动模范"或"全国先进生产者"，1960年开始使用"先进工作者"这一称号，在全国范围内表彰了在教育、文化、卫生、体育、新闻方面的杰出工作人员。1978年，在表彰优秀科技工作者的全国大会上将"先进工作者"称号加以限定，使用了"全国先进科技工作者"称号。1989年至2010年的五届表彰大会都使用了"全国先进工作者"称号。"全国先进工作者"是机关和事业单位职工的最高荣誉，是与全国劳动模范属于同一级的国家荣誉，区别在于授予对象不同，全国劳动模范主要授予生产方面的农民、企业职工和其他社会主义的建设者，而全国先进工作者则是经批准的机关、事业单位人选，一律授予全国先进工作者称号。

　　劳模精神发展到新时代，虽然构成在变，外延在拓，但劳模精神的核心价值是始终不变的，即"主人翁责任感和艰苦创业精神，忘我的劳动热情和无私奉献精神，强烈的开拓进取意识和创新求实精神，良好的职业道德和爱岗敬业精神"。新一代劳模既继承了老一代劳模勇于奉献、踏实苦干，做国家建设奠基石的优秀品德；更展示出进取创新、追求卓越，做先进生产力推动者的时代风采，成为知识型、技能型、创新型劳动者中的领跑者。②

二、劳模精神的基本内涵

　　2005年4月30日，胡锦涛在全国劳动模范和先进工作者表彰大会的讲话中首次界定劳模精神为"爱岗敬业、争创一流，艰苦奋斗、勇于创新，淡泊名利、甘于奉献"三个方面③，中共十八大后，习近平总书记再次肯定了劳模精神的基本内涵，并指出劳模精神是以爱国主义为核心的民族精神和以改革创新为核心的时代精神的生动体现。

---

① 郑水泉：《劳模精神的时代内涵和实践指向》，《光明日报》2018年5月1日。
② 向德荣主编：《劳模精神职工读本》，北京：中国工人出版社，2016年，第29页。
③ 胡锦涛：《在2005年全国劳动模范和先进工作者表彰大会上的讲话》，《解放军报》2005年5月1日。

爱岗敬业。爱岗就是热爱自己的工作岗位，热爱自己的本职工作；敬业就是以极端负责的态度对待自己的工作。爱岗和敬业互为前提，相辅相成。爱岗是敬业的基石，敬业是爱岗的升华。"爱岗敬业，是一种崇高的职业理想，一种较真的职业道德，一种细致的职业作风；就要有一股子干劲、拼劲、闯劲，有一股子'干一行、爱一行、专一行、精一行'的'傻劲'"①。1988年以来，全国劳模马军武和妻子在极端艰苦的环境条件下，甘于清贫，甘于寂寞，以哨所为家，风雨无阻地在20多公里长的边境线上从事巡边、守水、护林任务。他们始终保持着对工作的热情，从小事做起，从点滴做起，在平凡的工作岗位上做出卓越的成绩。

争创一流。争创一流是走在时代前列的刻度和标志，它是一种积极向上的精神风貌，可以内化为每个人的工作动力之源。劳动模范立足岗位勤奋工作，努力做出一流业绩，产出一流产品，创造一流成果，提供一流服务。他们无论从事什么工作，不干则已，干则干好、干出精品，努力做到思想第一、目标第一、工作第一、成绩第一。②要达到争创一流的目标，必须付出相应的责任、风险、体力、脑力、时间等代价。全国劳模许振超始终坚持"干就干一流、争就争第一"的目标，在工作中他练就了"一钩准""一钩净""无声响操作"等绝活，模范地带出了"王啸飞燕""显新穿针""刘洋神绳"等一大批具有社会影响的工作品牌。他树立了争创一流的目标，创造了世界一流的工作效率，在平凡的岗位上作出了不平凡的贡献。

艰苦奋斗。它是一种精神追求、工作作风和生活态度，在物质层面要求人们勤俭节约、克服安逸享受的思想；在精神层面要求人们不畏艰难困苦、锐意进取。奋斗是人生不变的主题，吃苦是成功的必经过程。铁人王进喜在恶劣的环境和简陋的条件下，以"宁可少活20年，拼命也要拿下大油田"的忘我拼搏精神和"一不怕苦，二不怕死""有条件要上，没有条件创造条件也要上"的艰苦奋斗精神，打出了一口口油井，成为中国工人阶级的光辉榜样。劳模的艰苦奋斗精神是综合性、全方位的渗透、贯穿于"爱岗敬业、争创一流、淡泊名利、甘于奉献"各个方面。

---

① 肖群忠：《敬业精神新论》，《燕山大学学报》2009年第2期。
② 向德荣主编：《劳模精神职工读本》，北京：中国工人出版社，2016年，第101页。

勇于创新。创新是一个民族进步的灵魂，是事业发展的不竭动力。创新的本质是突破，创新活动的核心是"新"，或是产品的结构、性能和外部特征的变革，或是造型设计、表现形式或手段的创新，或是内容的丰富和完善。全国劳模李斌是从一名普通工人成长起来的电脑数控机床技术专家，共计完成工艺攻关201项，加工工艺编程1500多条，直接创造经济效益830万元。全国劳模孔祥瑞则从一名只有初中文凭的码头工人成长为享誉全国的"蓝领专家"，先后主持开展技术革新项目150多个，获多项国家专利，为企业创效近9600万元。他们都是通过岗位创新取得突出的成果和成绩，为"中国制造"升级为"中国创造"作出重要贡献。

淡泊名利。它需要一个人做到心不动于微利之诱，目不眩于五色之惑。一个人只有自省自警、严于律己、拒腐守廉，才能对个人的名誉、地位、利益等问题想得透、看得淡，保持一种"物利两忘"的淡泊心态，才能耐得住寂寞，抗得住诱惑，守得住清贫，管得住小节。[1]全国劳模苏永地被称为"石油神探"，他虽然有大量的创新成果，在国内业界名气很大，但与同事合作的众多成果中，却鲜见他把自己的名字放在首位。事实上，这些课题大多是由他担纲完成的。劳模的业绩与淡泊名利的崇高精神密不可分，许多劳模几十年如一日，像螺丝钉一样把自己"拧"在平凡的工作岗位上，默默耕耘，奋斗不息，并且能做到清心寡欲、淡泊名利、脚踏实地地实现自己的人生理想和生命价值，成为全社会尊敬的人物。

甘于奉献。奉献精神是指为了维护社会集体利益或他人利益，个人能够自觉地让渡、舍弃自身利益的一种高尚品格。奉献是一种美德，是推动社会发展的基石，是人类社会存在的基础。奉献是不计报酬的自愿付出，我为人人是奉献的实质，自我牺牲是奉献的核心。[2]全国劳模郭明义以雷锋为坐标，16年来，他累计捐款12万多元，先后资助180多名特困生，差不多花去他的全部收入的三分之一。"最美女教师"张丽莉为救学生而被车轮碾压，造成全身多处骨折，双腿高位截肢。甘于奉献是一种精神，更是一种力量。

---

① 向德荣主编：《劳模精神职工读本》，北京：中国工人出版社，2016年，第192页。

② 向德荣主编：《劳模精神职工读本》，北京：中国工人出版社，2016年，第199页。

1995年4月29日，江泽民在庆祝"五一"国际劳动节暨表彰全国劳动模范和先进工作者大会上指出，劳动模范身上表现出主人翁责任感和艰苦创业精神，忘我的劳动热情和无私奉献精神，强烈的开拓进取意识和创新求实精神，良好的职业道德和爱岗敬业精神。在2000年全国劳动模范和先进工作者表彰大会上，江泽民强调，"他们（全国劳动模范和先进工作者）对祖国和人民无限忠诚，爱岗敬业，勇于创新，无私奉献，严于律己，弘扬正气，在平凡的岗位上做出了不平凡的业绩，是建设社会主义物质文明和精神文明的先锋。"2001年4月28日，江泽民在庆祝"五一"国际劳动节暨劳模座谈会上的讲话中，要求全国人民学习劳动模范"胸怀全局、目标远大，爱岗敬业、艰苦奋斗，刻苦学习、勇于创新，严于律己、弘扬正气的先进思想和优良作风。"①

胡锦涛在2005年全国劳模表彰大会上的重要讲话中指出："一代又一代先进模范人物，以自己的实际行动铸就了爱岗敬业、争创一流，艰苦奋斗、勇于创新，淡泊名利、甘于奉献的伟大劳模精神"。"（劳模）用自己的辛勤劳动谱写了如歌如泣的动人赞歌，充分展示了中华民族顽强拼搏、自强不息的崇高品格，充分体现了中国人民与时俱进、开拓创新的时代风貌。"他号召"全党同志和全国人民都要以劳动模范和先进工作者为榜样，学习他们忠于党和人民的伟大情怀，学习他们坚信中国特色社会主义事业必胜的坚定信念，学习他们脚踏实地、埋头苦干的优良作风。"在2010年全国劳模表彰大会上，胡锦涛指出，劳动模范铸就了信念坚定、立场鲜明，艰苦奋斗、勇于奉献，胸怀大局、纪律严明，开拓创新、自强不息的工人阶级伟大品格。爱岗敬业、争创一流，艰苦奋斗、勇于创新，淡泊明志、甘于奉献的伟大劳模精神，是中国工人阶级崇高品格的生动体现。

2013年4月28日，习近平在同全国劳动模范代表座谈时指出，长期以来，广大劳模以高度的主人翁责任感、卓越的劳动创造、忘我的拼搏奉献，谱写出一曲曲可歌可泣的动人赞歌，为全国各族人民树立了光辉的学习榜样。2015年4月28日，习近平在全国劳动模范表彰大会上指出，"爱岗敬业、争创一流，艰苦奋斗、勇于创新，淡泊名利、甘于奉献"的劳模精神，

---

① 《庆祝"五一"国际劳动节全国劳动模范座谈会举行》，《人民日报》（海外版）2001年4月30日。

生动诠释了社会主义核心价值观，是我们的宝贵精神财富和强大精神力量。2016年4月26日，习近平在知识分子、劳动模范、青年代表座谈会上强调，我们要在全社会大力弘扬劳模精神，提倡通过诚实劳动来实现人生的梦想、改变自己的命运，反对一切不劳而获、投机取巧、贪图享乐的思想。习近平在中共十九大报告中提出"建设知识型、技能型、创新型劳动者大军，弘扬劳模精神和工匠精神"。

三、劳模精神内涵的内在逻辑

劳模精神的基本内涵是"爱岗敬业、争创一流，艰苦奋斗、勇于创新，淡泊名利、甘于奉献"。劳模精神内涵的三个方面是相互联系的，爱岗敬业、争创一流是劳模的目标追求；艰苦奋斗、勇于创新是劳模的精神风貌；淡泊名利、甘于奉献是劳模的思想境界。没有劳模的艰苦奋斗、勇于创新的精神风貌，就难以实现他们爱岗敬业、争创一流的目标追求。没有劳模的淡泊名利、甘于奉献的思想境界，就不能很好地体现他们艰苦奋斗、勇于创新的精神风貌。精神是深刻而稳定的人格模式，这种人格模式能渗透在多数人的思想行为之中，为人们所认同和固化，并表现出心理的持久性、动力的一致性和行为的倾向性。[①]新时期的劳模精神突显三方面特质：一是实干的精神，这是劳模精神的核心，劳模把实干当作自己的本分、天职甚至生命，脚踏实地，求真务实；二是坚守的精神，劳模们干一行爱一行精一行，他们数十年如一日地坚守在同样的岗位上，无怨无悔地重复同样的劳作，履行同样的职责，持之以恒，负重前行；三是淡泊的精神，劳模们不计个人名利，不图物质回报，他们不怕吃苦，默默奉献，甘于清贫和寂寞。

爱岗敬业、争创一流是劳模精神的本质特征。劳动模范是中国梦的领跑人，他们用自身模范行为带动广大群众立足本职、尽职尽责、精益求精，在平凡工作岗位上做出不平凡的业绩，打牢实现中国梦的坚实根基。浙江省劳动模范吴斌突遭重创时临危不乱，强忍剧痛将车停稳，用生命践行了

---

① 李世明：《大庆精神铁人精神是中国工人阶级的共同精神财富》，《石油政工研究》2009年第5期。

忠于职守的职业观，被人们誉为"最美司机"。15年来，劳动模范郭明义每天凌晨4点半起床，提前2小时上班，穿梭在40多公里的矿山作业面，步行至少10公里。他没有在一个节假日休息，仅义务奉献的工作日，相当于多干了5年的工作量。

艰苦奋斗、勇于创新是劳模精神的品质体现。劳动模范是辛勤劳动、创新劳动的实践者，他们解放思想、奋发图强、敢为人先，把自己先进的工作理念和技术技能传授给普通群众，带动广大群众拓展新视野、掌握新知识、增强新本领，为实现中国梦凝聚力量。中国航天事业从无到有，从弱到强，不断发展壮大，创造了以人造卫星、载人航天、月球探测为代表的一系列辉煌成就，这与一代代航天工作者的付出分不开，中国航天科工集团先后涌现出33位全国劳动模范，包括"两弹一星"元勋、扎根一线的院士、技能超群的工人发明家。20世纪60年代以来，全国劳动模范袁隆平院士使中国在矮秆水稻、杂交水稻育种和超级杂交水稻育种上领先世界水平。20世纪70年代初，袁隆平发表水稻有杂交优势的观点，打破了自花授粉作物育种的禁区，被誉为"世界杂交水稻之父"。"创新是民族进步的灵魂，是一个国家兴旺发达的不竭源泉，也是中华民族最深沉的民族禀赋。"①这在当代劳动模范身上体现得更为强烈，他们积极推动"中国制造"向"中国创造"转型。

淡泊名利、甘于奉献是劳模精神的优秀品格。劳模有强烈的事业心和高度的责任感，对党和人民极端负责，如雷锋、焦裕禄、王进喜、孔繁森等。他们默默地为祖国和人民奉献一切，却从不计较名利得失，吃苦在前，享受在后。申纪兰是第一届至第十三届全国人大代表，1952年、1978年、1989年三次被评为全国劳动模范。1952年她提出男女同工同酬的权利，后来被写入新中国的《劳动法》。她没有离开过西沟村，不离开劳动岗位。当选山西省妇联主任时，她郑重地向组织提出："我永远是一个普通农民，不领工资，不转户口，不定级别，不配专车。"申纪兰生活拮据，每年除了国家的一点补助和村里的几百元补贴外，她的收入主要依靠1亩4分责任田，其他贴补她一概不要。当村委副书记这么多年，不管是因公外出开会还是

---

① 习近平：《在同各界优秀青年代表座谈时的讲话》，《人民日报》2013年5月4日。

帮村里出差办事，她从没有报销过一分钱的差旅费，也从不领取一分钱的补助，都是自己掏腰包。她对此有一个朴素的解释："党员干部的本色是啥？是劳动，是奉献，是服务。"全国劳动模范吴仁宝带领华西村干部群众缔造了"天下第一村"的奇迹，但他始终以淡泊名利、甘于奉献精神严格要求自己，从20世纪70年代起，他就给自己立下了"三不"规矩：不住全村最好房子，不拿全村最高工资，不拿全村最高奖金。这些年他应得的奖金累计超过1.3亿元，可他分文不取，全部留给集体。

工人阶级先进性是劳模精神的本质属性。中国工人伟大品格是中国工人阶级先进性的具体表现，其内涵可以概括为信念坚定、立场鲜明，艰苦奋斗、勇于奉献，胸怀大局、纪律严明，开拓创新、自强不息四个方面。"信念坚定、立场鲜明"是指中国工人的政治本色。中国工人坚持以科学理论武装自己，坚决拥护中国共产党的领导，拥护社会主义制度，拥护党的路线方针政策，在思想上、政治上、行动上始终与党中央保持一致，热爱祖国，热爱人民，具有建设中国特色社会主义的坚定信念，反映了工人阶级坚定而一贯的政治立场和理想信念。

"艰苦奋斗、勇于奉献"是指工人阶级的价值取向。中国工人始终爱岗敬业、恪尽职守，吃苦耐劳、坚忍不拔，自力更生、迎难而上，为国家分忧、替企业解难，体现了工人阶级大公无私、不怕牺牲的高尚情操。"胸怀大局、纪律严明"是指中国工人的光荣传统。中国工人具有强烈的集体主义观念和团结协作意识，坚持识大体、顾大局，正确对待国家、集体、个人间的利益关系，表现了工人阶级严密的组织性、纪律性。"开拓创新、自强不息"是指中国工人的进取精神。中国工人具有强烈的开拓意识、创新意识和敢为人先的首创精神，以及高度的历史使命感、责任感，勤于学习、善于实践，积极掌握新知识、努力增强新技能，主动应对各种挑战，不断提升自身素质，凸显了工人阶级与时俱进的阶级秉性。中国工人伟大品格内涵的四个方面相互联系、不可分割，共同构成了一个有机整体，它是工人阶级先进性的具体人格化表现，既体现了中国工人阶级先进性，又反映了中国工人独特品质，也是新时期劳模精神的生动体现。

习近平指出："工人阶级是我国的领导阶级，是我国先进生产力和生产关系的代表，是我们党最坚实最可靠的阶级基础，是全面建成小康社会、坚持和发展中国特色社会主义的主力军。"①我国工人运动始终都同党的中心任务紧密相连，在中国革命、建设、改革的各个历史时期，我国工人阶级都具有走在前列、勇挑重担、创新求变、主动奋斗的光荣传统。在我国工人阶级发展壮大的过程中，劳动模范作为工人阶级的优秀分子，永远是时代的引领者和领跑者。特别是进入新时代以来，广大劳模在继承弘扬传统的工人阶级先进性的基础上，发展和创造了具有时代特征的阶级品格，以知识、技术、创新等实际行动，不断刷新"有理想守信念、懂技术会创新、敢担当讲奉献"的当代工人阶级新风貌，进一步赋能强化新时代工人阶级的先进品格，从而促动工人阶级先进性进入更高阶段。②

主人翁意识是劳模精神的内在本质。所谓主人翁意识，就是以当家作主的态度，从事生产劳动、参与管理集体和国家事务的精神心理。从国家设计层面而言，每一个劳动者都是社会主义国家的主人；但在具体的思想意识和实践层面，缘于劳动者自身的劳动价值观、劳动品格、劳动态度、劳动素养等方面的原因，并未能将此种主人翁意识践行于日常的工作生活之中，劳动者也就很难实现踏实劳动、积极劳动、主动劳动、勤勉劳动和创造性劳动，甚至出现轻视劳动、不想劳动、不会劳动、不珍惜劳动成果等问题。"把国事当家事、把自己当主角"，正是因为自觉的、强烈的主人翁意识，劳模才以车间为家、以厂为家、以企为家、以单位为家、以国为家，才具有积极主动的岗位意识、职业意识、进取精神和创新精神，才能够扎根基层、淡泊名利、服务企业、奉献社会，才能够在平凡的岗位上取得不平凡的工作业绩，才能够在本职工作中充分发挥积极性、主动性和创造性，才能够艰苦奋斗、淡泊名利、甘于奉献，自觉把人生理想、家庭幸福融入国家富强、民族复兴的伟业之中，最终建构起个人与集体、个人梦与中国梦、个人家庭与国家民族融合统一的发展共同体和命运共同体。劳模精神本质上体现为"我要劳动"的精神，体现为"自己为自己劳动、自

---

① 《习近平在同全国劳动模范代表座谈时的讲话》，《人民日报》2013年4月28日。
② 彭维锋：《习近平总书记关于劳动精神的重要论述研究》，《山东社会科学》2019年第4期。

己管理自己、自己成就自己、自己通过劳动实现自己"的精神。①正是因为把自己视为企业、集体、国家的主人,劳模精神才解决了主客体之间的分裂和异化,构建了劳动者与其劳动对象之间的统一性关系。广大劳模尽管所处时代不同、岗位各异,但他们都始终不渝地忠诚于党和人民的事业,始终紧紧跟随党的前进步伐、站在时代前列,始终热爱人民、不脱离群众,用他们自己的汗水和智慧,在共和国的历史上写下了浓墨重彩的篇章。

第三节　劳模精神的文化渊源和当代价值

劳模精神源自中国特色社会主义文化,孕育于中华优秀传统文化、党领导人民在革命、建设、改革中创造的革命文化和社会主义先进文化。新时代劳模精神是社会主义核心价值观的生动诠释和时代精神的生动体现,为实现中华民族复兴的中国梦凝聚力量。

一、劳模精神的文化渊源

(一)源自中华优秀传统文化

中华优秀传统文化是中华民族的精神命脉,2014年5月4日,习近平总书记在北京大学考察时说:"中华优秀传统文化已经成为中华民族的基因,植根在中国人内心,潜移默化影响着中国人的思想方式和行为方式。"中华优秀传统文化是中华民族的"根"与"魂","优秀传统文化是一个国家、一个民族传承和发展的根本,如果丢掉了,就割断了精神命脉。"②中华民族五千多年文明历史所孕育的中华优秀传统文化,代表着中华民族独特的精神标识,是中华民族生生不息发展壮大的丰厚滋养。劳模精神植根

---

① 《习近平在同全国劳动模范代表座谈时的讲话》,《人民日报》2013年4月28日。

② 习近平:《在纪念孔子诞辰2565周年国际学术研讨会暨国际儒学联合会第五届会员大会开幕会上的讲话》,北京:人民出版社,2014年。

于中华民族劳动过程，充分继承并发展了中华优秀传统文化。

劳模的艰苦奋斗精神源于中华传统文化的自强不息、吃苦耐劳精神。《易传》云："天行健，君子以自强不息。"它体现了儒家锲而不舍、发奋进取的精神，蕴涵着儒家深刻的身体力行意识和对刚直不阿品格的追求。这种自强不息的精神，作为个人品格，是进德修业、自立成人的根本；作为民族精神，是中华民族强盛不衰的精神力量。《论语·泰伯》说："士不可以不弘毅，任重而道远。仁以为己任，不亦重乎？死而后已，不亦远乎？"志向的实现要有任重而道远的使命感和愈挫愈奋的坚毅品格。朱熹说："非弘不能胜其重，非毅无以致其远。"（《四书章句集注》）梁启超说："天下古今成败之业，若是其莽然不一途也。要其何以成、何以败？曰：'有毅力者成，反是者败。'"（《新民说·论毅力》）艰苦创业如燧人钻木取火、神农遍尝百草，勤奋好学如苏秦悬梁刺股、匡衡凿壁借光，所以孟子说："天将降大任于是人也，必先苦其心志，劳其筋骨，饿其体肤，空乏其身……"（《孟子·告子下》）成就大业必须吃苦耐劳，经得起磨难。

劳模无不是勤劳之人，中华传统文化认为勤劳是一个人的重要美德。《左传》云："民生在勤，勤则不匮。"只有辛勤劳动，才能保证基本物质需要的经常满足。《国语·鲁语》云："夫民劳则思，思则善心生。逸则淫，淫则忘善，忘善则恶心生。"宋代以来的新儒家更加强调勤劳，张载论"勤学"说："学须以三年为期……至三年，事大纲惯熟。学者又须以自朝及昼至夜为三节，积累功夫。更有勤学，则于时又以为限。"（《张子全书·语录钞》卷12）这里，他不再是泛论"勤学"，而是要求学者把一天分为三节，不间断地"积累功夫"。朱熹也说工夫须积累、不可间断，又说"早间""午间""晚间"都可分别"做工夫"（《语类》卷8）。这和张载在精神上是完全一致的。与张载同时代的苏颂说："人生在勤，勤则不匮。户枢不蠹，流水不腐，此其理也。"（《宋元学案补遗·苏先生颂·谈训》卷2）苏氏扩大了勤的范围，使它成为整个人生的基础。清代曾国藩说："勤，不必有过人之精神，竭吾力而已。"（《杂著·忠勤》卷4）勤劳的要求不是与人比力的大小、所获财富的多少，而是充分发挥自己的主观能动性，竭尽自己的能力去做好每一件事情。儒家赞颂勤劳，反对懒惰。朱熹说："某平生不会懒，虽甚病，然亦一心欲向前。做事自是懒不得。今人所以懒，未必是真个怯弱。自是先有畏事之心，才见一事，便料其难而不为，所以习成怯弱，不能有为也。"（《语类·训门人》卷120）他不但对门人如此说，对他的儿子也再三叮嘱"不得怠慢""不得荒思废业"，必须"一味勤劳""夙兴夜寐，无忝尔所生"。（《朱文公文集·续集·与长子受之》卷8）他常说："在世间吃了饭后，全不做得些子事，无道理。"（《语类》卷105）故曾国藩说："百种弊端，皆由懒生。"（《治兵语录·勤劳》）

中华传统文化贵义贱利，与劳模的淡泊名利精神相符合。儒家尚义而贱利，强调"先义后利"，劝勉人们"见得思义"，而莫要"见利忘义"，主张把"义"作为约束人们的求利行为的基本道德规范。儒家承认只有具有较高道德修养的"君子"才能把义看重于利，而一般世俗"小人"都是唯利是图的，即所谓"君子喻于义，小人喻于利"。荀子也认为，"为事利，争货财……唯利之见，是贾盗之勇也……义之所在，不倾于权，不顾其利……重死持义而不挠，是士君子之勇也。"（《荀子·荣辱》）"不学问，无正义，以富利为隆，是俗人者也。"（《荀子·儒效》）"唯利所在，无所不倾，若是则可谓小人矣。"（《荀子·不苟》）其实，在荀子看来，"好利恶害"的心理是人皆有之，不同的是那些具有道德素养的圣贤君子能够自觉地做到"先义而后利"即"以义制利"罢了。徽商舒遵刚从商人角度对义利关系进行了深刻地阐述，他主张"生财有大道，以义为利，不以利为利"。并把义和利的关系比作泉水的源和流的关系，有源才有流，有义才有利。

劳模爱岗敬业，中华传统文化则强调"敬业乐群"。"敬业乐群"最早见于秦汉之际的《礼记·学记》，意思是说要专心致志于自己的事业，与朋友同伴友好相处，这种精神是职业活动得以顺利进行的动力和保障。孔子尤其强调"执事敬""事思敬""修己以敬"，北宋程颐进一步解释说："所谓敬者，主之一谓敬；所谓一者，无适（心不外向）之谓一"。（《二程遗书》卷15）敬是思想集中、精神专一的不涣散工作态度。新儒家提出了"敬贯动静"的入世作事的精神修养。朱熹说："敬不是万事休置之谓，只是随事专一，谨畏不放逸耳。"（《语类》卷12）依此解释，"敬"是指在入世活动中的一种全神贯注的心理状态，中国社会强调的"敬业"精神便由此而来。这是儒家伦理中的职业观念，新儒家则相信有"天理"或"道"，人生在世，必须在自己的岗位上"做事"以"尽本分"。"做事"并不是消极的、不得已的应付或适应此世。相反地，做事必须"主敬"，即认真地把事做好。这是一种积极的、动态的入世精神。[①]

（二）劳模精神是对革命文化和社会主义先进文化的继承和发展

中国特色社会主义文化是以马克思主义为指导，以培育有理想、有道德、有文化、有纪律的公民为目标，发展面向现代化、面向世界、面向未来的、民族的科学的大众的社会主义文化。习近平指出，中国特色社会主义文化，源自中华民族五千多年文明历史所孕育的中华优秀传统文化，熔铸于党领导人民在革命、建设、改革中创造的革命文化和社会主义先进文化，植根于中国特色社会主义伟大实践。革命文化是中国共产党领导中国人民在伟大斗争中构建的文化，如红船精神、井冈山精神、苏区精神、长征精神、遵义会议精神、延安精神、抗战精神、沂蒙精神、西柏坡精神等。它起源于五四新文化运动和中国共产党成立，形成于新民主主义革命时期，丰富发展于社会主义革命与建设以及改革开放时期。社会主义核心价值体系和社会主义核心价值观是社会主义先进文化的核心和灵魂。社会主义核心价值体系包括四个方面的科学内涵，即马克思主义指导思想、中国特色社会主义共同理想、以爱国主义为核心的民族精神和以改革创新为核心的时代精神、社会主义荣辱观。这四个方面构成社会主义先进文化的基本内容。党的十八大用24个字概括了社会主义核心价值观的基本内涵，即富强、民主、文明、和谐，自由、平等、公正、法治，爱国、敬业、诚信、友善。

在革命战争年代，在中国共产党领导中国人民追求民族独立和国家解放的历史进程中，"边区工人一面旗帜"赵占魁、"兵工事业开拓者"吴运铎、"新劳动运动旗手"甄荣典等劳动模范，以"劳动好、学习好，又能公

[①] 梁德阔：《"韦伯式问题"的徽商经验研究》，芜湖：安徽师范大学出版社，2014年，第295页。

私兼顾、不自高、不夸大，永不脱离群众"的精神风貌，以及"忠于革命、精于业务、勤于学习、善于创造、团结干部、联系群众"的精神境界，创造并丰富了具有革命战争年代特色的劳模精神，凝聚着共产党人和革命群众的独特思想和精神风貌，为动员和鼓舞边区人民战胜困难、坚持抗战提供了坚韧强劲的精神动力，为边区革命和建设的生存与发展发挥了举足轻重的重要作用。

中华人民共和国成立后，在中国共产党领导中国人民建设新中国的历史征程中，"高炉卫士"孟泰、"铁人"王进喜、"两弹元勋"邓稼先、"知识分子的杰出代表"蒋筑英、"宁肯一人脏、换来万人净"时传祥等先进模范，以超额完成任务、推广先进经验、开展技术革新、提出合理化建议等在经济生产方面的贡献，以及自力更生、奋发图强、加班加点、努力工作、无私奉献的"老黄牛"精神，发展并深化了具有社会主义建设时期特色的劳模精神，成为激励各族人民意气风发投身社会主义建设的强大精神力量。

在改革开放时期，"天下第一村"老书记吴仁宝、"杂交水稻之父"袁隆平，当代产业工人的杰出代表许振超、"抓斗大王"包起帆、"蓝领专家"孔祥瑞、"金牌工人"窦铁成，"新时期铁人"王启明、"新时代雷锋"徐虎、"知识工人"邓建军、"马班邮路"王顺友、"白衣圣人"吴登云、"中国航空发动机之父"吴大观、"敦煌的女儿"樊锦诗、农民工楷模巨晓林、"雷锋传人"郭明义、"拼命书记"范振喜、科研报国的黄大年等先进模范，以无限忠诚、信念坚定、胸怀全局、爱党爱国的政治品格；以爱岗敬业、争创一流、纪律严明、求真务实的职业精神；以艰苦奋斗、勇于创新、与时俱进、自强不息的精神风貌；以报效祖国、克己奉公、淡泊名利、甘于奉献的思想境界，继承并创新了改革开放时期的劳模精神。①

劳模精神是工人阶级先进性的集中体现。在中国革命、建设、改革的各个历史时期，我国工人阶级都具有走在前列、勇挑重担的光荣传统，我国工人运动都同党的中心任务紧密联系在一起。劳动模范作为工人阶级的优秀代表，是时代的引领者，在工作生活中发挥了先锋和排头兵作用，他们以辛勤劳动、诚实劳动和创造性劳动，持续推动着社会进步、国家发展

---

① 彭维锋：《习近平总书记关于劳模精神的重要论述研究》，《山东社会科学》2019年第4期。

和民族复兴。劳模精神作为劳动模范的思想内核、行动指南和精神灯塔，成为推动时代前进的强大精神动力，充分体现了工人阶级先进性的主体地位，彰显了工人阶级的伟大品格，推动了工人阶级的成长进步。

劳模精神是社会主义核心价值观的生动诠释。劳模精神的重要元素和构成因子，像岗位意识、职业精神、进取精神、拼搏精神、创新精神、家国情怀和奉献精神等，是对社会主义核心价值观的生动诠释和现实呈现。可以说，劳模精神是社会主义核心价值观的具象化、人格化和现实化。一方面，劳模是遵循社会主义核心价值观的典范样本，是社会主义核心价值观的模范实践者、生动传播者和最有说服力的检验者；另一方面，劳模之所以能够生成劳模精神，能够成为全社会学习的典范，一个重要原因就在于其主动自觉地遵循并践行了社会主义核心价值观。[1]

二、劳模精神的当代价值

（一）劳模精神是社会主义核心价值观的生动诠释

习近平总书记指出，劳模精神"生动诠释了社会主义核心价值观，是我们的宝贵精神财富和强大精神力量"。[2]如果说，社会主义核心价值观深入回答了要"建设什么样的国家、构建什么样的社会、培育什么样的公民"的宏观问题；那么，劳模精神就是回答了"以什么样的方式、路径和精神，建设国家、构建社会、培育公民"的具体问题。可以说，劳模精神是社会主义核心价值观的具象化、人格化和现实化。如果说社会主义核心价值观是一种观念形态，那么，劳模精神就是将这种观念形态与现实中的、具体的人紧密联系起来，从而为社会主义核心价值观确定了生动鲜活的人格典范和现实样本，实现了将国家意识形态转化为可见、可感、可知、可学的个体行动者，并在一定程度上实现了由外在规范到内化于心的重要转变。

---

① 彭维锋：《新时代劳模精神的十大内涵》，《工人日报》2018年3月20日。

② 《习近平在庆祝"五一"国际劳动节暨表彰全国劳动模范和先进工作者大会上的讲话》，《人民日报》2015年4月29日。

可以说，从社会主义核心价值观到劳模精神，实现了从理性到感性、从理论到实践、从概念到具象、从观念到现实、从观念化到人格化的逻辑演绎，实现了对社会主义核心价值观的具体充分、鲜活生动、清晰丰富的解读与阐释。①

新时期劳动模范是社会有形的正能量和鲜活的价值观，他们积极践行社会主义核心价值观，为实现中华民族伟大复兴的中国梦凝聚起强大的精神力量和有力的道德支撑。新时期的劳动模范和先进工作者往往也是全国道德模范，如郭明义、申纪兰、袁隆平、吴仁宝、李斌等。他们继承了老一代劳模的优秀传统，对党和人民无限忠诚。罗阳为我国航空工业发展披肝沥胆、鞠躬尽瘁，在我国首艘航母"辽宁舰"完成训练任务时，他突发心脏病不幸以身殉职，用生命圆了中国人心中的航空强国梦。全国五一劳动奖章获得者、北川县副县长兰辉在下乡检查道路交通和安全生产工作途中，于漩坪乡不慎坠崖，因公殉职。"兰辉同志始终把党和人民的事业放在心中最高位置，是用生命践行党的群众路线的好干部，是新时期共产党人的楷模。"②全国劳动模范李素丽把"把全心全意为人民服务"作为自己的座右铭，真诚、热情地为乘客服务，被誉为"老人的拐杖，盲人的眼睛，外地人的向导，病人的护士，群众的贴心人"。全国五一劳动奖章获得者、郴州市一院产科主任雷冬竹在冰雪肆虐、水电中断情况下，每天工作长达17个小时，接生了222个"冰雪宝宝"。全国劳动模范马军武和妻子在极端艰苦的环境下，甘于清贫，耐得住寂寞，以哨所为家，23年如一日、风雨无阻地在20多公里长的边境线上从事巡边、护林、守水任务，从未发生一起违反边防政策和涉外事件。

新时期劳动模范恪守诚信。他们对人诚实无欺，守信践诺，以真诚之心，行信义之事。劳动模范老老实实做人，踏踏实实做事，待人处事表里如一。全国劳动模范钱月宝始终恪守诚信为本，靠信誉和质量把一个村办手工作坊发展成为总资产35亿元的现代化企业集团。全国劳动模范宁凤莲

① 彭维锋：《习近平总书记关于劳动精神的重要论述研究》，《山东社会科学》2019年第4期。
② 习近平：《关于向践行党的群众路线的好干部兰辉同志学习的批示》，《人民日报》2018年10月18日。

用诚实守信捍卫商业道德，创下"经销名酒20年无一假货，诚信重诺20载无一投诉"的业绩。"做良心奶、卖健康奶"是全国劳动模范刘华国坚守不变的信念，在整个乳品行业遭遇诚信危机的情况下，银桥乳业以诚信的企业形象、过硬的产品质量经受住了考验。全国五一劳动奖章获得者李国武始终把食品安全放在首位，甚至不惜花巨资收假购假再销毁。全国劳动模范周国允的名字在北京建筑界成了一个响亮的信誉品牌，他带领施工队先后参与建设亚运村、国家大剧院、首都机场新航站楼、国家体育场等210多项工程，合格率达100%。

新时期劳动模范对人友善，竭尽全力关心、帮助别人，努力形成人之亲、家之亲、国之亲。广州市劳动模范赵广军从事志愿服务5万多小时，帮助近一万名服务对象，捐献13万余元。在他的帮助下，1200多名误入歧途的问题青少年走回正道，200多个有自杀倾向的人重获新生。上海市劳动模范李影贴心服务群众，帮助小区输液老人用厕，把公厕门前的泥地改成停车点，将废旧的长椅修缮为休息座椅，增加残疾人专用设施标志。全国五一劳动奖章获得者、鞍钢市劳动模范郭明义16年间为失学儿童、受灾群众捐款12万元，累计资助180多名困难学生完成学业，而他至今一贫如洗。郭明义20年55次无偿献血，累计献血量达6万多毫升，相当于自身总血量近10倍。

2012年，习近平总书记在参观《复兴之路》展览时，提出了"实现中华民族伟大复兴，就是中华民族近代以来最伟大的梦想"的重要思想，这是对十八大精神的生动诠释，在全国各族人民中引起广泛认同。2013年3月，在十二届全国人大一次会议闭幕式上，习近平总书记提出了实现中国梦必须坚持中国道路、弘扬中国精神、凝聚中国力量的重要论断。中国梦的本质是国家富强、民族振兴、人民幸福，奋斗目标是实现"两个一百年"："到中国共产党成立100年时全面建成小康社会，到新中国成立100年时建成富强民主文明和谐的社会主义现代化国家，努力实现中华民族伟大复兴的中国梦。"[①]中国梦是国家的梦，是人民的梦，是近代以来中华民族最伟大的梦，它承载着全国人民和海内外华侨的整体利益与长远利益。把

①习近平：《在接受拉美三国媒体联合采访时的答问》，《新华日报》2013年5月31日。

这一梦想变成现实，已成为包括工人阶级在内的全国各族人民的共同意志和共同行动。

弘扬劳模精神就是在多样化的价值取向中确立社会的主导价值取向，让劳模精神成为受推崇的精神品格；就是要在多层次的价值标准中标明社会的高尚价值准则，让劳模精神成为受尊重的精神圣地，践行社会主义核心价值观。随着经济体制深刻变革、利益格局的深刻调整，人们在思想认识上的独立性、选择性、差异性日益增强，各种价值观念纷繁变幻。弘扬劳模精神，有利于推进社会主义核心价值体系的理论建设、宣传教育和学习践行，有利于社会主义核心价值体系更好地走进群众、引领群众，可以把不同阶层、不同认识水平的人们团结和凝聚起来，牢固树立社会主义核心价值观。

（二）劳模精神是中国精神的生动体现

习近平总书记强调："实现中国梦，必须弘扬中国精神。用以爱国主义为核心的民族精神和以改革创新为核心的时代精神振奋全民族的'精气神'。"[①]在五千多年的历史长河中，中华民族形成了以爱国主义为核心的团结统一、爱好和平、勤劳勇敢、自强不息的民族精神，以及由这种民族精神生发而成的以改革创新为核心的时代精神，共同构成中国精神的本质内涵。

劳模精神是民族精神的最高地，是最具中国属性、中国品格、中国气派的中国精神。一方面，劳模精神是民族精神核心要素的集中体现。劳模精神秉持了民族属性，传承彰显了民族精神，既体现了以爱国主义为核心的团结统一、爱好和平、勤劳勇敢、崇德尚礼、公而忘私的民族情怀，又体现了以"修身、齐家、治国、平天下"为核心的知行合一、自立自强、自立立人的人生追求。另一方面，劳模精神是民族精神创新发展的重要推动力量。劳模精神始终与时俱进，创新丰富了民族精神。一代又一代劳模，用自己的辛勤劳动、诚实劳动和创造性劳动，特别是崭新的劳动态度、创新的劳动追求、不凡的劳动业绩，生成并创新了具有时代特征的劳动价值

[①]《习近平在接受拉美三国媒体联合采访时的答问》，《人民日报》2013年6月1日。

观、劳动情感态度、劳动品格、劳动习惯、劳动知识技能，不断丰富了并将继续丰富着中华民族精神的博大内涵。[①]

劳模是时代领跑者，劳模精神是时代的精神符号和力量化身，是时代精神的典型化、人格化、标本化。劳模精神是引领时代新风的精神高地，生动体现了时代精神的精神实质、主要特征和重要内容。社会主义建设时期，劳动模范艰苦创业，砥砺前行，引导广大劳动者矢志不渝，拼搏进取，完成了国家从农业社会走向工业化、现代化，为筑牢国家工业命脉打下基础。改革开放以来，劳动模范勇担时代重任，参与改革，创新创造，感召广大劳动者爱岗敬业，争创一流。虽然每个时代的劳模群体呈现多元组合和不同特征，从出大力、流大汗、苦干加巧干，向知识型、技术型、创新型方向转变，只是劳动形式的变化，劳动创造财富、劳动推动进步的本质没有变。每个时代所产生的劳模，都代表着该时代的先进生产力和健康向上的力量，他们身上所体现的劳模精神始终一脉相承，始终是引领发展的标杆和旗帜。

（三）劳模精神是实现中国梦、全面建成小康社会的强大动力

工人阶级是我国的领导阶级，是中国共产党最坚实、最可靠的阶级基础，是先进生产力和生产关系的代表。实现中国梦必须全心全意地依靠工人阶级力量，巩固工人阶级的领导地位，充分发挥工人阶级在国家建设中的主力军作用。劳动模范和先进工作者是工人阶级和广大劳动群众中的杰出代表，是民族的精英、国家的栋梁、社会的中坚、人民的楷模。在中国共产党带领全国人民进行革命、建设、改革的各个历史时期，劳动模范始终是我国工人阶级中一个闪光的群体，对国家发展作出了重要贡献。2013年4月28日，习近平总书记在同全国劳动模范代表座谈时明确指出："坚持和发展中国特色社会主义，必须全心全意依靠工人阶级、巩固工人阶级的领导阶级地位，充分发挥工人阶级的主力军作用。"[②]2015年4月28日，习近平总书记在表彰全国劳动模范和先进工作者大会上再次强调："在当代中

[①] 彭维锋：《习近平总书记关于劳动精神的重要论述研究》，《山东社会科学》2019年第4期。

[②] 习近平：《在同全国劳动模范代表座谈时的讲话》，《人民日报》2013年4月28日。

国，工人阶级和广大劳动群众始终是推动我国经济社会发展、维护社会安定团结的根本力量。那种无视我国工人阶级成长进步的观点，那种无视我国工人阶级主力军作用的观点，那种以为科技进步条件下工人阶级越来越无足轻重的观点，都是错误的、有害的。"①这充分反映了党中央对工人阶级地位和作用的高度重视，深刻阐明了发展中国特色社会主义事业的依靠力量和我国工人阶级的历史使命。

"空谈误国，实干兴邦"，劳动是实现中国梦的必由路径。新中国成立以来特别是改革开放以来，我国之所以能够从"一穷二白"状况走向世界第二大经济体，实现让世界为之惊叹的"中国速度"，展现精彩的"中国故事"，显示无比强大的"中国力量"，无不与辛勤的劳动紧密相连。劳动是推动人类社会进步的根本力量，是财富的源泉和幸福的源泉。习近平总书记指出："实现我们的奋斗目标，开创我们的美好未来，必须紧紧依靠人民、始终为了人民，必须依靠辛勤劳动、诚实劳动、创造性劳动"②，"全面建成小康社会，进而建成富强民主文明和谐的社会主义现代化国家，根本上靠劳动、靠劳动者创造"③。这深刻诠释了"劳动美"与"中国梦"之间的关系，是对马克思主义劳动学说的创新发展，也是对坚持中国特色社会主义道路的科学把握。

全面建成小康社会，必须以更大的政治勇气和智慧，不失时机深化改革，坚决破除一切妨碍科学发展的思想观念和体制机制弊端，加快完善社会主义市场经济体制。在社会主义市场经济发展完善的过程中，充斥着利益矛盾和冲突。市场经济强调以主体为中心，主张互相竞争、利益差别和利益驱动，容易诱发利己主义、拜金主义和享乐主义，从而导致社会上种种损公肥私、损人利己的不道德行为和违法犯罪现象的产生。解决这些矛盾和冲突，既要依靠法制的威力，又要依靠思想道德的力量。劳动模范的先进事迹和优秀品质，体现了中华民族的传统美德，反映了我国社会发展

---

① 习近平：《在庆祝"五一"国际劳动节暨表彰全国劳动模范和先进工作者大会上的讲话》，《人民日报》2015年4月29日。

② 习近平：《在同全国劳动模范代表座谈时的讲话》，《人民日报》2013年4月28日。

③ 习近平：《在庆祝"五一"国际劳动节暨表彰全国劳动模范和先进工作者大会上的讲话》，《人民日报》2015年4月29日。

进步的时代精神。弘扬劳模精神，不仅能够启迪人们的道德智慧，净化人们的道德心灵，匡正市场经济条件下可能出现的道德失范、诚信缺失现象，而且能够鼓舞人们发扬风格、为国分忧，正确处理改革发展中出现的矛盾和问题，能够激励人们自强不息、奋发图强，不怕困难、开拓创新，为全面建成小康社会而努力奋斗。①

　　党的十八大明确提出全面建成小康社会、实现"两个一百年"的奋斗目标，开启了实现中华民族伟大复兴中国梦的新征程。当前，我国正在新的历史起点上向前迈进，经济建设、政治建设、文化建设、社会建设、生态文明建设全面推进，工业化、信息化、城镇化、国际化深入发展。大力弘扬劳模精神，用劳模的先进事迹感召社会，用劳模的优秀品质引领风尚，引导广大劳动者不断提升思想道德素质和科学文化素质，提高劳动能力和劳动水平，不断为中国精神注入新能量，对团结动员广大职工群众克服前进中的各种艰难险阻，决胜全面建成小康社会、实现中华民族伟大复兴的中国梦，具有重大的现实意义和深远的历史意义。②

---

　　① 吴潜涛:《大力弘扬劳模精神》。陈豪主编:《习近平总书记在全国劳动模范代表座谈时重要讲话学习读本》,北京:工人出版社,2013年,第106页。

　　② 向德荣主编:《劳模精神职工读本》,北京:中国工人出版社,2016年,第11页。

第二章 劳动模范的先进事迹

新中国第一代劳动模范为国民经济恢复和社会主义建设作出了重大贡献，为树立社会主义劳动观念、推广劳动经验和提高劳动效率发挥了重大作用。裔式娟、杨富珍、赵梦桃、黄宝妹等纺织战线的劳动模范大搞技术革新，宛如天上的"七仙女"。王进喜、吴运铎等人是革命型劳模，他们"为革命献身、革命加拼命、苦干加巧干、经验加创新"。铁姑娘从事苦累脏险的活儿，在一定程度上促进了中国妇女的解放。

第一节 "七仙女"型劳模

裔式娟、杨富珍、赵梦桃、黄宝妹等人是城市和轻工业战线上劳动模范。黄宝妹系国棉十七厂纺织工人，先后三次获得"全国劳动模范"称号，主演了电影《黄宝妹》。裔式娟系国棉二厂挡车工，1956年、1959年两次被授予"全国先进生产者"称号。杨富珍系国棉一厂布机挡车工，1956年、1959年两次获得"全国劳动模范"和"先进工作者"称号。1956年和1959年，赵梦桃两次被授予"全国先进生产者"荣誉称号。她们在纺织领域做出了卓越贡献，表现出崇高的精神品质。

一、裔式娟和"裔式娟小组"

1929 年 9 月，裔式娟生于江苏盐城，12 岁时父亲去世，她带着弟弟投靠上海姑妈家。1947 年，她进入上海中国纺织建设公司第二棉纺织厂细纱车间作挡车工，先后担任细纱车间生产组长、厂党总支副书记，1978 年起任上海市总工会副主席。1952 年加入中国共产党，1953 年被评为全国纺织工业劳动模范；连续 7 次被评为上海市劳动模范。1956 年、1959 年先后在全国先进生产者代表会议和全国"群英会"上被授予"全国先进生产者"称号，是第一届至第六届全国人大代表，第五届全国人大常委会委员。自1953 年始，"裔式娟小组"连续八年全面超额完成生产计划，产品的数量与质量均达到全国先进水平，两次获得"全国先进集体"称号。

1950 年，"郝建秀工作法"在上海推广，裔式娟是最早最认真学习的人之一。她认真学习和仔细研究郝建秀工作法，总结经验为三条：一是减少皮辊花，增加纱的产量。学习郝建秀工作法后，裔式娟掌握了减少断头及其开花时间，21 支的平均皮辊花率降低到 0.394%，比学习前的平均数0.715 降低了 45%；32 支纱的皮辊花率也由 1.165% 降低到 0.545%，降低了53%。此外，每台车上运转的空锭子也基本上消灭了。皮辊花减少和空锭子消灭，纱的产量也就自然增加了。二是提高纱的品质。在未学习郝建秀工作之前，女工们在接头时，都是一手撕下绒辊或皮辊上的白花，一手引纱接头，增加了"紧捻纱"；又在清洁车面飞花工作中，当"绞花棒"卷取车面飞花而离开车面时，一不当心即与纱头接触，影响了纱的条干不能均匀；再说过去白花与绒辊花不分开，因此，绒辊花也变成了再用棉，影响了品质。在学习郝建秀工作法后，也基本上改变过来，提高了纱的品质。三是降低劳动强度。开始学习时，部分工人感觉不习惯，整天在车弄里巡回，还要动脑筋，有些紧张。后来，郝建秀工作法的优越性得到慢慢显示，觉得工作轻松了，不再是紧一阵松一阵。[①]

---

① 参见裔式娟：《愿把一生献给党》，刘文主编：《时代领跑者：上海劳模口述史》，上海：上海人民出版社，2018 年，第 24 页。

裔式娟不但在厂内带头推广，工作上当好"领头羊"，还担任兄弟厂的"小先生"，被厂内的职工群众推选为生产小组长。经她耐心细致的传、帮、带，她的小组成为上海市学习"郝建秀工作法"模范小组。1952年小组中技术好的工人只有三四个，仅过3年，在裔式娟的带动帮助下，个个都达到"纺织能手"的水平。不仅如此，全组32名工人中有行业劳动模范1人，市先进生产者4人，受到嘉奖的9人，13人入了团，7人加入了中国共产党。①

1953年，裔式娟小组被正式命名为"全国纺织工业模范小组"。第一个五年计划期间，该小组连续5年被评为上海市的先进小组。1958年在生产竞赛中该组一马当先，做到了高产优质。21支纬纱，车速从285转加快到400转，千锭小时产量从30多公斤提高到45公斤以上；32支纱，车速从250转加快到310转，千锭小时产量从16公斤提高到21.5公斤，并且棉纱标准品率全部达到了100%。裔式娟小组在厉行节约方面获得了显著成果，1954年，裔式娟小组在超额完成生产计划的同时，21支纱皮辊花率平均只有0.15，32支纱是0.26，比车间行政指标低30%以上。裔式娟带领的二纺细纱乙班二工区，在生产、管理等方面均处于全国同行业先进水平，特别是该组重视思想政治工作，形成了人人关心集体、个个比学赶帮的好风气，以她的名字命名的小组保持了30多年的模范集体称号。②

"大家团结一条心，完成计划有保证。"这是裔式娟小组总结出来的一条经验。③以1960年推广半自动落纱机为例，小组在推广时遇到困难，大家集思广益，想出的解决办法是"五字法"，即"一谈"：每天下班后开小组会谈当天使用推广的情况，交流经验及问题；"二看"：根据推广使用中的问题，到车上用慢动作进行反复操作，大家来观察研究；"三议"：大家议论，共同商量改进的办法；"四试"：将研究出来的改进办法，进行实际试验；"五赛"：把好办法、好经验作为内容，开展竞赛。运用了这"五字

---

①《上海妇女志》编纂委员会编：《上海妇女志》，上海：上海社会科学院出版社，2000年，第426页。

②《裔式娟小组》，《现代班组》2007年第6期。

③《平凡的劳动，创造不平凡的成绩——裔式娟小组工作经验总结》，1959年8月，上海市档案馆，C1-2-2812。

法"，情况完全改变了，在选拔赛中，她们小组被评为全工场第一。[①]

裔式娟小组还健全民主管理制度。在管理制度方面，有产量、质量、节约、劳动、操作、文化等各项具体指标的十五种图表；有产量、质量、节约、劳动调配、整洁、安全卫生等六个记事本；有个人操作测定、落纱测定、个人坏纱三个记录统计表；有机器物料消耗账。在会议制度方面，每天、每周开碰头会，主要检查生产完成情况，研究生产问题，每天碰头不超过十分钟，每周碰头不超过半小时；每周开一次群众会议，在一般的情况下，每月第一周检查上月生产情况，制订本月生产计划；第二周检查上半月计划执行情况，上技术课或交流经验；第三周开小组生活会，开展批评与自我批评，加强小组团结；第四周进行本月小组竞赛的评比总结。每周开一次全体干部会议，检查上周工作情况，布置本周工作。每周开一次工人管理碰头会，由生产组长主持，汇报和研究管理工作。[②]

裔式娟和她的小组在技术革新和技术革命中，积极响应号召，不断提高车速度，改变操作技术和争做多面手。裔式娟小组的车速一直比较高，从1950年开始，就不断提高。车速加快后，断头上升，从每千锭断头四五十根跳到四五百根，有的时候甚至整台车子的头都断光。大家决定全体动手，苦战两天，终于总结出一套适合高速的操作方法。大家一面紧张工作，一面做各种试验，有的人还到别班学习先进经验。两天以后，"新的工作法"产生了：接头时，头要摘得直，摘得长一些；跑巡回，要向前跑，不走回头路；罗拉凳子和笛管里花衣要刷清爽。运用这一套办法，断头逐步从四五百根下减到一百多根。在核对这些资料时，裔式娟老人告诉笔者，她们之所以能在那个时代成为劳模，是因为她们很小就到纱厂工作，熟悉纺织技术，在速度上做文章，而要是在今天的科技时代，她们是不可能成为劳模的。当时她们只是在操作工艺方面进行革新，还谈不上技术革命。[③]

为了使生产效率和速度一样提高，裔式娟小组"人人学会机修，争取

---

①《裔式娟同志在文化广场万人纪念"三八"国际妇女节大会上的发言稿》，1959年3月7日，上海市档案馆，C31－1－235。

②《发动群众，搞好小组管理》，1961年3月27日，上海市档案馆，B134-1-1010。

③ 2008年3月6日笔者于裔式娟家中访谈裔式娟。

做多面手"。在党支部和副工长提议下，大家学修车，帮助副工长修理机器的小毛病，不懂就向副工长、保全老师傅请教，一次修不好再修一次。[①]后来，她们小组每个人都会修理钢领起浮、工字架松动、导纱钩等小毛病了，逐步地熟悉机器的性能，分析断头的原因，成为全厂大搞技术革新的带头小组。回顾这段历史，裔式娟老人告诉笔者，她们学做"多面手"的效果并不理想，一是当时纺织女工工作强度很大，事实上没有时间修理机器；二是她们文化水平低，不懂机器原理。[②]

加快车速，提高产量以后，接下去就是如何进一步提高产品质量的问题。1959年上半年，裔式娟小组按照上海市委"高产、优质、节约"的指示，争取全面丰收。当时产品质量上的主要问题是接头白点多，裔式娟小组的操作能手王桂英，参加了共青团中央组织的技术表演团，到全国各地学习了不少先进经验，回来以后刻苦钻研，大胆创造，用挑接头操作方法代替原来的拈接头法，既适应高速生产，又"消灭了白点"。[③]裔式娟老人告诉笔者，消灭白点在当时是世界性难题，普通纺织工人是完成不了的，当时所报道的消灭白点实际上是减少了白点，绝不是消灭白点。[④]

裔式娟小组在1959年提出四项奋斗目标。第一，1959年生产任务要在1958年基础上再增加22%。具体办法：二十一支纱每分钟车速从目前400转增加到430转，三十二支从目前285转增加到300转；空锭在目前2%基础上降低到0.4%；落纱停台时间从原来56秒缩短到45秒。第二，大闹技术革命。一是接头和生头的根数。细纱挡车工接头目前平均每分钟16根，经过半个月努力提高到20根以上。细纱落纱生头目前平均20根，经过一个月努力达到28根。二是人人都做多面手，又能挡车，又能检修。经过两个月努力，全部挡车工要能掌握副工长所掌握的一般检修知识。三是加强技术研究，不定期地对生产上关键问题进行研究。第三，加强政治学习。认真学习毛主席著作，提高政治觉悟，哲学小组学习人员从现在11人扩大到

① 《平凡的劳动，创造不平凡的成绩——裔式娟小组工作经验总结》，1959年8月，上海市档案馆，C1-2-2812。

② 2008年3月6日笔者于裔式娟家中访谈裔式娟。

③ 裔式娟：《听毛主席的话，不断革命，不断跃进》，《人民日报》1960年4月6日。

④ 2008年3月6日笔者于裔式娟家中访谈裔式娟。

20人。经过半年努力，全组人都会看报看《支部生活》，定期组织学习。第四，发扬共产主义精神，经常互相支援，进一步搞好三班团结，加强协作，共同为增产而努力。①

1977年，裔式娟调到市总工会工作，当了两届市总工会副主席。1989年，她办理退休手续后，又在市总工会退管会从事关心退休劳模工作。1995年，在她的张罗下，上海市成立了"劳模之家"，劳模们可以在这里交流谈心，自娱自乐。

二、杨富珍和"杨富珍小组"

杨富珍，1932年7月生，上海南汇人，中共党员。1953年至1965年，她先后七次被评为上海市和全国劳动模范，其中1956年、1959年两次获"全国劳动模范"和"全国先进工作者"称号。1968年后，杨富珍走上了领导岗位，历任上海市委常委、普陀区委书记、徐汇区委书记、上海市人大常委会委员等职。她是中共第九届中央委员会委员，第十届、第十一届中央候补委员；第二、三届全国人民代表大会代表，第七、八、九、十届上海市人大代表，第八、九、十届上海市人大常委会委员。她在上海国棉一厂担任挡车工、工会组长，十多年如一日保持优质高产，她创造了每分钟接40多个棉纱结头、连续89个月无疵布的行业奇迹，成为纺织系统一面永不褪色的红旗。她是1951年我国颁布的"五一织布法"的创造者和实践者之一，带领工人姐妹们悉心开展"心贴布、布贴心，织布为人民"活动，得到了全国各地纺织女工的积极响应、以她的名字命名的"杨富珍小组"是全国纺织行业多年的标兵集体，连续43年保持了模范集体的光荣称号。

据《上海党史研究》杂志上的一则报道，上海全国劳模中，杨富珍是唯一的一名"地下党"。1946年，14岁，她就进入中纺一厂（上海国棉一厂前身）当布机挡车工，人称"小珍子"。在工厂里，凶神恶煞般的"拿摩温"鞭子不离手，夏季车间温度高达40℃她们还要咬紧牙关工作，丝毫没有休息的余地。过度劳累使小富珍病倒了，车间里的一位女地下党员悉心

①《国棉二厂裔式娟小组》，1959年10月，上海市档案馆，C1－2－2869。

照顾她，很让她感动。1948年11月，在这位大姐的介绍下，她加入了中国共产党，年仅15岁，成为当时上海地下党的一名小交通员。

1953年，杨富珍出席了全国青年社会主义建设积极分子大会，受到毛主席和周总理的接见。她说："周总理与我握手时，殷切地嘱托：'今后全国人民的穿衣问题就靠你们了。'多少年来，总理的话始终激励着我多织布，织好布。"①此后，杨富珍创造了89个月无疵布的行业神话。1968年，杨富珍被毛主席、周总理亲自点名，参加国庆天安门观礼。

杨富珍总结出一套先进的织布操作法，创造了89个月无疵布的行业神话。为确保织出的每匹布不出次品，将棉纱结头打得小、快、牢，杨富珍每天在家苦练"打结头"基本功，还叫儿子帮她测算打结的速度，终于练就了一手绝活，每分钟能打40多个结头。杨富珍说："真是全部的心思花在织布工作法上的。三班倒，一定要做好，眼睛一点都不好打差的，白天要是稍微有一点睡不好，晚上的精神就会不好，困了，但不能把布织成次布，就拧自己的肉，拧到腿上一块块青。人家不知道，问怎么了？被人扣打了？人家以为我家里有什么事，我说没有，我摔跤了，实际上都是我自己拧的，拧疼了，眼睛就能睁开。所以那时候要织好布，没有那么容易的。"②她带领织布班组，开展"心贴布、布贴心"的竞赛活动，首创"六个巧干，六个仔细"的高产优质操作法，个人看台数发展到20多台。上海国棉一厂根据她的操作实践，在全厂总结推广了一套新的织布工作操作法，提高了生产效率。

杨富珍是"五一织布法"的缔造者和实践者之一。1951年10月，在天津联合召开的织布工作法会议上，集中了全国主要地区的专家、技术人员、优秀织布工人以及有关领导干部共一百余人，经过二十天共同努力研究产生了以年份而命名的"五一织布工作法"。主要技术是：一要巡回有规律，工作主动有计划；二要加强预防检查，减少布面经纱疵点和机器故障；三要合理组织各项动作，善于运用时间，省时省力；四要基本操作又快又好

---

① 夏莉娜：《杨富珍：始终保持劳模本色》，《中国人大》2010年5月25日。

② 骆新对杨富珍的采访。载于中共上海市委宣传部编：《走近他们，大型人物访谈》，上海：上海书店出版社，2013年，第31页。

又安全。先进的生产操作方法，既是职工的集体智慧结晶，也是劳动和创造精神的集体写照。杨富珍认为，"五一织布法"是一种精神，这种精神就是不畏艰难、刻苦钻研的岗位操作精神；就是攻坚克难、追求卓越的奋斗精神；就是自我完善、服务社会的奉献精神。[①]

以她的名字命名的"杨富珍小组"连续保持了43年的模范集体称号。"杨富珍小组"即是上海国棉一厂南织乙班一组，自1953年建组以来，小组始终保持了"全国先进生产者"称号，1986年又被全国总工会和国家经委授予"全国先进班组"称号。从1953年起，该小组在生产实践中逐步形成"巡回时间稳而准""每隔8台插红花""点滴经验虚心学"的操作特点，摸索出"三段看布法""双手刮盘头法""特殊停台处理法"等系统的一套先进布机操作规律和方法，成为20世纪50年代布机挡车操作能手中的佼佼者。杨富珍毫无保留地把自己积累的经验向两万多名织布女工作了介绍和观摩表演，使织布女工在交流中提高了操作水平。杨富珍以朴实的感情铸就的"心贴布、布贴心，织布为人民"的班组精神，在班组中长盛不衰，代代相传。

从政后，杨富珍从"心贴布"到"心贴民"，始终保持与人民群众的血肉联系，全心全意为人民服务。退休后，杨富珍没有在家安度晚年，而是积极投身于社会公益活动，她担任上海市"百老"德育讲师团副团长，经常和老干部、老红军、老艺术家一起进社区、奔城镇、入学校，开展形式新颖多样、内容丰富多彩的德育教育活动。[②]

三、赵梦桃和"赵梦桃小组"

赵梦桃是全国著名劳动模范，纺织战线的一面红旗。赵梦桃作为中国20世纪50年代纺织行业的代表，创造了一套先进的清洁检查操作法，并在陕西省全面推广。1963年，陕西省人民委员会决定把她所在的小组命名为

---

① 夏莉娜：《杨富珍：始终保持劳模本色》，《中国人大》2010年5月25日。
② 杨富珍：《为了周总理的嘱托》，参见刘文主编：《时代领跑者：上海劳模口述史》，上海：上海人民出版社，2018年，第21页。

"赵梦桃小组"。1956年、1959年，赵梦桃先后在全国先进生产者代表大会和全国"群英会"上被授予全国先进生产者称号。

1935年11月25日，赵梦桃出生在河南洛阳的一个贫苦家庭。父亲赵书林是个勤勤恳恳、安分守己的小摊贩，靠着做点小买卖养活着全家六口人，生活艰难。因时局动荡，加上生活窘迫，赵梦桃的大哥和小妹因贫病先后夭亡，年幼的二哥被迫离开家乡，到陕西蔡家坡去当学徒学手艺。因为长期劳累，父亲得了肺痨卧床不起，年仅10岁的赵梦桃便和母亲一同挑起了养家的重担。为了给身患重疾的父亲治病，赵梦桃找了个给小纺织作坊做工的活计。每天早上一起床，她就抱着一大团毛线去织毛线，一整天都不肯停歇。小小的两根竹针，对于赵梦桃来说不仅仅是工具，更是维系住这个贫寒家庭的依靠。尽管她没日没夜地拼命干活，但是，父亲最终还是离开了人世，留下赵梦桃和母亲两个人苦苦度日。

1951年底的一天，赵梦桃和母亲接到了二哥的来信。二哥在信中告诉她们：位于陕西宝鸡蔡家坡的陕西国棉九厂要为即将兴建的西北国棉一厂招考培训工，让赵梦桃来陕西试试看。得到这个消息，赵梦桃非常高兴，她和母亲商量后决定一起前往陕西。于是，带着简单的家当，赵梦桃和母亲坐上一辆拉货的铁轮车，离开洛阳赶赴陕西蔡家坡。身材瘦弱的赵梦桃报名参加考试，因为怕体重不够，她在身上藏了很多碎石破瓦。经过报名考核，16岁的赵梦桃进了西北国棉一厂，成为一名棉纺织厂的学徒工。

幼年的苦难岁月、少年的艰难生活，让赵梦桃饱尝了生活的困苦磨难。而今，她成了新中国一名正式纺织女工，成了新社会当家作主的主人。抱着对中国共产党的热爱之心和对新社会的感激之情，赵梦桃浑身充满了干劲，每天早早来到工厂，认真学习技术，抢着干苦活累活。她在轰鸣的机器声中，在闷热的空气中，在万锭飞转、银线如流的纺机中寻找着提高工作效率的方法。她的努力，大家都看在眼里。不久，赵梦桃就被选为培训班的小组长。在工厂统一分配下，赵梦桃成为一名细纱挡车工。"好好干，下苦干，老实干"成为她平日的口头禅。她是这样说的，也是这样做的：在挡车时，别人巡回一次用3到5分钟，她只用2分50秒；别人在车头车尾时抽空说两句话，她却连上厕所都是小跑着去。

当时，"郝建秀工作法"正在全国推广，作为纺织行业的同行，西北国棉一厂也组织了专门的学习培训。赵梦桃勤学苦练，以优异的成绩获得了培训第一名，在毕业典礼上戴上了绣着"郝建秀工作者"的红围腰。由于肯吃苦求上进，进厂不到两年，赵梦桃就创造了千锭小时断头只有55根、皮辊花率1.89%的好成绩。她第一个响应厂党委"扩台扩锭"的号召，看车能力从200锭扩大到600锭，生产效率提高了2倍。由于在工作中表现突出，赵梦桃被评为先进生产者、劳动模范，并在1953年8月出席了全国纺织系统劳模大会。

1953年下半年，赵梦桃光荣地加入了中国共产党。她感觉到肩上的责任更重了，更加自觉地严格要求自己，她说："一个党员不能像我过去那样，只懂得好好干，下苦干；还要懂得为谁好好干，怎样好好干才行。"1956年9月，赵梦桃被选为中国共产党第八次全国代表大会代表，出席了在北京举行的党的八大。她作为纺织工人的代表，听取了党和国家领导人的报告，见到了来自全国各行各业的代表，大家在一起学习、交流，赵梦桃被深深地感染了。她说："现在，我才体会到要做人民勤务员这句话的意思，这话深得很，深得很。谁要能真懂了这句话，就懂得什么是共产党员了。"[1]

从北京回来后，赵梦桃的心里更透亮了，她说："能帮助别人前进，是人生的最大幸福。我们要把每一个同志心里的火都扇旺，要不让一个伙伴掉队，不让周围有一个小组掉队。"[2]刚调来的帮车工技术不熟练，赵梦桃便主动承担起传教的任务。遇上不顺手的纺纱车，大家都不愿意用，赵梦桃就把好的车子换给别的同志，自己用这些没人要的，先后换车达11次。看见有的姐妹上班时精神不好，赵梦桃就从各方面了解情况，利用休息日去对方家里帮助解决问题。外出学习期间，她学会了用双手梭皮辊花的新技术，回来后立即把这个经验传授给其他伙伴，让大家一起掌握技术共同提高效率。工作上的困难、技术上的难题、家庭生活的烦恼，不管是哪方面的事，赵梦桃都热心地去帮助解决，这一切，都是为了一个目的："不让

---

① 宁夏党建研究会编：《共产党人的楷模》，银川：宁夏人民出版社，2006年，第183页。
② 紫云：《纺织战线上的骄傲：赵梦桃》，《党史纵览》2018年第8期。

一个伙伴掉队！"她说到做到。在赵梦桃的帮助带动下，周围十几名工人成为工厂和车间的先进工作者，她领导的小组"人人当先进、个个争劳模"，你追我赶、积极争先的工作状态在车间蔚然成风。

在热情帮助别人的同时，赵梦桃严格要求自己，从不强调任何困难。在1952年至1959年的7年间，赵梦桃节约棉花1200多公斤，创造了月月全面完成国家计划、年年均衡生产的好成绩。1962年，工厂要求细纱工序要减少条干不匀的现象，消灭布面上的粗细节疵点，提高棉布质量。赵梦桃刻苦钻研技术，仔细分析原因，在吸取其他纺织能手经验的基础上，摸索出了一套科学的巡回清洁检查操作法。按照这种操作方法，细纱车的清洁可得100分，断头减少了三分之二，粗细节坏纱比过去减少70%左右，大大充实了"郝建秀工作法"的内容，对提高棉纱条干均匀度和棉布的质量起了重要作用。同年11月底，陕西省纺织工业局总结并在全省推广了这套巡回清洁检查操作法。1963年1月，《陕西日报》将其作为重要消息进行了介绍。操作法的推广，实现了赵梦桃"一定要把技术变成集体的财富"的心愿。

赵梦桃全身心投入工作，组织和国家也给了赵梦桃至高的荣誉，她42次被评为各级劳动模范、红旗手。1956年和1959年，分别出席了全国先进生产者代表大会和全国"群英会"，并被授予全国先进生产者称号，成为纺织战线的一面旗帜。

就在赵梦桃在事业上大显身手的时候，以前就动过手术的肺部旧病复发，她不得不再次住院治疗。住院期间，赵梦桃顽强地同病魔作斗争，护士和病友们得知她是先进生产者、八大代表，纷纷来向她询问学习，她热情地向大家介绍郝建秀、张秋香等人的事迹，介绍自己的小组和同伴们，而很少提到自己。为了不影响工厂工作，她谢绝了厂里派人照顾她的安排。病情稍有好转，就在医院帮着打扫病房，裁剪"油纱布"，帮助护士给其他病人做输液准备，帮助重病人洗脚擦澡。护士和病友劝她多休息，她总是笑着说："我能动，就要干。"

1963年4月27日，陕西省人民委员会在咸阳市专署礼堂召开大会，表彰赵梦桃及赵梦桃小组的先进事迹，授予赵梦桃"优秀的共产党员、模范的共产党员、先进工人的典范"光荣称号。虽然赵梦桃由于病情严重而不能来到会场，但她为大会的录音深深地感动激励着大家，她说："党给我们的荣誉，是党交给我们的任务，现在我们肩上的担子更重了。我相信，全组同志一定会团结得像一个人一样，每时每刻都听党的话。我要和全组全厂同志一起，像雷锋同志那样，用共产主义的革命精神为党工作，永远不骄傲，不自满，再接再厉，做坚强的突击队的旗手，把这面红旗不歇气，不换肩，稳稳地扛到共产主义去！"尽管赵梦桃渴望回她奋斗的工作岗位，回到纺织厂的同伴们身边，但是，她的身体状况却每况愈下。1963年6月23日，赵梦桃因病情恶化而病逝，年仅28岁。

1965年，时任纺织工业部副部长的荣毅仁带领工作组来到西北国棉一厂进行企业试点调查，在听取了赵梦桃及其小组的事迹后，被深深地感动，并作出了"高标准、严要求、行动快、工作实、抢困难、送方便，发扬梦桃风格"的总结。"高标准、严要求、行动快、工作实、抢困难、送方便"和"不让一个伙伴掉队"，成为"梦桃精神"的核心。赵梦桃虽然早早地离去，但她留下的精神财富一直激励着广大青年和生产工作者。2009年9月，在中华人民共和国成立60周年之际，在多个中央部委联合组织评选的"新中国双百人物"活动中，"纺织战线上的骄傲——赵梦桃"被评为"100位新中国成立以来感动中国人物"。2019年9月25日，她被授予"最美奋斗者"称号。①

1963年4月27日，陕西省命名赵梦桃所在小组为"赵梦桃小组"。半个世纪以来，赵梦桃小组坚持以"高标准、严要求、行动快、工作实、抢困难、送方便"的梦桃精神建组育人，长期保持全国先进班组称号。靠着对责任的担当，靠着对事业的奉献，一批又一批梦桃的传人在梦桃精神的哺育下茁壮成长，吴桂贤、翟福兰、王广玲、韩玉梅、周惠芝，这些模范先进人物踏着梦桃的足迹，使梦桃小组在历经我国新旧经济体制的历史巨变，在践行社会主义核心价值观的伟大实践中，在企业改制破产重组、搬迁入园的重大改革发展过程中，始终红旗不倒，保持着先进小组的荣誉。历任13任组长均为全国或省部级劳动模范，有11人分别出席过全国党代

---

① 柴云：《纺织战线上的骄傲：赵梦桃》，《党史纵览》2018年第8期。

会、人代会、工代会、妇代会。小组曾先后荣获全国"三八"红旗集体、全国工人先锋号、全国女职工建功立业标兵岗、全国模范职工小家、全国先进班组卓越贡献奖、全国纺织工业先进集体、陕西省青年文明号标兵、陕西省巾帼文明示范岗、陕西省岗位学雷锋示范点等三四十项全国、省市级先进荣誉称号。2017年小组荣获全国10位"最美职工"中唯一班组集体代表称号。2019年12月30日,赵梦桃小组获"新中国70年经典班组"殊荣,全国共10个。

在新中国成立70周年前夕,咸阳纺织集团赵梦桃小组全体成员给习近平总书记写信汇报了赵梦桃小组的发展历程和近年来的工作成绩,表达不忘初心、将"梦桃精神代代相传"的决心和扎实做好班组建设与生产工作的信心。习近平总书记对赵梦桃小组亲切勉励,希望大家继续以赵梦桃为榜样,在工作上勇于创新、甘于奉献、精益求精,争做新时代的最美奋斗者,把梦桃精神一代一代传下去。

四、黄宝妹和"劳模公司"

1931年12月,黄宝妹出生在上海市的一个工人家庭,13岁进入日资裕丰纱厂(即新中国成立后的国棉十七厂)工作。新中国成立后,她干劲倍增,1953年至1958年月月超额完成生产任务,年年被评为上海市劳动模范。[①]1953年、1956年、1959年三次获得"全国劳动模范"称号。她先后9次被评为上海市、纺织工业部和全国劳模,3次出席国际会议,8次受到毛泽东、周恩来、宋庆龄等党和国家领导人的接见。[②]1960年至1963年,她在华东纺织工学院学习,回厂后任技术员,1982年开始担任厂工会副主席,[③]1994年,她与杨富珍开办"劳模公司"(上海英豪科技实业公司),所获利润用于补助贫困老劳模。黄宝妹是中共八大代表,上海市第一至五

①《青年团上海市委关于青年社会主义建设积极分子陈修林、黄宝妹等人的优秀事迹》,1955年,上海市档案馆,C21-2-578-579。

② 黄宝妹:《劳动最光荣,也最幸福》,参见刘文主编:《时代领跑者:上海劳模口述史》,上海:上海人民出版社,2018年,第31页。

③ 2007年11月2日笔者于上海黄宝妹家中访谈黄宝妹。

届人大代表。1986年，黄宝妹被"借调"到江苏启东聚南棉纺厂当副厂长。1987年，她又帮助新疆某建设兵团到新疆石河子市协助建棉纺厂。

黄宝妹带头学习郝建秀工作法，扩大看锭数。1952年春天，国棉十七厂进行生产改革运动，开始推广郝建秀工作法，扩大看锭看台数，准备进行三班八小时生产制。当时黄宝妹一个人看400枚锭子，是十七厂最高的看锭数，可是，当她听说郝建秀却能看800锭到1000锭，她就和另外两位女工一起试验起扩大看锭数。不久，她们每个人就开始看到800锭了。在她们的带领下，一个全面扩大看锭数的运动在全厂开展起来。[①]1953年，厂里派黄宝妹去学习郝建秀工作法。学会郝建秀工作法以后，黄宝妹工作得更顺当了，她纺的23支纱，皮辊花（白花）只有0.307%，达到了郝建秀的同等水平。每进车档，她先查清哪里有断头，然后按部就班地去接头。车间里许多姐妹都说："宝妹做活好像心里有个钟，手里有个秤似的稳稳当当。"黄宝妹说，有些纺织女工看600锭就叫喊吃不消，可是她由于学会了郝建秀工作法，看800锭都还觉得轻松。她的皮辊花直线下降，从340两一度下降到八九两，这个成绩震动了全厂，各个分厂的细纱间女工都纷纷来向她学习经验，她成为厂里的"明星"。[②]

黄宝妹还善于总结经验，革新生产方式，摸索出"单线巡回、双面照顾"细纱挡车巡回路线和"逐锭检修法"，提高了产量，保证了质量。后来她的方法在全厂推广，顺利地从开两班改为三班，8小时工作制，机器24小时运转，大幅提高了劳动生产率。黄宝妹还成立了"技术互助小组"，带动姐妹们一起进步。大家见先进就学，有后进就帮，互帮互学，共同前进。小组里有位女工，白花老是出得多，但她不承认自己技术差，认为黄宝妹白花出得少，是因为车子好；自己出得多，是因为自己挡的车子不好。黄宝妹听说后，主动与她对调车子。黄宝妹仔细检修她的车子，发现这部车歪锭子很多，钢丝圈也生锈了，急忙请保全工修理，不到两天时间，这部车子的白花达到了先进水平。而那位女工用黄宝妹的车子，白花还是不比原来少。黄宝妹告诉那位女工秘诀：看见车子有一根纱头断了，就要研究

---

① 唐克新：《永远向前的黄宝妹》，北京：少年儿童出版社，1958年，第60页。

② 2008年1月11日笔者于黄宝妹家中访谈黄宝妹。

它为啥会断，找到原因后才能对症下药。那位女工学习黄宝妹"单线巡回、双面照顾"法和"逐锭检修法"后，白花很快就减少了。连环画《黄宝妹与浦玉珍》反映的就是这种热火朝天的劳动竞赛场面。①

黄宝妹带头穿"花衣"。1954年，23岁的黄宝妹评上全国劳模不久，她就作为工人阶级的先进代表，参加在苏联莫斯科举办的世界国际劳动节。那时候，中国人管苏联叫"老大哥"，苏联是新中国学习的榜样，也是新中国青年向往的地方。在苏联街头，黄宝妹看到妇女们无论年龄大小都穿着布拉吉，化着妆，很漂亮。而在新中国成立初期，流行服装是中山装、解放装和劳动装，无法与艳丽的苏联妇女服饰相比。回国后，黄宝妹就做了两件"布拉吉"，还烫了头发。她以这样的装饰打扮接待外国代表团，受到了称赞；走在街上，受到年轻姑娘的青睐，回头率老高。1956年，团中央和全国妇联召开座谈会，提倡妇女打扮得漂亮些、衣服穿得美丽些，《中国青年》也发文号召"姑娘们，穿起花衣服来吧！"1958年，在奥地利举行的"世界青年联欢节"开幕式上，当黄宝妹和中国青年代表队身着绿色旗袍、胸带粉红色胸花，缓缓地走进会场时，全场顿时欢呼，一下子惊呆了。于是，"旗袍姑娘"成为"美丽中国"的代名词。②

黄宝妹出生在贫苦家庭，兄弟姐妹9人仅存活3人。13岁，黄宝妹进入日本裕丰纺织厂，当时是6进6出，12小时工作制，两班倒，过着"日不见天，夜不见地"的童工生活。1986年退休之际，她主动要求去江苏南通帮助建启东聚南棉纺织厂，以后她又远赴新疆石河子协助建棉纺织厂。1990年，她到市劳模协会工作，着手调查50多位老劳模的晚年生活情况。她发现一些退休劳模经济状不好、居住条件差、生活负担重后，牵头成立了上海英豪科技实业公司，公司收入用于补贴老劳模的生活。现在黄宝妹生活在四代同堂的幸福大家庭，与老伴相濡以沫70年，子孙满堂，享受天伦之乐。

---

① 黄宝妹：《劳动最光荣，也最幸福》，参见刘文主编：《时代领跑者：上海劳模口述史》，上海：上海人民出版社，2018年，第33-34页。

② 黄宝妹：《劳动最光荣，也最幸福》，参见刘文主编：《时代领跑者：上海劳模口述史》，上海：上海人民出版社，2018年，第37页。

第二节 "革命"型劳模

王进喜将个人的前途命运始终与石油工业发展、国家民族的前途命运紧密相连，苦干实干，从放牛娃逐渐成长为"铁人"。他把短暂而光辉的一生献给了我国石油工业，他身上所体现的铁人精神，成为中华民族的宝贵精神财富。吴运铎是抗日战争时期革命根据地兵工事业开拓者、新中国第一代工人作家。在抗战时期，他带领职工自制枪弹，在生产和研制武器弹药中多次负伤，仍以顽强毅力坚持战斗在生产一线，为提高部队火力作出了贡献。

一、"铁人"王进喜

王进喜，1923年10月8日生，全国劳动模范，中国共产党党员。1950春，王进喜成为新中国第一代钻井工人，先后担任副司钻、贝乌五队队长、大庆钻井指挥部副指挥等职。1956年11月，他首创钻机整拖搬家经验；1958年9月，他带领贝乌五队实现钻井5009.47米，创全国最高纪录。1960年3月15日，王进喜赴东北参加石油大会战；4月29日，他参加庆"五一"万人誓师大会，被树为会战标兵；7月1日，又被树为大庆油田会战"五面红旗"之一。1959年10月26日至11月8日，他在北京参加全国工交群英会。[①]1964年12月21日，王进喜当选为第三届全国人民代表大会代表；1969年4月，王进喜参加党的九大，被选为中央委员。毛泽东主席和周恩来总理多次接见王进喜。1970年11月15日，王进喜在北京逝世，时年47

---

① 1959年10月25日至11月8日，全国工业、交通运输、基本建设、财贸方面社会主义建设先进集体和先进生产者代表大会在北京召开，即全国群英会，出席会议的代表和特邀代表有6577人，由中共中央、国务院授予全国先进集体称号2565个，授予全国先进生产者称号3267人。许多资料说明王进喜在这次会议上被评为全国劳动模范，但笔者查阅当时参加大会的先进生产者名单中没有王进喜。据玉门市政府网站专题报道，1959年9月，王进喜出席甘肃省劳模会，被选为新中国成立10周年国庆观礼代表和全国"工交群英会"代表。

岁。世纪之交，他同孙中山、毛泽东、雷锋、焦裕禄等一起被评为"百年中国十大人物"。

（一）人生轨迹

1923年10月8日，王进喜出生在中国甘肃省玉门县赤金堡一个贫苦的农民家庭。40岁的王金堂晚年得子，他非常高兴地看着妻子怀中的新生男婴。按照当地的习俗，王金堂把孩子和装孩子用的筛子放在秤上称一称，正好十斤，于是他就给孩子起了乳名"十斤娃"。又按照王家的家谱，王金堂给孩子取名王进喜，希望他欢欢喜喜去上学，学到本领后重整家业。让王金堂夫妇未曾想到的是这个孩子日后重整的不是家业，而是新中国之基业。

1929年，玉门遭受百年不遇的灾荒。为了活命，6岁的王进喜用一根棍子领着双目失明的父亲沿街乞讨。1932年，军阀马步芳要建羊毛厂，王金堂被强迫出劳役。9岁的王进喜让父亲坐在牛车上，赶车把羊毛送到百里之外的酒泉。为了挣钱给父亲治病，10岁的王进喜和几个穷孩子一起到虎狼出没、气候变化无常的妖魔山给地主放牛。王家有几亩地被区长以借为名长期霸占。12岁的王进喜不畏强权，前去讨要。虽然只要回了几丈白土布，却是王进喜与恶势力抗争的一次胜利。14岁时，为了躲兵役，王进喜淘过金、挖过油。1938年，15岁的王进喜进旧玉门油矿当童工，年龄虽小，却干着和大人一样的重活，还经常挨工头的打骂，但他不甘屈辱，奋起反抗。王进喜常因反抗而受惩罚。师傅知道后，给他讲骆驼"攒劲"的故事，告诉他要讲究斗争方法，培养"耐力"。王进喜心中充满了对自由生活的向往。正是这苦难的经历和恶劣的生存环境，练就了他刚毅坚韧、倔强不屈的性格。

1949年9月25日，玉门解放。1950年春，王进喜通过考试成为新中国第一代钻井工人。从1950年春招工到1953年秋，王进喜一直在老君庙钻探大队当钻工。他勤快、能吃苦，各种杂活抢着干。他说，党把我们当主人，主人不能像长工那样磨磨蹭蹭、被动地干活。艰苦的钻井生产实践，锻炼了他坚忍不拔的品格和大公无私的先进思想。1956年4月29日，王进喜光荣加入中国共产党，这是他人生旅途的一个里程碑。入党不久，王进喜担任了贝乌5队（1205钻井队前身）队长，带领贝乌5队在石油工业部组织的以"优质快速钻井"为中心的劳动竞赛中，提出了"月上千，年上万，祁连山上立标杆"的口号，创出了月进尺5009.3米的全国钻井最高纪录。10月，王进喜到新疆克拉玛依参加石油工业部召开的现场会。余秋里部长、康世恩副部长把一面"钻井卫星"红旗颁发给他。贝乌5队被命名为"钢铁钻井队"，王进喜被誉为"钻井闯将"。

1959年9月下旬，王进喜以"钢铁钻井队"和甘肃省劳动模范的"双料标兵"名义参加省劳模大会，被大会一致推选为出席"全国公交群英会"代表。当年10月26日，王进喜首次赴京参加"全国工业、交通运输、基本建设、财贸战线社会主义建设先进集体和先进生产者代表大会"，简称"群英会"。王进喜身临其境，聆听了党和国家领导人的报告和讲话；听取了大会发言；参加了分组讨论；参观了首都"十大建筑"。会后还应邀到清华大学、北京地质学院、北京石油学院等高校为教授和大学生们作报告。①

1960年2月，东北松辽石油大会战打响。玉门闯将王进喜带领1205钻井队于3月25日到达萨尔图车站，下了火车，他一不问吃、二不问住，先问钻机到了没有、井位在哪里、这里的钻井纪录是多少，恨不得一拳头砸出一口井来，把"贫油落后"的帽子甩到太平洋里去。面对极端困难和恶劣环境，会战领导小组作出了学习毛主席《实践论》和《矛盾论》的决定。王进喜组织1205队职工认真学习"两论"。通过学习，王进喜认识到："这困难，那困难，国家缺油是最大困难；这矛盾，那矛盾，国家建设等油用是最主要矛盾。"

王进喜的先进事迹主要体现在"人拉肩扛""破冰取水""勇跳泥浆"等方面。1205队的钻机到了，没有吊车和拖拉机，汽车也不足。王进喜带领全队工人用撬杠撬、滚杠滚、大绳拉的办法，"人拉肩扛"把钻机卸下来，运到萨55井井场，仅用4天时间，就把40米高的井架竖立在茫茫荒原上。井架立起来后，没有打井用的水，王进喜组织职工到附近的水泡子破冰取水，带领大家用脸盆端、水桶挑，硬是靠人力端水50多吨，保证了按

---

① 韩福魁：《一以贯之的自信精神》（《话说铁人精神》之五），《大庆社会科学》2016年第5期。

时开钻。萨55井于4月19日胜利完钻，进尺1200米，首创5天零4小时打一口中深井的纪录。1960年4月29日凌晨，1205队往第二口井搬迁时，钻杆滚堆砸伤了王进喜的右腿。第二口井（2589井）地处高压区，打到700米深时，突然发生井喷，强大的气流裹着泥浆冲出井口，窜起20多米，如不及时压住，就会井毁人亡。没有重晶石粉，就用水泥填井。水泥加到泥浆池里，由于没有搅拌设备不能有效融和。王进喜忍着碱性泥浆对腿伤的灼痛，用血肉之躯奋力搅拌泥浆，英雄的壮举定格为精神的永恒。

房东赵大娘看到王进喜整天领着工人没有白天黑夜的干，饭做好了也不回来吃，感慨地说："人是铁、饭是钢，整天不吃不睡怎么行，你们的王队长可真是个铁人哪！"这件事汇报到石油工业部部长、会战工委书记余秋里那里。余秋里高兴地说："大娘叫得好！我看大会战第一个英雄就树王进喜，名号就叫'王铁人'"。当时的会战工委敏锐地抓住这个典型，决定树立王进喜为大庆会战的第一个标兵，发出了"学习铁人王进喜，人人做铁人，为大会战立功"的号召，一时间学习铁人王进喜的热潮在油田蓬勃地发展起来。

1964年年底，王进喜当选第三届全国人大代表，出席大会并代表工人做了《用革命精神建好油田》的发言，受到与会代表的热烈欢迎。1965年4月，王进喜被任命为钻井指挥部副指挥。1965年7月，在石油工业部第二次政工会上，王进喜应邀作了报告，他在发言中首次提出了："要让我们国家省省有油田，管线连成网，全国每人每年平均半吨油"的奋斗目标。"文革"开始后，大庆油田生产受到严重干扰和破坏。1966年12月31日，王进喜毅然到北京向周总理汇报大庆油田生产的严峻形势。1968年5月，大庆革命委员会成立，王进喜被推选为大庆革委会副主任。1969年2月，中共大庆党的核心小组成立，王进喜担任副组长。1969年4月，党的"九大"在北京召开。王进喜作为大庆的代表出席了这次大会，并当选中央委员，受到了毛主席的接见。1970年春节前，王进喜受周总理委托，到江汉油田慰问，并做了大量的解放干部、稳定队伍的工作。1970年10月1日，王进喜抱病参加国庆观礼，以中共中央委员身份检阅游行队伍。国庆节刚过，铁人的病情急剧恶化。1970年11月15日，王进喜因医治无效不幸病逝，享年 47 岁。18 日，在北京八宝山革命烈士公墓举行了向王进喜同志告别仪式。1972 年 1 月 27 日，《人民日报》在显著位置刊发了长篇通讯《中国工人阶级的先锋战士——铁人王进喜》，高度评价了王进喜伟大的一生。大庆油田做出了"向铁人王进喜同志学习的决定"。

（二）先进事迹

人拉肩扛运钻机。1960 年 4 月 2 日，1205 队的钻机终于到了萨尔图火车站。一套钻井设备总重 60 多吨，需要吊车、拖拉机、大型载重汽车搬运。然而刚组建的萨中探区吊运设备非常少。怎么办？王进喜说：我们绝对不能等，我们几十个人就是几十台拖拉机，就是人拉肩扛也要把钻机全都拉上井场。三天三夜，王进喜带领队友硬是靠双手和双肩把 60 多吨重的钻井设备从火车上卸了下来，装上汽车，搬运到井场并安装就位。

破冰端水保开钻。打井离不开水，每口井耗水 60 多吨。正常情况下，这些水是专业供水队专门接管线输送的。可当时管线还没有接通，等罐车大约要 3 天。在困难面前，王进喜又一次把队员集合在一起，他说："还是那句话，有也上，无也上！就是尿尿也要开钻！"他带领全队工人到井场西边一里多远的大水泡子，用镐把已经冻得厚厚的冰砸开一个大窟窿，用脸盆、水桶盛水，一盆盆、一桶桶地运往井场，端足了打井用的 50 多吨水，保证萨 55 井的顺利开钻。

奋不顾身压井喷。1960 年 4 月 29 日清晨，王进喜在指挥工人放井架往第二口井搬家时，被滚堆的钻杆砸伤了右腿。可他不顾伤痛，拄着拐杖，继续指挥。由于地层压力太大，第二口井钻至 700 米浅气层时，突然发生井喷，压井需要重晶石粉，可当时井边没有，王进喜果断决定用水泥代替重晶石粉，水泥投入泥浆池里无法沉到底，泥浆比重无法提高，危急时刻，王进喜顾不上腿伤，奋不顾身地跳进泥浆池，用身体搅拌泥浆，几名队友也跟着跳进泥浆池里搅拌泥浆，随着泥浆比重的提高压住了井喷。王进喜奋不顾身的一跳激励了一代又一代的石油人，定格为一个历史的瞬间，成为铁人精神的象征。

有条件要上，没有条件创造条件也要上。1960 年 3 月 31 日萨中指挥部召开先进队长座谈会。王进喜在会上说:"眼下头上青天一顶,脚下荒原一片,要说困难可真不少。有也上,无也上,天大困难也要上。"这是铁人对艰难困苦的有力回击。这句口号与孙中山的"振兴中华"、毛泽东的"为人民服务"、邓小平的"发展才是硬道理"等伟人名言一道,成为3000年来振奋过中国人的100条标语口号的第74条。

"五讲"思想。1966年国庆期间,铁人应邀到北京人民艺术剧院作报告,演员李光复在后台见到铁人,就请他签名。铁人就在一本《毛主席语录》上写下了内涵丰富、充满哲理的"五讲"。"讲进步不要忘了党",体现了铁人信念坚定、对党忠诚;"讲本领不要忘了群众",体现了铁人牢记宗旨、心系群众;"讲成绩不要忘了大多数","讲缺点,不要忘了自己",体现了铁人谦虚谨慎、功高不傲;"讲现在不要隔断历史",体现了铁人唯物辩证、实事求是。铁人"五讲"思想深刻,充满哲理,是铁人光辉楷模的写照,是崇高境界和品格的闪光。

(三)领导表彰

从毛泽东、周恩来、邓小平到江泽民、胡锦涛、习近平等中央主要领导都高度赞扬铁人,大力倡导铁人精神。毛泽东多次接见铁人王进喜。作为唯一工人代表的王进喜还出席了1964年12月26日毛泽东71岁的生日宴会并同桌就餐,毛泽东称"铁人是工业带头人"。周恩来对王进喜关爱有加,王进喜患病后,亲自安排住最好的医院;"文革"中为使王进喜免遭批斗,千方百计予以保护。1967年1月,周恩来指示:"王铁人是大庆红旗的模范代表,是全国的一面旗帜"。1964年7月,邓小平在大庆亲切接见铁人王进喜。

江泽民1990年2月视察大庆油田时,看望了王进喜的家属,并指出:"王进喜同志为中国石油工业的发展立下了汗马功劳,人民永远不会忘记他。""铁人艰苦奋斗、自力更生、奋发图强的精神,不仅石油战线要学习,全国各行各业的工人都应该学习,知识分子应该学习,各行各业都应该学习。"1997年1月17日,江泽民在人民大会堂接见王启民时称他是新时期铁人。2000年8月24日,江泽民再次视察大庆时强调指出:"要继续发扬大庆精神、铁人精神。"李鹏1997年7月2日参观视察大庆铁人纪念馆并题词："铁人精神代代相传。"

1996年3月21日，胡锦涛在接见大庆油田主要领导时指出："在大庆油田的开发建设中培育了大庆精神、铁人精神这一宝贵的精神财富。"温家宝2003年8月1日在大庆考察，到1205钻井队看望钻井工人时说："我对铁人有感情。"他还说："我们还是要把铁人精神一代代传下去。"在2006年8月10日再次考察大庆油田时，他还强调指出："无论过去、现在还是将来，大庆精神、铁人精神都是鼓舞我们继续前进的巨大力量，任何时候都不能丢。当前，我们国家和民族正站在历史的新起点上，面对新的形势、新的任务，要更好地弘扬大庆精神、铁人精神。"温家宝还为新建的铁人纪念馆题写了馆名"铁人王进喜纪念馆"。①习近平曾说，大庆精神、铁人精神集中体现了我国工人阶级的崇高品质和精神风貌，永远是激励中国人民不畏艰难、勇往直前的宝贵精神财富。

二、"中国的保尔"吴运铎

吴运铎（1917年1月17日—1991年5月2日），中共党员，生前系原国营447厂（内蒙古北方重工业集团有限公司）总工程师，历任中南兵工局副局长、机械科学研究院副总工程师、五机部科学研究院副院长等职。他是新四军兵工事业的创建者和新中国兵器工业的开拓者，新中国第一代工人作家，撰写的自传《把一切献给党》，鼓舞了一代代青年人。1951年10月，中央人民政府政务院和全国总工会授予他"全国特等劳动模范"称号，并将他誉为中国的"保尔·柯察金"。吴运铎1991年荣获"全国自强模范"荣誉称号，2009年当选100位为新中国成立作出突出贡献的英雄模范人物，2019年获得"最美奋斗者"个人称号。

1917年，吴运铎出生在湖北武汉汉阳镇。因为父亲是矿上的记账小职员，无法养活全家，吴运铎自幼便到安源煤矿做工。少年吴运铎做过挑煤工，捡过煤渣。由于煤矿上有许多机器设备，激发了吴运铎浓厚的兴趣，

---

① 刘仁等：《从铁人文化体系的形成看铁人文化的繁荣》，《大庆社会科学》2007年第2期。

打风房中空气压缩机巨大的飞轮让他认识到机器的力量，梦想的种子悄悄在吴运铎的心中萌芽——当管机器的工人。

1927年夏，国民党反动军队开进安源，打破了百姓平静的生活，吴运铎的家庭生活也陷入绝境。1931年，吴运铎随家人迁到湖北黄石，在父亲同事的介绍下，进矿当了学徒，后来当了电机师傅。在车间，吴运铎利用繁重劳动的休息间隙，认真学习钻研机器工作原理，学习机械知识，并把学到的知识讲给工友们听。

1937年抗日战争的全面爆发给了吴运铎一个全新的生活理想。革命是唯一的出路。当时，共产党在煤矿办起了抗战讲座，吴运铎天天去听课，家中也成了工人集会的场所。他还参加了党的《新华日报》的发行站工作，每天下班后便把报纸贴出去，矿主报告警察要捉拿他，他毅然参加了新四军。新四军政治部副主任邓子恢和吴运铎谈话，先是简单介绍了我军的光荣历史，又谈了三大纪律八项注意以及我军的优良传统。最后说："你是机电工人，会修枪，会造炮，我们部队正缺枪，你还是去兵工厂造枪吧！"还再三嘱咐他：拿枪和修炮、造枪都是革命的需要。你们是技术工人，应该到那里发挥自己的专长，为革命做出贡献。于是他被分配在司令部修械所工作。

1941年秋，新四军军部决定从修械所抽调一批骨干，为二师建立兵工厂，这副重担落到吴运铎和他的几名战友身上。二师师长罗炳辉交给吴运铎的任务是建立一个年产60万发子弹的工厂。吴运铎接到任务就像接到战斗命令一样，来到师部修械所所在地、离黄花塘30多里的小朱庄，动员广大群众收集破铜烂铁、木材煤炭，带领工人们凭着一双手，相继制成了生产子弹的所有工具、机床，年产60万发的子弹厂就这样诞生了。

1943年初春，吴运铎接到师部新的任务：研制新型的类似掷弹筒一样的武器——枪榴弹。当时，有关书上对枪榴弹的介绍很少，吴运铎翻遍所有能找到的资料，也只有一篇介绍枪榴弹二三百字的短文，而且多半是讲它的杀伤力如何厉害，对于究竟如何制造，介绍甚少。吴运铎并没有知难而退，而是整天摆弄着掷弹筒和各种大、小炮弹不断思考，寻找灵感。终于，他想出：把粗钢棍掏空，支撑类似掷弹筒的枪榴弹筒，用铸铁造成像迫击炮弹一样的枪榴弹，装进枪榴弹筒内，用没有弹头的步枪子弹的火药气体，把筒内的枪榴弹发射出去。吴运铎把想法付诸实施，他不分白天黑夜，日思夜想，翻书设计，攻克一个个技术难关，终于拿出枪榴弹的全部设计图纸，并成功完成了实验。吴运铎制造的枪榴弹很快出现在前方。1943年8月，在反击日伪军"扫荡"的桂子山战斗中，枪榴弹第一次立了大功，成功反击了敌人的"扫荡"。

为了革命，为了试制各种弹药，吴运铎三次负伤，炸瞎了左眼，炸断了左手的四根手指，炸坏了右腿，身上留下了大大小小无数伤疤。第一次负伤是在1939年，启动发动机时没有抓牢手柄，手柄落在左脚上砸出了一个小伤口，后来伤口发炎，左腿感染，高烧40多度，医生只有挖掉腐烂的肌肉，在踝骨处留下了一个月牙形的大洞，吴运铎不得不拄着双拐走路。

第二次负伤是在1941年，这是抗日战争最艰苦的一年。兵工厂化整为零，吴运铎率领的小分队主要负责子弹生产。在"茅屋工厂"，他亲自动手，将收集来的旧炮弹引信上的雷管拆卸下来备用，突然，一只雷管在他左手里爆炸了，顿时他被炸成了血人……数十年后，他回忆说："我知道这是一项很危险的工作，我要亲自做这工作，因为我是一个共产党员，在危险的时候，应该站在大家的前面，不能把危险的工作推给别人。"爆炸导致吴运铎左手四根手指被炸飞，左腿膝盖被炸开，露出膝盖骨，左眼近乎失明，昏迷不醒半个多月。

第三次负伤是在解放战争时期。1947年，解放战争进入战略反攻阶段，当时我军急需选择有重工业基础的城市，建设一个有炼钢、炮弹、火药生产等门类的联合兵工企业，党中央将目标锁定在大连。这年春天，由于左眼里的弹片无法取出，吴运铎常常头晕失眠，非常痛苦。组织上安排他和妻子陆平来大连休养。听到要建兵工企业的消息，作为军工专家的他怎能安心静养？他坚决请求恢复工作，获得批准。在一次进行炮弹爆炸试验中，他再次被炸成重伤：左手腕骨头被炸断，右腿膝盖下被炸烂一半，右眼蹦进一块弹片，伤口流血不止，终日躺在床上不能动弹。他以顽强的毅力，又一次从死神手里挣扎了过来。

吴运铎和他的战友们，建成我军第一个军械制造车间并首次制造出步枪，制造出我军第一批平射炮和枪榴弹，制造出42厘米口径、射程可达4公里的火炮，研制了拉雷、电发踏雷、化学踏雷、定时地雷等多种地雷，在只有8个人的条件下，年产60万发子弹……吴运铎九死一生。然而他说："丰硕的胜利果实，是需要战士的鲜血浇灌的。"

新中国诞生一个多月后，党组织送吴运铎去苏联治疗眼疾。莫斯科郊外50公里处的松林疗养院，风景秀丽，十分宜人。吴运铎在这里休养了20多天，便开始接受治疗。这时，他的左眼已完全失明，右眼也不好，长期红肿流泪，看东西头昏。身上共有几十处伤口，有许多炸弹的小铁片都没有取出来，已经和肌肉长到一起了。腿上的关节因为长期被石膏绷带固定，已经硬化，走起路来都是直的。对于来自中国的英雄，苏联政府和人民予以热情接待，派出最好的医生为他治病。经过手术，他右眼内残留的弹片取了出来，恢复了视力。随后，又安排他医治腿关节毛病和神经衰弱症。

一段时间后，吴运铎身体状况日渐好转。苏方安排他参加了五一节红场观礼，参观了向往已久的奥斯特洛夫斯基博物馆，还见到了奥斯特洛夫斯基的夫人达雅。《钢铁是怎样炼成的》这本书，他1943年就反复读过，那种感动和震撼仿佛还在心间。尤其令他佩服的是，保尔无限忠诚地对待党的事业，在战场上是无畏勇敢的战士，在建设中又是一个出色的劳动者。保尔的革命精神激励着吴运铎不断上进，特别是在他负伤的日子里，保尔就是他心中的榜样，千百倍地增强了他斗争的信心和战胜困难的勇气。参观博物馆后,他在纪念册上留言："保尔，你给了我们中国人民无穷的勇气和力量，使我们战胜了一切困难和一切敌人。"吴运铎和保尔的经历有那么多相似之处，在苏联友人眼里，在中国人民心里，吴运铎就是"中国的保尔"。

1951年，吴运铎作为中央人民政府政务院和中华全国总工会特邀的全国劳模代表，参加了国庆观礼。10月5日，《人民日报》发表《钢铁是怎样炼成的——介绍中国的保尔·柯察金、兵工功臣吴运铎》的长篇报道。10月11日，吴运铎应全国总工会的邀请，在总工会做了三个小时的专场报告，讲述了自己怎样从一个穷苦孩子当上了煤矿工人，又是怎样从一个普通工人参加了新四军，为革命修枪修炮到造枪造炮，三次光荣负伤，在身上、腿上、头皮上、耳朵上，共有30多处伤痕，体内至今还留有20多块和肉长在一起的弹片，严重地损害了健康，左手炸掉四个指头，左眼球被摘除，为抗日战争和解放战争贡献了自己的一切……台下的掌声一浪高过一浪。从此，"中国的保尔吴运铎"的名字传遍了神州大地。

中华人民共和国成立后，吴运铎历任中南兵工局副局长、机械科学研究院副总工程师、五机部科学研究院副院长等职，主持多项兵器科学研究，为国家培养了大批军工人才，为国防现代化和改善部队装备作出了重要贡献。

然而，使吴运铎声誉鹊起、让他的名字家喻户晓的原因并不是他在军工领域的成就贡献，而是缘于一本书的出版。这本书就是吴运铎所写、1953年工人出版社出版的《把一切献给党》。这本书是吴运铎一生的真实经历，他的生命源于矿山，也就注定了他在机械方面的天才。战乱的时代给了他觉悟的意识，也为他发挥才能创造了条件。这是一个战士成长史，也是一个共产党员的思想发展史，"把一切献给党"是一个在战争中浴血奋战的共产党员的心声。该书发行达500万册，并被翻译成俄、英、日等多种文字，远销国内外，成为鼓励青少年树立正确世界观、人生观、价值观的优秀作品，鼓舞了一代代青年人。吴运铎曾说：我们时代的年轻人，虽然不是驴推磨似的打发日子，如果我们今天不比昨天做得更好，也学得更多，生活就会失去意义。《把一切献给党》问世以来，不仅在中国多次再版，影响了几代人，而且被译成七种文字，在国外广为流传。

1991年5月2日，吴运铎因病逝世，享年74岁。早在1983年病重期间，吴运铎就立下遗嘱：后事从简，不开追悼会，不搞遗体告别，不保存骨灰。在即将走向生命终点的时候，他说："爹亲娘亲，不如党亲。天大地大，不如党的恩情大。假若我能返老还童，假若我有来生来世，我还要选择中国共产党，永远跟党走，把一切献给党！"①

---

① 柳子：《吴运铎：用忠诚和坚强书写人生》，《党史文汇》2009年第10期。

第三节　"铁姑娘"型劳模

"铁姑娘"的故事折射了中国妇女事业发展史上的一段史实，在那个火红的年代，这群"铁姑娘"不屈不挠、艰苦奋斗的精神，感染了几代中国人。她们与中国古代的穆桂英、花木兰形象相似，堪与男性媲美。她们身上表现出来的气质，既成为新中国成立初期妇女解放的一个标志，又成了那个时代精神的一个标志。

一、大寨"铁姑娘战斗队"

1964年2月10日，《人民日报》发表了新华社记者的长篇报道《大寨之路》和社评《用革命精神建设山区的好榜样》，介绍了山西省昔阳县大寨大队的事迹和经验，号召全国人民学习大寨精神；毛泽东主席也发出了"农业学大寨"的号召，从而使大寨成为全国农业生产方面的一面旗帜。在此后的近10年时间里，全国农村普遍掀起了轰轰烈烈的"农业学大寨"运动热潮，各地如雨后春笋般涌现出了无数"大寨村""大寨社"。

1964年，随着毛泽东"农业学大寨"的提出，山西省昔阳县大寨村一支由23名少女组成的"铁姑娘战斗队"，渐渐成为家喻户晓的明星；也成了许多人年少时的偶像。20世纪60年代，大寨这个太行山下一个只有80多户、160人的小村庄，因为"农业学大寨"的口号而成为全国农村的模范。

"大寨铁姑娘队"成立于1964年，前身是1963年大寨"战天斗地"抗击洪灾的"铁姑娘战斗队"，她们一共23人，由大寨当时所有可以劳动的少女组成，最小的13岁，最大的17岁。原队员贾小妮回忆说："新中国成立前，因为常年的战争，村里的男人很少，男性劳动力不足。新中国成立以后，政府又提倡妇女解放，我们第一批女的都是十二三岁就开始劳动了。""大寨铁姑娘战斗队"成立后，这群姑娘们的劳动积极性被调动了起来，"一年就歇个几天，剩下的时间都在劳动，就拿过年来说，腊月二十六才歇下，过了正月初五就又上山了。"原队员李元眼回忆说。[1]

冬天的大寨村特别美，一层层的梯田覆盖着雪，像层层叠叠的中国山水画。但对大寨村的一些老人来说，这个场景会让他们想起很多往事。下了一夜的雪没过脚面，男人们在前面用箩筐担着从雪地里撬出的大石头，身后的几个稚气未脱的少女穿着单布鞋，戴着用袜子改的手套，两个人吃力地抬着一块石头，汗水在空气中蒸腾出一丝丝白气。远远望去，半个山头都是这样的景象。到了中午的时候，每个人拿出自己从家带来的"便当"，豁了口的粗瓷碗里盛的是早上熬好的粥面，已经结满了冰碴子，有人用力用筷子捅破冰碴，大口吞咽早已冰冷的饭。那边还有人抽起冻出来的清鼻涕喊，"姑娘们，给大家唱一个歌吧⋯⋯"很多当年的"铁姑娘"对这一幕印象深刻。

当年的"铁姑娘们"在今天看来似乎没"女人味"——辫子或齐耳短发，宽肩粗腰，和男人一样干重体力活，扛石头拿锄头，不爱红妆爱武装。事实并不是这样，郭凤莲年轻的时候被大家称为大寨的"刘三姐"，她能唱会跳，长相也是远近闻名的俏。贾存兰早年丧母，加入铁姑娘队后，她对郭凤莲的衣服印象深刻，"凤莲她姥娘（姥姥）给她做了一身土布衣服，是格格的，我那个羡慕啊"。虽然穿着补丁叠补丁的衣服，铁姑娘队除了是参加劳动的突击队，还成了村里的文艺队，后来又成了村里的民兵队。在当年反映铁姑娘的画报、宣传画上，最常看到的场景是这样：她们手握钢枪，军姿站立，在阳光的照耀下，随手抿一抿湿漉漉的刘海儿，再用雪白的毛巾擦一下红扑扑的脸儿。[2]

1963年，大寨遭受一次毁灭性的自然灾害，从8月2日到8日，整整下了七天七夜大雨，大寨房倒窑塌，人畜都没有地方住。大寨人艰苦奋斗、自力更生，靠自己的双手恢复生产和生活。全村男女老少，只要能扶动一根苗的人，全部出来参加劳动。参加这批劳动的人里有23个姑娘，都是13岁到17岁，这些姑娘每天一起劳动，自然就形成了一个姑娘队。铁姑娘们

---

① 刘斌：《大寨铁姑娘：曾是一个时代的偶像》，《山西晚报》2014年3月7日。

② 刘斌：《大寨铁姑娘：曾是一个时代的偶像》，《山西晚报》2014年3月7日。

赤着双脚，站在没膝深的泥水中，细心地从水里、泥里、石头底下，抠出冲倒的庄稼，轻轻扶起来，再用泥土培住根。姑娘们腰弯酸了，脚上腿上被石头划开了血口子，有的抠苗扳掉了指甲，可是，谁都不吭一声。扶谷子的时候，突然刮起一场大风，谷苗总是站不住。大家动脑筋想办法，把谷苗三棵一组，五棵一簇，捆在一起，并用白草撑住，终于防止了苗子倒伏。经过五天奋战，她们和部分妇女把坡地里的三百亩玉茭和二百亩谷子全部扶了起来。

紧接着，铁姑娘们又投入修田整地、重建家园的战斗。她们每天起早贪黑，四出勤，两送饭，白天运石垒坝，晚上参加两三个小时的盖房旋窑劳动。当时没有平车，都是肩膀扛，用篮子抬。那年冬天特别冷，姑娘手上都是裂缝，流着血。早上和中午在地里吃饭。那时候除了冬天能穿上袜子，其他时候都穿不上，脚上都是一块一块的疙瘩，等回家暖和过来了，又痒又疼。晚上回来，她们把夏天捡回来的山杏仁含在嘴里嚼烂，涂在手上，然后在火上一边烤一边搓，烤着烤着油都出来了，手就变成油油的了，就像现在那个擦手油一样。但第二天去了地里照样还会裂缝。后来天一冷，有的姑娘手脚都肿了。[1]

1963年冬天，在四战狼窝掌的战斗中，铁姑娘们和男社员一样，每天镢头不离手，扁担不下肩，刨土垫地，运石打坝。腊月天，冰雪封山，地冻三尺，姑娘们冒着刺骨的寒风，破冰开地，挥镢刨土，一个个双手冻得裂开口子，虎口震得流血，镢把都被染红了。老人们看在眼里，疼在心上，劝她们回去，但铁姑娘坚决不下工地。为了赶工出活，抢修土地，她们每天把饭带到地里，黄窝窝冻成了铁疙瘩，米饭冻成了冰渣渣，吃到嘴里冰得牙生痛。但是，姑娘们以老一辈为榜样，不叫一句苦，不喊一声累，口嚼冰渣饭，艰苦创大业。一位老贫农说："你们这些小妮妮呀，都炼成一伙小铁人了，就叫你们铁姑娘吧！"从此，这些女青年突击队就被大家称为"铁姑娘队"了。[2]

大寨的开拓者陈永贵曾说过，大寨是靠妇女起家的。山西省社科院研

---

① 姚扬：《陈永贵说这伙姑娘不容易就叫铁妮妮吧》，《山西晚报》2014年3月7日。

② 《大寨昔阳青年工作经验》，北京：中国青年出版社，1977年，第55—57页。

究员、《口述大寨史》副主编刘晓丽分析了大寨妇女能为大寨发展做出贡献的原因。[1]其一，按照人的文化属性来讲，女性的社会特征是由后天的社会历史赋予的。在大寨这座贫瘠的北方小山村里，"铁姑娘"们得以脱颖而出，得益于其特殊的历史地理位置。根据《昔阳县志》记载，大寨地处交通要道，在人员的交流中也带来了较为宽松、开放的思想观念，另外，昔阳当地的风俗也有利于女性自身的发展，因而，大寨的年轻姑娘们可以走出家门参加劳动。同时，由于大寨的男女收入相差不大，女性的地位就相对比较高。其二，创业初期男性缺乏的历史现实，让"大寨的女同志都很能干"（陈永贵语）。在抗日战争时期，大寨经历了日寇的扫荡，新中国成立以后，参军入伍的、外出参加工作的，还是男同志居多，留下的都是女的。其三，特定的时代也让"铁姑娘"不断涌现。新中国成立以后，为了解决几亿人口的吃饭问题，第一代中央领导集体始终把治水作为农业生产最重要的大事来做，从20世纪50年代开始在全国兴起农田水利基本建设，而在广大农村，由于劳动力的缺乏，妇女作为劳力的"蓄水池"，较高程度地参与了经济建设。其四，大寨艰苦的自然环境也造就了这些"铁姑娘"们。恶劣的生存条件要求女性跟男性一样为起码的生活需求而劳动。大寨地处黄土高原的土石山区，大自然的七沟八梁将一面坡的土地分割得支离破碎。狼窝掌，据说是狼出没的地方，而"三战狼窝掌"是大寨人向贫瘠土地开展的关键一仗，在十年的造地规划过程中，大寨人发挥了集体的力量，最后改造了那里的穷山恶水。[2]

　　梳两条辫子，脖子上挂一条白毛巾，卷起裤腿，手握锄头，肩扛铁锹，摔倒了爬起来继续干；每天在"改天换地"中，唱着"谁说女儿不如男""不爱红妆爱武装"之类的豪言壮语，这是农村姑娘在当年"农业学大寨"中的青春形象。那年月给农村姑娘介绍对象时，媒人不向男方介绍姑娘长得多么喜人，姑娘家的家庭条件有多好，而是先介绍女方是不是个"铁姑娘"，如果是，小伙子一下就和姑娘对上眼。因为那时谁要想成为"铁姑娘战斗队"里的一员，都要经过大队党支部严格审核，其中最重要和最严格

---

① 刘斌:《大寨铁姑娘:曾是一个时代的偶像》,《山西晚报》2014年3月7日。

②《"铁姑娘"精神,当之无愧地融入山西精神中》,《山西晚报》2014年3月7日。

的条件是政治、体格条件和文艺素质。所以，只要被挑选进"铁姑娘战斗队"，那绝对是百里挑一的好姑娘。

那时的农村姑娘也追星，可她们追的是"古有花木兰，替父去从军"；今有大寨大队的铁姑娘郭凤莲，在虎头山上逞英豪。无论是在"扁担不断尽管挑"的春播秋收中，还是在"小车不倒尽管推"的冬三月农田水利基本建设里，英姿飒爽的"铁姑娘战斗队"，成为各村农业学大寨活动中的一道最耀眼的美景。她们白天是"改天换地"的铁姑娘，到了晚上是毛泽东思想文艺宣传队的积极分子。在平田整地的战场上，每到休息的时候，她们唱着一首又一首《大寨红花遍地开》《在北京的金山上》《逛新城》《敢教日月换新天》，不时迎来雷鸣般的掌声。特别是她们学习郭凤莲领着大寨大队铁姑娘唱着"高山挡不住太阳，困难吓不倒英雄汉；脚踏岩石头顶天，大寨人民意志坚"的歌曲，唱出了当年"铁姑娘"的青春形象。

甘肃省灵台县农业学大寨的典型——新开乡寨坡大队被甘肃省树立为全省"农业学大寨先进单位"，成为那时全省的一面旗帜。在这面旗帜后面，曾有一支声名远扬的"铁姑娘突击队"，让这面旗帜增添了一抹特别的亮色，让"寨坡"这个小山村一度声名鹊起，享誉陇上。姑娘们抱着人定胜天、决不服输的信念，敢于和青壮年男劳力一拼高下。在"铁姑娘突击队"旗帜下，清一色的"娘子军"挥动铁锹镢头挖土移方，打埂填壑，浑身仿佛有使不完的力量，推起架子车、小推车一路小跑，打夯的号子声响彻工地上空，与山顶的高音喇叭中传出的革命歌曲遥相呼应，热闹非凡。据1972年档案记载，寨坡大队在8年时间内共改土造田1340亩，其中山地梯田708亩，塬地条田632亩，人均达到1.5亩，1971年平整的农田小麦亩产量比一般山地增产30%至50%，达到300斤以上，最高的亩产量达到495斤；大秋作物比一般山地增产1到1.5倍，亩产量达到500斤以上，最高达到735斤，全大队粮食总产91万斤，人均产粮1100斤，超额75%完成国家定购任务。[①]

1972年6月15日，正是端午节，那天运河施工生产指挥部下了死命令，要过一个革命化的端午节，口号是"苦不苦，看看五月五""行不行，

①《灵台"铁姑娘突击队"：巾帼有志胜须眉》，《平凉日报》2014年5月10日。

端午见英雄",计划在前天动土1800立方的基础上,再加500立方。当时,刘春英是铁娘子队队长,她带着10个队员凌晨2点就上了工地,一直干到上午9点,才花了10分钟时间吃了点东西,然后又开始了劳动。上午散工以后,她还要组织队员唱歌,又去食堂帮炊,连口水都没有喝……就这样,劳累过度的刘春英倒在了工地上,那一年,她才19岁。后来,县里授予她"模范共产党员"的荣誉称号,那块工地也被命名为"春英渠",还把她安葬在烈士陵园。①

"农业学大寨"运动是20世纪六七十年代兴起的以平田整地、兴修水利、大搞农田基本建设为主要内容的农业大生产运动,全国各地搞全民动员,搞大会战、摆大战场,大干快上,虽然受当时历史条件下"左"的思潮影响,存在生搬硬套外地经验、搞人海战术等弊端,但对于改善当时农村恶劣的生产生活条件,保持水土、增产增收发挥了积极的作用。

二、"三八"带电作业班

"电花闪闪红,弧光飞流星,英姿飒爽女电工,壮志凌云震长空,心红手巧降电虎,青天万里绘彩虹,攀长梯,登铁塔,架银线,空中行,妇女能顶半边天,誓为革命攀高峰!"这首名为《飒爽英姿女电工》的歌曲,歌颂了我国女性电工的风采。

(一)海南"三八"带电作业班

20世纪60年代至70年代初,全国各地供电系统设备健康水平低,带电作业可以很大程度上减少检修设备的停电次数。"时代不同了,女子也能顶半边天"。在那个以男性电力工人为主的时代里,海南成立了首个也是惟一的"三八"带电作业班,负责技术要求较高的10千伏线路带电作业,走在全国前列。穿上重重的均压服,踩着尼龙软梯,爬上高耸铁塔,一步步接近高压线,头发和脸上的寒毛一下子竖了起来,头上"噼噼啪啪"的放电声作响,火花四射……这是20世纪70年代,海南"三八"带电作业班一

---

① 《铁姑娘改天换地学大寨》,《快乐老人报》2013年6月13日。

群20岁的姑娘在220千伏带电高压线上工作的场景。

"三八"带电作业班的原班员张小玲回忆起自己19岁加入"三八"带电作业班时的经历,所有人每天凌晨5时就得起床,在模拟杆塔上训练。每天下来,她只感觉全身散架,双手和双腿青一块、紫一块也是常有的事。有一次,张小玲就不慎从6米高的电杆上摔落下来。长期训练取得了实效,"铁姑娘"们不仅可以爬软梯、徒手攀铁塔,还能够胜任移杆子、换导线、换架空地线、220千伏带电收紧弧垂、更换瓷瓶和防震锤这些高难度的工作。

带电作业条件艰苦,一般都是在室外。那个时候,外出工作都是乘坐大卡车。没有车篷,姑娘们就坐在车上简易的板凳上,每人裹着一件雨衣遮挡风雨及灰尘。这对她们来说算不上难事,原班员梁春梅说:"最苦的日子是从儋州南丰到石碌(南石线)换瓷瓶,或是到琼海巡线,没有地方洗澡,带上煮饭的大锅就在野外呆上差不多10天,想想真是不容易。""到最艰苦的地方去,最危险的任务让我来,最危急的时刻让我上","三八"带电作业班的敬业精神得到了许多人的赞赏。随着工作量不断增加,"三八"带电作业班由最初的4人增加到9人,后来达到12人,最多的时候有23人。

直到20世纪70年代末,国家人事部明确禁止女性从事高危作业,组建了将近10年的"三八"带电作业班于1979年年底正式解散。"铁姑娘"们告别了铁塔,女电工"架银线,空中行"的劳动场面成为回忆。如今,带电作业班已没有当年女电工的身影,但是她们坚韧不拔、勇于创造、团结和谐的传奇经历,借由当年从全国"三八"带电作业经验交流会上带回的仿真芒果传承发展下来,汇聚成为任劳任怨、勤勤恳恳、敬业奉献的"芒果精神"。[1]

(二)湖北"三八女子带电班"

1971年3月8日,当时的武汉供电局武昌工区从27名刚参加工作的女青年中选出8人,成立首个"三八"带电作业班,后增至16人。现年71岁的程亚林回忆说,"三八班"成立后,8名成员在老师的带领下来到工区后

---

①《铁姑娘?对,铁塔上的"空中使者"》,《国际旅游岛商报》2018年3月9日。

院练习爬杆，半个多月里她们每天天不亮就起床练习基本功。之后，她们正式开始了外线工生涯，和男同志一样，打洞、立杆、换绝缘子、安装变压器，样样都干。如果某个重要工程任务没分配给她们，她们还会难过得睡不着觉，生怕比别人落后。以致有的男同志私下喊出这样一个口号："女同志能办到的事情，我们也能办到！"

在班员詹慧珍的记忆里，1973年冬天，北风刮得特别狠。大年三十那天，詹慧珍和同事一起到武钢去换绝缘子。坐在敞篷大卡车里，风吹得"透心凉"，到了铁塔前大家都已手脚发僵、不能动弹，围着铁塔跑了一圈又一圈，身上才暖和起来。不一会儿又下雪了，大家的工装都湿透了。1975年，丹汉二回线路遭遇龙卷风，全线铁塔弯曲变形。武汉供电局组织丹汉二回施工大会战，"三八班"的任务是带电更换两基48米的铁塔。当时正值寒冬，她们铺稻草、打地铺驻扎现场，吃住都在工地上。铁塔安装、导线要在不停电的情况下转移，施工技术难度前所未有。73岁的魏尚莉回忆：她们冒着严寒，提前三天圆满完成带电更换任务。大部分人都冻伤了，嗓子也喊哑了。1980年，武汉供电局撤销这个特殊班组，"铁姑娘班"悄悄退出历史舞台。①

（三）江西"三八女子带电班"

1976年，由17名20岁左右的女青年组成了南昌三八女子带电作业班。她们凭借过硬的技术、吃苦耐劳的精神，三八女子带电班完成了一项又一项"不可能"任务，班组成员多次被评为全国劳动模范、江西省劳模、三八红旗手。

三八女子带电班成立之初，大家对女性从事带电作业都表示怀疑。这项高危、高耗能、野外作业工种，男性都望而却步，对女性更是极大的考验。而事实证明，三八女子带电班不仅出色地完成了带电作业的任务，更是顶起了南昌地区包括线路运行维护、停电作业等整个输电专业的"半边天"。

徐子金、万志忠是三八女子带电班的教练，负责技术和安全指导。"爬

① 刘辛未、吴斌、祝科：《"铁姑娘"组成的带电作业班》，《国家电网报》2019年5月27日。

软梯、徒手攀铁塔，对女性来说已经不容易，立杆、换导线、换架空地线、更换瓷瓶这些高难度的工作，这群姑娘也一项不落下！"万志忠说，"特别是进入等电位的训练，她们必须顶着头上'噼噼啪啪'的放电声，在高空中又快又准地抓住导线。阴天空气潮湿时，她们的脸上还能感受到麻麻的电流压迫感。胆大心细、严谨集中，是这些女孩子用3个月的时间脱皮掉肉、流血流汗训练出的珍贵品质。"就这样，带电班的17个姑娘，凭着顽强的毅力和不服输的拼搏精神，克服身体和心理的双重压力，穿上重重的均压服，踩着尼龙软梯，爬上高耸铁塔，一步步接近高压线。

三八女子带电班成员平均年龄21岁，年龄最小的18岁，最大的也就25岁。这群处在人生最美好年龄段的姑娘，面对艰苦的工作条件、恶劣的环境、巨大的风险，展现出了超出常人的勇气和干劲。南昌地处江南丘陵，以山地为主，女子带电班工作的输电线路就在崇山峻岭间。去工作地点的交通工具就是解放牌大卡车，全班姑娘站在没有斗篷的车上，烈日戴草帽，下雨穿雨衣，这样一站就是好几个小时。更艰苦的是，一些工作地点无法通车，负重十几斤的工具翻山越岭是常有的事。肩膀的血泡、脚底的老茧是带电班女孩子们的独特痕迹。

路途的颠簸加上工作任务时间紧，吃不上饭、没有落脚地休息是家常便饭。电力工作不分春夏秋冬，任务一来，就得出发。酷暑，她们穿着密不透风的屏蔽服在40多摄氏度的高温下一干就是个把小时，每次下来，整个人就像是从河里捞出来一样，连鞋里都能倒出一碗水。逢年过节别人阖家团聚的时候，她们则进入最忙的保电阶段。带电班成员刘爱珍说，有一年大年初一出工，天寒地冻的水泥杆爬着打滑，她们索性脱下手套套在脚扣上增加摩擦力，一步步爬上杆塔处理故障。天黑了，故障消除了，姑娘们的手冻得通红，还错过了单位放电影的福利。"革命化的春节"是当年的号召，而她们是真正的践行者。

"不能掉链子"的精神，在带电班每个队员的身上体现得淋漓尽致。队员熊术招有孕在身，也不离开工作现场，为了不耽误工作进度，她主动放弃休息，跟着班组一起翻山越岭、尽力尽责地承担着各种地面辅助工作。都说三个女人一台戏，而这17个女人心往一处想、劲往一处使，散发出的是人性光辉的美好。1979年，国家人事部明确禁止女性从事高危作业，其中就包含电力行业的高空女子作业。至此，成立4年的三八女子带电作业班解散，这群姑娘告别了铁塔，在电力调度、运维等岗位继续奋斗。[①]

三、工业战线"铁姑娘"

（一）"毛主席的好工人"

20世纪60年代，尉凤英被授予"毛主席的好工人"的荣誉称号。1953年，20岁的尉凤英考进沈阳东北机器制造厂，当起了六角车床学徒工。入厂3个月后，她便开始独立上岗操作。别看年纪小，她却是当时车间里最勤奋、最用功、最敢想、最敢干的革新能手。迷上了技术革新的尉凤英每天钻研新的机器模型，就连吃饭的时间都在思考，经常一手端着饭碗，一手拿着筷子，用筷子沾着菜汤在桌子上画图想窍门。经过长时间研究，尉凤英制作出机器模型。

她白天生产，晚上就留在厂里把机床卸下来，安装上自己研制出的模型，边试验边改进，累了就躺在地上睡一会，一干到天亮。无数次的失败，不但没有让尉凤英退缩，反而让她更加坚韧。她研制成功了"半自动搬把"和"自动分料器"，将生产效率提高了80%。那一年，她提前118天完成全年的生产任务。当年年末，入厂不到一年的尉凤英被评为厂里的模范学徒工，第二年被评为沈阳市劳动模范。

1957年，她组织厂里的工人们成立业余红专小组，大家一起交流技术，开展技术革新。第二年红专小组被命名为"尉凤英业余红专大队"。在她的带领下，全厂先后成立了130多个红专小组，有1000多名工人参加。从1957年到1965年，尉凤英业余红专大队实现了设备改造707项，先后完成了"双头双刀""自动送料器""六角车床""半自动开关""自动送料退料杆"等技术革新项目。

在厂里，大家都称尉凤英为"从来不走，总是在跑的铁姑娘"。每每听

---

① 张明明、徐迎辉、蒋瑛：《和高压线"谈恋爱"的铁姑娘》，《亮报》2018年8月29日。

工友们这样说，尉凤英都笑着说："跑得越快，社会主义工业化离我们就越近啊！"每个月，她都给自己制定一个"蹽脚计划"，把极大努力和不断革新才能达到的先进指标作为自己的定额。在入厂工作的12年里，尉凤英带领厂里的技术人员，共实现技术革新177项。其中重大技术革新58项，大幅度提高了工作效率。仅用434天就完成了第一个五年计划的工作量。用120天时间又完成了第二个五年计划的工作量。

1964年，尉凤英被命名为"毛主席的好工人"。1964年尉凤英出席第三届全国人民代表大会第一次会议。大会休息时，来自东北的三位劳模见到了毛主席。她记得，当时毛主席非常高兴，微笑着与她握手，询问她的工作情况。第二天，毛主席和尉凤英亲切握手的照片，上了《人民日报》的头版头条。不久，党中央命名尉凤英为"毛主席的好工人"。尉凤英曾两次被评为全国劳动模范，2009年被全国总工会评为"时代领跑者——中华人民共和国成立60年最具影响的劳动模范"。[①]

（二）石油地震勘探队

新中国第一支女子石油地震勘探队2254队，于1974年在石油物探局诞生。全队96名女工，平均年龄20岁，最小的16岁。她们的任务是地震勘探，找油找气。勘探队是全石油行业中最艰苦的工种，通常由男性组成。但是"半边天"巾帼不让须眉，吃苦耐劳的女子勘探队应运而生。小姑娘们人小志气大，体弱骨头硬，敢于和男人一样的打井、放炮、驾车、跑尺、操作仪器、解释地震资料，工作干得非常出色。70年代，她们连续两年被评为先进单位，勘探队的男士们心服口服，称赞她们为"铁姑娘队"。

女子队的姑娘们的生活简单又朴素。除了石油老传统，这也与她们的工作性质、工作环境有直接关系。生产忙，劳动强度大，处于疲劳状态的姑娘们没有时间和精力打扮自己。她们的发式千篇一律，都是短发或小辫，每天早晨常常是用手胡乱梳两下就出工了。服装也是千篇一律夹克式工作服，脚上穿的翻毛牛皮鞋，也几乎是连轴转，上下班都是它。女子队的女

---

① 王晓婷：《尉凤英：总在奔跑的"铁姑娘"》，《沈阳日报》2019年8月7日。

工没有人化妆，出工和收工回来洗把脸就完事了。[①]

　　石油地震勘探队主要是在野外作业，非常艰苦。例如测量，队员们一天要身背设备跑几十公里的路，而且都是在沙漠里走，还经常要跋山涉水；钻井、放炮、放大线这些都是重体力劳动；拉煤的车来了她们要卸车，拉粮的车来了她们要扛麻袋，而且每一袋都是百十斤的重量。全队几十辆卡车、工程车全由清一色的姑娘们去驾驶，而且出车都是在没有路的施工区，每时每刻都存在危险。从指挥部到小队都十分重视安全生产，严格管理，工作责任心强，每天有布置、有要求、有检查，各工种、各岗位严防死守，保证生产的顺利进行。从女子地震队成立那天起，从领导到每个职工都齐心协力，扭成一股劲，发誓要做出好成绩。从1975年起，她们年年超额完成勘探任务，安全生产无事故，连续3年被指挥部、物探局评为先进单位。1976年，2254女子地震队被评为物探局"英勇顽强作风好的铁姑娘队"。[②]

（三）大庆女子采油队

　　提到石油钻井队，人们通常会想到那高高的钻塔、长长的钻杆、冷冷的钢铁、朗朗的硬汉。然而，在20世纪70年代，在大庆、四川、吉林及华北等各大油田，都曾有过这样一批巾帼钻井人，她们组成的"三八女子钻井队"，在中国石油发展史上留下了抹不去的光华。"飒爽英姿上井场，披星戴月采油忙，三尺管钳握在手，汗水换来石油香，继承铁人革命志，我们是采油铁姑娘"。这是《女子采油队之歌》的歌词，描写了女子采油队女工的精神风貌。

　　1970年，大庆成立了第一支女子采油队，全队有100名女采油工，平均年龄20岁。徐淑英是当年的一名女采油工，后来担任了队长，她曾被评价为是特殊环境中锤炼出的高质量的"铁"，1974年大庆党委授予她"采油铁姑娘"的称号，1977年她被授予石油工业部劳动英雄称号。"刚来这里时，只要睁着眼睛就是干活，几天几夜不合眼是常有的事。"徐淑英老人说，"那时候我们流行一句话，男同志能吃的苦，我们女同志照样能吃，男

---

　　① 牛玉田：《物探"铁姑娘"的青春》，《中国石油报》2019年3月2日。

　　② 牛玉田：《石油物探队的铁姑娘》，《中国石油报》2014年3月8日。

同志能干的活，我们女同志照样能干。"

1974年冬天，一段400多米长的钢丝掉进了一口井里，徐淑英带领突击班上井抢修，由于闸门关闭不严，她们冒着迎面喷来的原油，不顾一切地爬上扒杆，徐淑英一只手抱住防喷管，一只手拼命向外拉钢丝。原油不断喷出，她浑身上下都沾满了油。当时寒风吹彻，衣服都冻得硬邦邦的，她仍然拉着钢丝，50米、100米、150米……凭着顽强的毅力，她和大家在井上干了三天四夜，直至这口井被打开，看到"患病"的油井"复活"了，每天多产油20多吨，她们高兴地笑了。[1]

大庆油田第四采油指挥部女子采油队是大庆油田发展史上唯——支女子采油队。自组建以来，该队一直注重锤炼"奋发实干、吃苦奉献、勤学苦练、力争上游、严细认真、自强自立"的采油"铁姑娘精神"，从而打造了一支过硬的队伍。也为共和国石油事业的发展增添了一道亮丽的色彩。女子采油队建队以来，曾多次获得大庆市标杆单位、先进单位等称号，两次被授予黑龙江省先进集体，并荣膺当时的石油部授予的高产稳产标杆采油队、石油工业战线"朝气蓬勃团结战斗的女子采油队"称号。这支女子采油队形成的采油"铁姑娘"精神，是大庆精神、铁人精神的延伸和体现，是四厂人勇于拼搏、勇挑重担、勇克难关、勇创一流作风的生动写照。

（四）安徽"三八"女子钻探队

1975年春夏之交，安徽省地质局327地质队为了加速庐江沙溪铜矿勘探，决定新组建一台编号为14#的"三八"女子钻机。这批20多名女钻工，多为新招工的城市下放知青和本队职工子女，她们大多都经历了上山下乡，在农村和艰苦环境中磨砺和熏陶过，她们不是温室里培育出来的娇姑娘，都具有朴素的苦乐观。

钻探生产是一项技术性强，但又苦、又脏、又累、又险的工作。对姑娘们来说，机台上的一根钻干、一套钻具乃至一件工具都是非常沉重的，但她们不怕苦，不怕累，争着抢着干。生产过程中，有时泥浆喷溅她们一身一脸的，她们也全然不顾，还乐观地互相打趣。有一次，姑娘们在整理

---

[1] 陈姝：《"铁姑娘"接续传承"大庆精神"》，《中国妇女报》2019年8月23日。

钻具，因为钻扣太紧，需要用十几磅重的大锤击打。一名女孩子在抢锤时因体力不支，一失手砸到自己的小腿上，腿上马上肿紫了一大块。她不声不响地、一拐一拐地走到没人的地方，偷偷抹掉了眼角的泪珠。面对同事们关切地询问，她强装笑脸地说没事。

随着学习钻探工作环节的深入，更严峻的考验一个接一个地摆在姑娘们面前。爬到20多米高的钻塔上去挂钢丝绳、安装钻杆靠架和活动工作台是钻工们必须要干的活。看到每次都是男同志上去安装，姑娘们耐不住性子了，也想一展身手，要求她们自己学着干。经过几个钻孔的安装后，很多女孩子在师傅们的悉心指导下，不但敢上塔操作，而且干得都很利索。勇气和敬业精神让她们战胜了一个又一个困难。历经几年的磨炼，"三八"钻机转战庐江沙溪铜矿、罗河铁矿、大包庄铁矿会战区和何家小岭硫铁矿详查区……施工了数十个钻孔，安全、优质、高效地完成了历史使命，为地质勘探工作做出了贡献，在327地质队的队史上留下不可磨灭的一页。[1]

（五）华北油田女子钻井队

在华北油田发展史上，曾有一支女子钻井队——32668队。1977年3月8日，也就是华北石油会战开始的第二年，100余名20岁左右的大姑娘高唱着《我为祖国献石油》，聚集到华北油田，成为华北石油会战指挥部第一支女子钻井队的一员，开始了一段不平凡的生命旅程。继任4井喜获高产油流之后，任6井、任7井、任9井等一批日产千吨甚至几千吨的高产油井一口接一口诞生了，辉煌的勘探成果，极大鼓舞着油田职工。女同志坚信"妇女能顶半边天""男同志能办到的事女同志也能办得到"，不少热血女青年还递交了"强烈要求成立女子钻井队"的"请战书"。会战指挥部对组建女子钻井队非常重视，要求队员身体好、个子大、素质高，每名队员都是从新招的女工中精挑细选出来的。女钻工因有着生理、心理上的种种弱处，要想取得同样的成绩，就要付出比男同志更多的汗水、克服更多的困难，比如像打大钳等强度很大的力气活儿，很多姐妹在练的时候手臂都肿了，整个胳膊根本抬不起来，但没有人抱怨，都生怕别人嘲笑自己不行。

---

[1] 王荣耀：《记忆中的"铁姑娘"们》，《中国矿业报》2014年8月16日。

因为自我要求严格，姑娘们渐渐适应了钻井高强度、大负荷的工作量。

上井架对姑娘们绝对是个考验。41.4米高的井架相当于10层楼高。一开始，姐妹们谁也不敢上。只好硬着头皮练，队干部带头。第一次爬井架，大家都是心里发颤、腿上哆嗦、脚下发软，好不容易上去了又下不来，最后一点一点倒着退下来，大伙儿搂在一起抱头痛哭。

为尽快提高队伍的技术素质，组织上送队员们分别到胜利油田、辽河油田的女子钻井队学习，要求在一个月内把钻井的全部流程学会。回来后，姑娘们就真刀真枪地操练起来。同时，女子钻井队开展了大练兵和学文化活动，请老师傅上技术课，每人都有一套钻井书，人人做笔记，不懂就问、不会就学，全队上下学技术练本领的气氛非常浓厚。

一年夏天，井场水泥车进不去，固井急着要用水泥，姑娘们赤脚在泥泞中排成一列长队，传送50公斤重的水泥袋子。这活儿不仅累，而且特别脏。汗水拌水泥，一会儿就成了泥人，可姑娘们哪管这些，一边传水泥袋子，一边喊"快点、快点"相互鼓劲儿。正是这种异常的艰苦，锻造了女子钻井队一批又一批的"铁姑娘"。

冀中平原的冬天特别冷，沾满泥浆的工作服冻得僵硬无比，其实就是当时姑娘们工作环境的真实写照。那年正值寒冬腊月，滴水成冰。一次上零点班，天上下起鹅毛大雪，姑娘们像往常一样穿上棉工服，腰上系根电线，戴好狗皮帽子直奔井场。狂风越刮越猛，夹杂着鹅毛大雪直往人脸上扑，就像针扎一般疼。钻台上寒风刺骨，不一会儿姑娘们的脸蛋就冻麻了；蹬在地上不断打滑、跌倒，接单根时，喷涌的泥浆浇得姐妹们浑身上下湿漉漉的，一会儿就全冻上了。棉工服冻成了硬邦邦的冰壳，两只手套里也满是泥浆，手在冰冷的手套里一会儿就冻僵了。钻台上司钻和内外钳工拉锚头、打大钳、提卡瓦的活儿，本就对姑娘们来说很费力，再加上雨雪夹杂着泥浆、钻具携带的岩屑、凛冽的寒风，更是难上加难。整个工作流程下来，每个人都是腿脚发软，棉工服外面是泥浆、岩屑，里面是汗，衣服就像古代武士的铠甲，走起路来"唰唰"作响。

女子钻井队闯过了一个又一个难关，克服了一个又一个困难，创造了一个又一个业绩。短短两年时间，女子钻井队共打井12口、交井11口，平均井深 3000 米以上，累计进尺 3 万多米，在华北探区创造过多个"当日搬家、当日安装、当日开钻、当日见进尺"的钻井纪录。她们在雁翎油田会战打的雁 105 井，创造出日进尺 1411 米的好成绩；在雁 11 井又创造出用一只刮刀钻头钻进 2301 米，两只刮刀钻头钻进 2894 米的纪录。这支女子钻井队还获得了石油部颁发的"标杆钻井队"称号。1979 年 5 月，女子钻井队在完成了自己的历史使命后退出历史舞台。①

（六）辽河油田女子钻井队

1975 年 10 月，辽河油田唯一的女子钻井队成立，共有 80 名成员，年龄最大的 24 岁，最小的只有 18 岁。她们在加入钻井之前都是文职工作人员，几乎都留着辫子，但为了以后工作的方便与安全，到了队里的第二天大家就剪掉辫子。钻井对一个年轻的女性来说，首先面临的是一场体力考验，一个大钳 200 到 300 斤，一个吊卡 200 多斤，一个钻铤上千斤。她们最怵给钻井固表层，15 分钟内，100 斤一袋的水泥，每人至少扛 10 袋。由于繁重的体力工作，很多队员都患上了腰病，但没有一个人请病假。当时会战地区的土路一下雨就是"翻江倒海"，她们上班乘坐的卡车常常陷在泥水里动弹不得。无法进入钻井现场，她们就用拖拉机拖着卡车一步步往前挪，途中要折腾两个多小时。在钻井平台上冒雨干活，最让人难受的是每逢起钻时，喷出来的泥浆顺着脖子往里灌，那滋味真是不好受。这支女子钻井队存在了 4 年时间。1979 年，钻井队解散转岗。②

1964 年，有"风吹石头跑"之称的戈壁滩上，一群女子测绘人员在野外作业，何银娣就是其中的一员。戈壁滩上风沙很大，白天的地表温度一般都在四五十摄氏度左右，女子测绘人员扛着几十斤的测绘仪器从一个地点走到另一个地点。沙漠缺水，她们几乎半年都不洗澡，时间久了，由于汗水浸泡，衣服脆得一折就断。六年下来，何银娣和她所在的女子测绘中队几乎跑遍了祖国的大西北，因此被誉为"铁脚板"。③

---

① 杨学勇：《遥望艰苦岁月里哪些钻井"铁姑娘"》，《班组天地》2019 年第 5 期。

②《"铁姑娘"钻井拼搏四年》，《北京晨报》2008 年 4 月 25 日。

③ 杨小刚、赵媛：《"铁姑娘"讲述非常经历》，《华商报》2008 年 3 月 3 日。

河北省新河县六户公社六户大队，有一个"铁姑娘"打井队。她们中年龄最大的 19 岁，最小的只有 14 岁，平均年龄还不到 17 岁。"铁姑娘"打井队开始打第一眼机井的时候，正是隆冬腊月。她们每上一次架子，踩一次轮子，头发上总要披一层白霜；一遇下雪天，轮子又光又滑，一不小心，就有从井架上摔下来的危险。打井队员牛爱月在上锥时，手和铁锥冻在了一块，粘破了她的手，鲜血直流，但是她坚决不肯休息，继续战斗。王志芬双脚踩在泥水里，脚和鞋冻在一起，她仍坚持苦干。她们锥到八尺多深的时候，突然遇到硬石层。在困难面前，她们毫不畏惧。经过"铁姑娘"们七昼夜的艰苦奋斗，终于凿通九尺多厚的石层，打成了第一眼机井。[①]

（七）女子掘进队

1969 年冬，广东潮州饶平县有 12 名"铁姑娘"用她们的双手凿出了一条 1150 多米长的引水隧道——朝阳洞，解决了当地群众的饮水问题。在凿洞引水过程中，"铁姑娘"们遭受了一次次的磨难。今年 65 岁的林妙英告诉记者，她曾在一次掌钎时发生意外，四颗门牙被锤子砸断，嘴巴也裂开一个大口子，满嘴是血，当时她正值 17 岁花季。66 岁的杨如娇称，她曾在装炸药爆破的过程中和其他姐妹遇到哑炮差点被炸。而"铁姑娘"杨婵真更是曾被 8 斤重的铁锤当场砸晕……最终，12 位"铁姑娘"仅靠一双手、一个肩膀、一腔热血，日夜奋战了两年多，才使得长 1150 多米、宽 1.5 米、高 1.8 米的穿山引水工程得以竣工。[②]当年的情景以及她们的事迹，被广东电视台拍摄进电视片《饶平人民学大寨》，被珠江电影制片厂拍成影片《铁姑娘之歌》，一时引起轰动。

1974 年年初，家住鹤山区红卫公社鹤壁集北街村的赫平香被抽调去修水利，参加工农渠工程建设，那年她 19 岁。赫平香最初在双塔寺附近修明渠。支钻、抡锤、打炮眼儿、铲渣……是每天要干的工作。5 个多月后，潭沟洞隧洞开挖。赫平香等 10 名干活儿特别出色的姑娘被调去挖隧洞，赫平香被任命为队长。另外两个男同志组成的队看不起她们，凭着一股不服

---

①《"铁姑娘"打井队》，《人民日报》1970 年 3 月 5 日。

②《饶平 12"铁姑娘"45 年后再聚首》，《羊城晚报》2016 年 8 月 27 日。

输的劲头，赫平香带领队员们贴出建队宣言，起队名为"三八妇女掘进队"，并向另两队发出开展劳动竞赛的倡议。另外两个队也积极应战，并给自己起名叫"青年突击队""硬骨头掘进队"。劳动竞赛开始后，她们这个施工面的掘进进度大大提高。50公斤一袋的水泥从车上卸下来，要靠人力沿着陡峭的山路，从山下运到半山腰的工地。这种活儿姑娘们跟男人一样干，一个班要扛十几趟。打炮眼儿、铺铁轨、出石渣，她们样样不落后，还创造了一个班日掘进1米多的纪录，让男同志们刮目相看。回忆那时候的生活，赫平香说："早晚饭都是玉米面窝头、红薯面窝头就咸菜，中午有时候会炒一些菜，也主要是南瓜、冬瓜等，很少能吃到肉。那时候总感觉不够吃，比拳头还大的玉米面窝头，我一顿能吃3个。"①

四、农业战线"铁姑娘"

（一）新疆兵团"铁姑娘"

1952年，年仅16岁的小姑娘江桂芳，怀着满腔热血和青春的梦想，与8000名湘女一道，身穿绿色军装来到兵团农八师24团，1958年又来到莫二场（现八师148团）。她在兵团这块热土上无怨无悔地奉献了40余年，先后荣立二等功一次、三等功四次，年年被评为"先进工作者""优秀共产党员"，1959年被全国妇联授予"全国三八红旗手"称号，1960年被兵团授予"劳动模范"称号，1961年10月1日，被兵团派往北京参加了国庆观光典礼活动，在天安门前见到了毛主席。10月3日，她还受到了毛主席和各位中央首长的亲切接见，并合影留念。著名诗人艾青曾多次到农场采访她。在148团只要提起"铁姑娘"，上年纪的人都知道她。

江桂芳初到连队时，还是一个不到20岁的小姑娘，尽管身单力薄，但她总是出满勤、干满点、不怕苦、不怕累，样样农活都争着、抢着干，不会的就虚心向老师傅请教，很快就成长为农业生产的行家里手。1958年，莫二场准备在新开垦的荒地上试种棉花，团里将这一艰巨的任务交给了江

---

① 《修建工农渠时的"铁姑娘掘进队"》，《淇河晨报》2017年5月12日。

桂芳所在的班。为了保证棉苗的成活率，江桂芳早出晚归，带着全班的姑娘们一心扑在棉花地里，起早贪黑钻研植棉技术。棉花出苗后，为了防止霜冻给棉苗带来危害，她发动全班的姑娘们点火放烟，还动员姑娘们拿出自己的被褥，甚至有的姑娘还拿出了出嫁的嫁妆，为棉苗盖上了一条条温暖的棉被。功夫不负有心人。当年这100多亩露地棉单产就达到了50多公斤。

1959年全团试种玉米，这一光荣的任务又交给了江桂芳带领的班。她带领全班利用午休、吃饭时间积肥，厕所边、马圈里、兔窝旁，随处可见她们为玉米地收集肥料的身影。每天下地去干活的时候，她们都顺便挑上一担肥料对每株玉米进行窝追肥，就这样一挑挑、一担担，到了收获的季节，实现了亩产玉米近千斤的好成绩。1959年夏季麦收时，当时还是用人工用镰刀割麦子，打成捆，拉运到粮场。江桂芳在割麦子、打麦捆时，不怕苦、不怕累，手磨烂了，脚磨破了，都不叫一声苦。她用一天两夜30多个小时时间捆扎麦捆一万多捆，创造出当时最高工效。在1960年秋收拾花中，她用一天两夜的时间创造了拾花500公斤的好成绩。由此获得了"铁姑娘"的称号。[①]

1954年，谭树凤从山东来到新疆，在农八师一二一团工作30多年，是当年出了名的"铁姑娘"。初到新疆，荒凉的戈壁滩一眼望不到边，生活条件十分艰苦，不少同志思想动摇，不能安心工作。谭树凤那时是班长，她一边给大家做思想工作，一边以身作则带头干活，把方便让给别人，把困难留给自己。工作中，谭树凤敢于挑重担，轻活让给别人，重活抢着干。大家休息时，她给大家读报、倒茶水，总是闲不住。有一天，天气非常炎热，她给棉花打顶时，突然晕倒在地，把大家吓坏了。卫生员说她是劳累过度引起的，让她回宿舍休息，可她吃完药，又到地里干活。天渐渐变冷，陆续下了几场雪，地里的棉花还没有拾完，大家用木棍把枝头的雪打掉，然后再拾棉花。谭树凤总是走在最前面，为了提高拾棉花的速度，她再冷也不戴手套，手上生了冻疮。手背和手指上都被划破了，她就用胶布缠着。谭树凤吃苦耐劳的精神感动了大家，于是，大家就和她一起干到很晚才收

① 邓太明：《铁姑娘：江桂芳的故事》，《石河子日报》2014年8月15日。

工。她说："冷不怕，累也不怕，就是狼来了也不怕。"冬天，大家用爬犁拉肥料，地面很滑，雪又深，摔跤是常有的事，谭树凤经常帮其他同志拉肥料。大家累得浑身出汗，晚上回去把汗水浸湿了的棉衣放在土火墙上烘烤。人多火墙小，谭树凤总是让别人先烤，她将棉衣放在筐子上或坎土曼把子上晾着。1958年6月，谭树凤参加了自治区建设社会主义积极分子大会，并作大会发言。12月，她到北京参加全国"群英会"，毛主席亲切接见了她。1959年，谭树凤被评为兵团劳动模范。[1]

1959年12月，19岁的宋振玲从山东省滕县农村来到二师五团一连参加支边建设。在开荒地里挖芨芨草，壮小伙儿一天挖1.5亩地，可身材瘦小的她硬是挖了1.8亩地，在全连第一。三个月后，宋振玲担任一连青年班班长。1960年12月，为确保不耽误第二年的春耕生产，宋振玲主动立下"军令状"，带领15名女青年顶风冒雪，加班加点，完成了3000多亩玉米和水稻的脱粒任务。从此，全连干部群众都称赞她是"铁姑娘"，她们班也被称为"铁姑娘"班。1962年冬天，连队开挖贮存甜菜的地窖。宋振玲的手被冻裂了，渗出的鲜血和泥土粘在一起，但她强忍疼痛，在全连第一个完成了任务。那一年，宋振玲被师、团场评为"优秀共青团员"。"特别能吃苦、特别能战斗、特别能奉献"的她们，在工作生产中争夺第一，敢为人先，不惧挫折，为兵团经济社会的发展做出了不可磨灭的贡献。[2]

1962年，芳草湖农场还没有一块整齐像样的条田。同年3月，由支边青年组建的基建大队二连进驻三场开荒造田。当时，二连有100多人组成，其中有25位姑娘，年龄大都是十五六岁，最小的只有13岁。当年铁姑娘班的班长陆群英说："那年我16岁，我们刚到三场时，地窝子还没有通电，晚上什么也看不见，我们吓得不敢睡觉，不少人躲在被窝里偷偷掉眼泪。"时间久了，她们慢慢习惯了没有亮光的夜晚。

为了开荒造田，她们走进荒原戈壁滩，遍地都是带刺的灌木。每向前走一步，都会扎得她们钻心地疼。一丛一丛的芨芨草比食堂大锅还大，梧桐树粗得两人无法合抱。她们的首先任务是清除灌木、芨芨草。当大家进

① 王鸿庆：《"铁姑娘"谭树凤》，《兵团日报》2018年6月5日。
② 杨铁军、韩玉荣：《铁姑娘》，《兵团日报》2016年5月6日。

行分组合作时，老职工没人愿意和姑娘们一组。25位姑娘组成一个班，陆群英年龄最大，担任班长。为了不被别人小看，她们在开荒中相互协助。

今年71岁的宋各英说："戈壁滩上的芨芨草根太深了，往往我们挖一半就挖不动了，然后几个人一起用劲拔，拔不动了再挖。一天下来，我们竟然超过了别人。老职工纷纷另眼相看，都说两个姑娘，可以顶个壮劳力了。"1962年5月，即开荒两个月后，她们再也不怕那些带刺的灌木了，尤其和老职工一起上下班，她们都走在他们前面。有人说："这些小姑娘和刚来时不一样了啊，个个都是铁打的。""铁姑娘班"由此得名。[①]

在20世纪五六十年代建设新疆的大军中，"塔河五姑娘"这个光荣集体特别引人注目。赵桂荣就是其中的一员。1958年农一师共青团农场修建南干渠，那时没有挖掘机，全凭肩膀挑土。赵桂荣她们"塔河五姑娘"挑土选特大号筐。为防沙子从筐中流掉，就撕掉床单、衣服铺在筐底。天天挑灯夜战，用咬辣椒的方法防打瞌睡，人均每天搬运土方72立方米，工效超过了工地所有小伙子。塔里木开发建设初期，吃的是玉米面窝头，喝的是盐碱水，风餐露宿。赵桂荣每天开荒4亩以上；夏收虎口夺粮，她每天割麦子5亩以上；三秋拾花，她顶着星星下地，天黑透了才回家，平均每天拾花100多公斤；团场搞土地承包，她包的是连里土质条件最差的地，就买来肥料、拉沙改土，硬是把那块盐碱滩改良成高产田，籽棉单产连续6年在全连最高。[②]

原启金在过膝的冰冷淤泥里撒麦种。1963年，15岁的原启金响应政府号召，参加建设兵团，打起背包前往华阴县渭河两岸的农建库区，面对20万亩荒地，女兵们拉架子车平整土地，播种施肥，几乎每天三顿饭都在地里吃。10月中旬，渭河发过大水后，河滩上满是淤泥，机器开不进去，女兵们便挽起裤管，下到过膝的淤泥里撒麦种，在冰冷的淤泥里，冻得发抖的女兵一瘸一拐地前进着。收工后，双腿都冻裂了，又不敢用热水洗，只好用凉水洗掉淤泥，再用机器黄油涂抹伤口。[③]

---

① 王盼：《"铁姑娘班"里故事多》，《生活晚报》2016年5月20日。

② 《赵桂荣：塔河"铁姑娘"》，《兵团日报》2008年4月6日。

③ 杨小刚、赵媛：《"铁姑娘"讲述非常经历》，《华商报》2008年3月3日。

（二）开荒造田

在农村，那些留短发、皮肤黝黑、体格健壮、干活泼辣的女孩往往被称为"铁姑娘"。河南驻马店市新庄生产队是从修建宿鸭湖水库时迁移出来的，每到三夏和三秋时节，新庄的庄稼多、面积大，劳动量也大。而老庄台的一百多亩地也不能丢，多收一点是一点。那些无牵无挂、敢打敢冲的"铁姑娘"，大都被派到宿鸭湖西岸的老庄台去干活。老庄台只有十几间土坯房，有牲口屋、伙房、仓库和简易宿舍。"铁姑娘"的队长是王花叶，队员有韩彩阁、崔平、李爱玉、朱小真、崔三妮等。单说宿鸭湖收麦，她们就要面临三大考验。

第一大考验就是超负荷的劳动强度。每天天不亮，王花叶就睡不着提前起床，然后喊姑娘们出工。割麦虽然是姑娘们的强项，但她们一趟子十来垄，需一镰一镰地割，一气割几十米不直腰、不抬头，男人是绝对受不了的。割半天麦，姑娘们就会累得腰酸腿疼、四肢乏力。庄稼活干不完，割了麦子又装车，再往打麦场里拉麦秧，接着是摊场、打场、起场、扬场、垛垛等。天黑了不收工，夜晚还要加班干。

第二大考验是忍受力。扎手的麦芒钻进鼻孔、袖筒、裤腿，流淌的汗水把衣服浸透，皮肤像针扎一样难受。她们风华正茂，又是爱美的年龄，谁都想把自己最美的一面展现在人们面前。尤其是高温天气，她们脸上的汗斑、衣服上的汗渍，再加上住的土坯房宿舍没法洗澡，常人不能忍受的艰难，她们不得不忍受。

第三个考验就是对艰苦生活的耐受力。当时，人们生活条件十分艰苦，主食吃的是苞谷面窝窝头加咸菜，窝窝头每嚼一口像吃一嘴沙子，就这也得吃，不吃饿得慌。面对这样繁重而紧张的体力劳动，"铁姑娘"们没有退缩，仍然以坚强的毅力、顽强的斗志日夜奋战，充满着激情、充满着欢乐、充满着笑声，直至把麦子收打完毕，颗粒归仓。[1]

喻屯公社是沿湖水乡稻区，每年水稻插秧和收割，铁姑娘队都是主力军。有一年水稻插秧时，为了抢季节赶进度，她们铁姑娘队一天三顿在地

---

[1] 王太广：《当年"铁姑娘"》，《驻马店日报》2019年9月2日。

头吃不说，为节省时间多插几垅稻秧，夜里都不回家，裹着满身泥水的衣服睡在田埂上。天一放亮就爬起来，用沟里的水洗把脸，戴着满天星，又忽啦啦趟着水下了稻田。如果晚上有月亮，她们就借着月光搞夜战，一晚上顶多睡上两三个小时。一连干了二十多天，不少姑娘累得发烧吃不下饭，但没一个人请假休息，因为她们的口号是"铁姑娘不怕难，大寨精神在眼前""带病参战，越干越欢""革命加拼命，无往而不胜"。①

在70年代，为了把利川市凉雾乡小青垭水土流失的坡地变成稳产高产的良田，村里成立了民兵连，号召12名大姑娘组建了"铁姑娘"班。在坡改梯的主战场小青垭，"铁姑娘"们跟男民兵比赛打钢钎，3人一组每天进尺4米，男民兵们都比不过她们。抬石头、砌石坎、搞军训、排练文艺节目，"铁姑娘"们都干得很出色。几年下来，"铁姑娘"班和民兵连累计砌石坎800多条，总长21000多米，最高的有3米多，全村800多亩坡地变成了梯田。"不怕苦，不怕累，坡脚坎上摆战场。"66岁的"铁姑娘"首任班长李运立打开记忆的阀门，讲述当年战天斗地的故事。今年63岁的村民贺洪祝，17岁就加入了"铁姑娘"班，她说："那时我们做的是'铁姑娘'，演的是'铁姑娘'，现在的人无法想象那时的苦和累，但当时再苦再累都不觉得。""爬上小青垭，看天簸箕大，一走二三里，不见有人家，十二黄毛丫，苦战在山垭。"时过境迁，年近八旬的原村支部书记许应钦还记得40多年前一位记者写的这几句话。1977年，《人民日报》曾以《铁炉山上铁姑娘》为题，报道过"铁姑娘"班的先进事迹。"铁姑娘"精神在当时的利川可谓家喻户晓，在恩施、湖北省乃至全国也有一定的影响力，"铁姑娘"班先后有4人出席了全省先进代表会。②

三年前，鹅鸭坡还是一片白茫茫的老碱窝，当地群众流传着这样一段话："宁吃糠菜半年粮，也不嫁给碱地郎；别看俺家闺女多，宁死不嫁鹅鸭坡。"1957年春，党提出向荒地进军的号召后，李华真村的五个年轻姑娘张秋月、梁喜玲、李秀菊、李香春、郝延春和其他村的十二名社员，来到了荒无人烟的鹅鸭坡开垦。当时，她们住在自己挖的地洞里，喝碱水，吃

---

① 《铁姑娘改天换地学大寨》，《快乐老人报》2013年6月13日。

② 秦卫飞：《"铁姑娘"精神再现光芒华》，《恩施日报》2018年10月30日。

冷饭，同老碱窝的艰苦环境做斗争。不久，改碱工地上增加到5000人，张秋月被选为妇女队长。转眼严冬降临，白花花的大雪下了一尺多厚。雪后天晴，地冻得铁锹挖不动、钢镐刨不动，张秋月和队员们共同研究出以点攻面的突破办法，深挖掏土，下空上砸。大家的脚冻肿了，手冻裂了，脸上长起冻疮，可是她们一想到改变鹅鸭坡的贫困面貌，就浑身是劲。她们一直干到腊月二十九日，才结束第一个战役。党支部决定一部分人回原生产队，张月秋等人考虑到碱地还没有彻底改变，就向党表示决心——她要留在工地上安家落户。这里成立了李堂大队鹅鸭坡改碱队，张月秋任党支部书记，其他四位姑娘也成为这个队的骨干分子，处处带头，事事当先搞生产。

三年来，战斗在鹅鸭坡的人们，先后改造了一万二千亩碱地，各种农作物连年获得丰收，由过去吃国家供应粮变成卖余粮给国家了。由于面貌的改变和生活的提高，两年来，有430户农民在鹅鸭坡安家落户。鹅鸭坡的面貌改变了，但张月秋等人并不满足已有的成绩，在学习邢燕子事迹后，更进一步激发了她们建设新农村的雄心壮志。青年姑娘李秀菊说："我是拿定主意啦，干在鹅鸭坡，嫁在鹅鸭坡，一辈子留在鹅鸭坡。"郝延春的大爷在城里给她找了对象，她说："眼前城里生活虽然比较好些，但是找对象不是为了享受，我决心在农村扎根。"她拒绝了这门亲事。

她们原计划种麦子210亩，党提出"大办农业，大办粮食"的号召后，她们立即增种到300亩，多种了90亩。天旱地干，种麦需要引水灌溉，但附近没水，怎么办？"高山挡不住燕子飞，困难吓不倒有志人"，张月秋等跑到二十多里外的大布队引水。水引来了，一条干渠的南边突然被水冲开了，水急浪大，一时无法堵塞，大家正着急时，共产党员张月秋哗啦一声跳进水里，紧接着李秀菊、郭药灵等九个青年妇女也跳入水中，她们手拉手用身体堵住缺口，其他人抓紧时间下木桩、填土，忙了三个小时才把缺口堵住，接着又挖开了流水道，一天一夜浇了200亩地，还浇了几十亩菜地。缺水的问题解决了，又遇到肥料不够的问题，她们就到处去扫羊圈、挖厕所、掏鸡窝，两天时间她们就积肥五万多斤。过去很少有妇女拉车，现在她们拉车向地里送肥。她们还展开夜战，深翻了土地。

小于庄生产队是唐山市汉沽县大钟庄公社一个最穷的生产队，只有15户贫农，71口人的小村。该村位于蓟运河畔，地势低洼，土地瘠薄，全队只有十名整劳力，三头毛驴，两架耙子，半辆大车。新中国成立前，家家赤贫如洗，人们到处逃亡，财主们把这个村叫做"花子营"。新中国成立后，在党的领导和扶植下，生产有了很大发展，生活有所提高，但是年年仍需国家供粮贷款。1959年，全队社员树雄心立大志，学习王国藩社的"穷棒子"精神，苦干一年，改变了面貌。"花子营"一变而成为幸福庄，全队的生产生活水平超过了全社最富的队。

这个村为什么会出现这么大的奇迹呢？原来是有六位"铁姑娘"——共青团员张秀敏、张秀珍和青年张庆云、张秀芹、卢桂芹、石秀芹，她们平均年龄不到20岁，群众称她们为"铁姑娘"，党支部把她们的"青年突击队"正式命名为"铁姑娘突击队"。在开荒的战斗中，她们冒着寒风，总是鸡叫下地，夜静回家，早晚两头会星星，从不间断。在春耕播种紧张的季节，劳动力不够，白天姑娘们和男社员一起耕地、播种；晚上，她们又悄悄地扛起镐去开荒，一干就是半夜。结果生产队不仅完成了开荒任务，还提前完成了春播任务。夏天，雨水多，田里长满草，为了战胜草荒，她们白天拔垅沟，夜间拔垅背，不分日夜，抢救禾苗。赶上连雨天，草长得更快，她们就几天几夜冒雨抢荒。在大搞农业生产的同时，她们还利用一切空闲时间开展副业生产，如纳鞋底、打草、养猪等。

（三）修筑水库

欧田水库建设工程是以修筑水库、发电站和北岭山排水渠为主体的北岭工程大会战，在当年机械设备严重不足的情况下，整个工程建设实行的也是人海战术。受各种条件制约，欧田水库工程建设的工作环境和生活环境都十分艰苦。在工地上，开山劈石的爆破是各项工种中最苦、最累，也是最危险的工作。当时，有一个营的民兵负责工地的爆破。每天中午12时哨声过后，就能听到轰隆隆的爆破声，石块飞越山谷，打得树木啪啪作响。负责爆破的民兵营里，当时活跃着一群年轻姑娘，并且组成了一个英姿飒爽的"铁姑娘"班。欧田水库"铁姑娘"班共有10人，她们是从参加水库建设民兵营里专门挑选，身体健康的未婚女青年组成。

开凿引水隧道，需与炸药爆破相结合，一寸寸、一尺尺地向前掘进，这种艰苦的工作就算男子汉操作也不轻松，更何况是一群年轻姑娘。欧田水库"铁姑娘"班在工作中和男突击队员比速度，比贡献，巾帼不让须眉。①

1959年10月，北京市平谷区海子水库（现更名为金海湖）修建指挥部决定，以男女10∶1的比例从全公社征招海子水库的修建工。当时共计15000人参与修建工程，女同志有近1500人参加。这些女同志要求身体健康、思想进步，而且不能缠足。据档案记载，在水库修建初期，共计995名妇女参与修建工作，以公社为单位成立了四个妇女独立营，下设13个连、58个班，在团部的直接领导下独立作战。其中城关妇女营人数最多的时候有500多人。在妇女营中，涌现了"向秀丽团""刘胡兰突击队""花木兰突击队"等。她们巾帼不让须眉，抛家舍业，争先恐后地在工地上劳作。姑娘们学习推车打夯、挖齿槽、砸石夯、打眼、筛石子、备骨料等，干的体力活儿和男人不相上下。经过几个月的工地磨炼，大家都逐渐成长为劳动多面手，在生产上创造了奇迹。

当时妇女营的主要任务是打夯，为了高效率地完成这项工作，姑娘们每12个人分成一组，要把几百斤重的石头绑在木头架子上。每组负责打一盘夯，每盘中再选出一个领夯的，负责带头喊夯歌。三四百斤的石夯随歌声飞舞，成为工地上一道特殊的风景。

"刘胡兰突击队"是海子水库45支青年突击队中的一支，全队40名女青年，年龄都是十八九岁。马各庄的宋桂莲是"刘胡兰突击队"的队长，她鼓励大家道："我们要战胜一切困难，和男子比高低，要显示咱们妇女在建设中的力量。我们突击队的名字是刘胡兰突击队，我们也要和刘胡兰一样，她'生的伟大，死的光荣'，咱们在水库工地也要有革命精神，要人人争当社会主义新时期的女英雄。"突击队的姑娘们，干起活来各个都拼命，她们克服一切困难，战胜风雨严寒，保证月月红、旬旬红，全月满堂红，人人都争当水库建设标兵。女突击队员们每人推车内的土方由0.3方涨到

———————————
① 《英姿飒爽"铁姑娘"》，《西江日报》2015年1月20日。

0.5方，再到0.9方，已达到男子定额。她们又鼓足干劲，每人日功效闯过1方大关，而且每天的运送次数都超过定额标准几十趟。姑娘们们向男子发起挑战，开展推车比武，和男子打平手。姑娘们的肩膀上常常勒出血印子，上坝拉大车的时候正是寒冬腊月，零下20多度，为保证每天完成任务，姑娘们穿着单衣大干。这群年轻的女突击队员们，成为水库工地上最引人注目的战斗力量。

姑娘们天天超额完成任务，月月获得水库指挥部的红旗奖励，还荣获了全工地的"劳动冠军"。在她们的带动下，工地上不断掀起劳动竞赛高潮，大家你追我赶，力争上游，互帮互学，互相促进，极大地推动了工程的进度。她们用自己的方式，很好地诠释了"谁说女子不如男"这句话。就是这样一群普通的劳动妇女人，为了一个目标，从平谷的300余个村落中走到一起，以忘我的拼搏与奉献精神，创造了平谷水利史上的奇迹。①

1959年5月1日，庄河水利工程开了一次表彰大会，一名18周岁的女孩被评为礼泉县"标兵王"，她就是"铁姑娘连"连长王金莲。与人们想象中的那些肩宽腰粗、皮肤黝黑、嗓门大的"铁姑娘"不同，当年的王金莲身材瘦小、削肩细腰，因为营养不良，脸色还有些苍白。王金莲是礼泉县烟霞镇马寨村人，1958年，17岁的她随村里的青年人一起到礼泉县昭陵镇庄河村修水库。工地每天都要完成定额的任务，为了让大家干得更快更好，姑娘和小伙之间也要比拼。由于肯吃苦，王金莲被任命为"铁姑娘连"连长，带领12个"铁姑娘"跟小伙们"打擂台"。天还不亮，"铁姑娘"们就爬起来干活。每人一天十几方土，在来回400多米的路上飞奔。"一方土要用6个架子车才能拉完，每天都要拉60多个来回。"跟王金莲一同修过水库的高奉军说，那时候的王金莲真的就像铁人一样，不知道累，也不知道休息。不但每天按时完成规定任务，还带领"铁姑娘连"加班加点地干，超额完成任务。家里人说她修水库的3年时间里，没有在家里住过一天。庄河水利工程修完之后，她又紧接着去支援礼泉县的小河和宝鸡峡水利工程。②

---

① 付永革：《海子水库的女英雄》，《北京档案》2018年第8期。

②《礼泉"铁姑娘"走了》，《华商报》2013年11月18日。

1950年冬天，正是天寒地冻的时节。听闻治理淮河的消息，才产子不久的甘彩华放下正在吃奶的孩子，第一个报名参加修堤。不仅如此，她还动员了其他51名妇女，积极参与治淮修堤。当时的工地上不仅没有推土机和挖土机，就连小板车也少得很，有的只是一条扁担，一只筐，靠双肩抬，两脚走，把土运送到大堤。抬得多，干得猛，时间久了妇女班不少姐妹脚跑肿了，肩磨破了。冬季修堤，困难很多，劳动也非常辛苦。治淮初期，每人每天平均只能领到一斤米，如何勤俭、计划用粮，让大家吃饱饭、有力气干活也是摆在面前的难题。寒风凛冽，积水成冰。她们取土的地方积了水结了冰，大家有些犹豫不前，甘彩华见状，脱下鞋袜，赤着脚在冰冷的烂泥里劳动，用实际行动带动全班完成任务。

还有一次，她们参加切滩工程。一片淤泥的工地，一脚踩上去泥巴就陷到膝盖，赤脚下去又有很多刺脚的石子。这时，甘彩华就用志愿军艰苦作战的例子来鼓励大家，又帮助大家改进工作方法，最终战胜困难完成了任务。吃苦在前，处处带头。工作中，她总是拣最重的活干。班上许多人手脚冻坏了，她就在晚上睡觉前帮她们揉搓。在她的鼓励和带动下，妇女民工班工效曾经达到"每人每天平均4.7立方米，比有些劳力强的男民工班效率还高"，并曾创造每人每天抬土4.75立方米的最高纪录。1951年，甘彩华带领的班曾经连续五次夺得女中英雄大红旗，被评为一等模范班，她本人两次获得市特等治淮模范称号。1954年，她荣获"安徽省农业劳动模范"称号，并于同年加入中国共产党。①

哈拉海军马场地势低洼，多属沼泽地带，1965年5月，哈拉海军马场建立水利工程队，开始修渠筑坝治理水患。这个工程队的成员绝大多数是新中国成立以后出生的女青年，最大不过26岁，最小的只有17岁。她们夏天顶着酷热，不怕蚊虫叮咬，推坝、挑土；冬天冒着零下30℃的严寒，爬冰、卧雪。手磨破了，脚冻肿了，磨出的血泡破了结成老茧，她们团结一致、战天斗地，经过10余年的努力，共修筑堤坝200余公里，完成土方量达170余万立方米，为哈拉海军马场农牧业生产的发展做出了巨大的贡献。这个水利工程队自组建以来，连续10多年被总后勤部评为先进单位，荣立

① 李敬：《治淮工地上的"铁姑娘"》，《蚌埠日报》2013年9月27日。

集体三等功一次，被称为"铁姑娘水利连"，《人民日报》、中央人民广播电台刊载和报道了她们的先进事迹。[1]

在闽北山区政和县石屯镇有一条20多公里长的拦河石堤，20世纪70年代初，为了修筑这条大堤，有200多名知识青年在工地上同农民兄弟一起流汗出力。其中知青水利排的"三八"妇女开山班由12位女知青组成，她们都是从福州到石屯插队的女知青。12位姐妹每年出工平均达到320天，一天能挣个一分，其中黄珠英还曾创下一年劳动373个工作日的记录，她们被誉为"七星溪畔铁姑娘"。开山炸石，修砌坝堤，这个繁重而危险的劳动，本来是男子汉们的专利。女知青们却凭借着一股豪情壮志与男同胞们一块磨炼。修筑堤坝需要大量的石头，水利排的常年任务是开山炸石，准备石料，待到冬季修堤大会战时用。为了尽快掌握开山炸石的本领，"三八"妇女开山班的姑娘们从抡锤打钢钎开始练。白天黑夜地练，练得手臂红肿，抬不起来，甚至连穿衣拿筷子吃饭都很困难。点炮炸石是真正的危险活，抬石砌堤是极其艰苦的重活，可是坚强的姑娘们从没有叫过苦喊过累。[2]

（四）女民兵和拖拉机手

江代春是常德市资历最老的"全国三八红旗手"（1979年），曾多次被评为省市劳模。她用实际行动书写着对党和国家的热爱，讲述着"巾帼不让须眉"的动人故事。在当年"五亿人民五亿兵、万里江山万里营"的宣传口号下，13岁的江代春成了女民兵。为练射击，她半夜三更起来练习；为练瞄靶，她12个小时纹丝不动。就这样，江代春练就了一身过硬本领。跳远，八尺宽的大坑她一跃而过；跳高，她一个鹞子翻身就过去了。在全县民兵比武中，年仅20岁的江代春步枪射击打出了49环的好成绩，从此成了远近闻名的神枪手，并开始担任大队党支部副书记兼民兵营长。

大炼钢铁时，江代春组织50多个妇女组成纤夫队，将铁矿石从7公里外用船拉回来，她负责的5个高炉从来没有熄过火，而且出铁率最高。白

---

① 《军马场"铁姑娘水利连"》，《北大荒日报》2011年11月5日。
② 范永光、陈丽玉：《七星溪畔铁姑娘》，《政协天地》2009年第5期。

沙渡产棉花，江代春又成了种棉能手，为了丰产高产，她钻研技术、修建温室、深耕土地、搞营养钵移栽。有一年干旱，江代春没日没夜赶水筑坝，三天后她一身泥水从田埂里爬出来，竟分不清是男是女。①

邢延良是北大荒第一批女拖拉机手。由于工作业绩突出，1958年邢延良被评为黑龙江省青年建设社会主义积极分子，同年被评为全国妇女建设社会主义积极分子，并相继获得"全国农垦系统先进生产者""三八红旗手"等荣誉称号；1979年，被国家农垦部授予"先进生产者"荣誉称号。有一次，邢延良到集贤送粮，扛着180斤的大麻袋上五级跳板，整整干了一个晚上，她没有叫一声苦、喊一声累。1958年秋，她毅然告别父母，随机车来到了二九一农场。她白天跑运输，和小伙子们摽着劲儿扛麻袋；夜里驾车翻地，与成群的蚊子为伍，有时候还得和瞪着绿莹莹眼睛的恶狼周旋。一年夏天，队里派邢延良到福山支援麦收，负责接粮任务。她白天黑夜连轴转，六天六夜没有离开过方向盘。实在忍不住了，她就利用等装车的工夫打个盹儿。尘土、麦糠把她变成了"灰姑娘"。第七天清晨，麦收终于结束了，过度疲劳的邢严良连下车的力气都没有了。当围上来的人把她从车上抱下来的时候，她一头倒在别人的怀里睡着了。②

（五）植树造林，勤俭办社

申纪兰，是山西长治市平顺县西沟村人，中共党员，全国著名劳动模范（1979年、1989年、1995年），第一至十三届全国人大代表，全国首届道德模范（2007年），1992年获"太行英雄"称号，2001年评为"全国优秀共产党员"，2007年评为全国巾帼建功标兵，2009年评为"100位新中国成立以来感动中国人物"，2018年被评为100名"改革先锋"之一。2019年获得"共和国勋章"。"共和国勋章"是中华人民共和国的最高荣誉勋章，由全国人民代表大会常务委员会决定，中华人民共和国主席授予，"共和国勋章"的授予对象是为党、国家和人民的事业作出巨大贡献、功勋卓著的杰出人士。她曾任西沟农林牧生产合作社副主任、中共平顺县委副书记、

---

① 李张念等：《从"铁姑娘"到"江奶奶"》，《常德日报》2017年3月24日。

② 郭炳莉：《"铁姑娘"的机车缘》，《中国农垦》2017年第9期。

山西省妇联主任、长治市人大常委会副主任、西沟村党支部副书记等职。

以毛泽东为核心的党中央第一代领导集体对森林问题极为重视。1950年2月，在北京召开新中国第一次全国林业业务会议。会上，梁希部长指出我国森林面积只占国土面积的5%，这容易发生水灾和风沙，亟需加强我国林业建设步伐。毛泽东提出了一系列关于林业方面以及绿化祖国的重要论述，如《要真正绿化》《要使祖国的河山全部绿化起来》《林业是个了不起的事业》《实行"三三制"农林牧业都可以发展起来》等10多篇文章，他强调林业的发展对国家经济建设、社会发展有巨大影响，并为林业发展方向奠定了坚实的思想基础。1955年，毛泽东提出"绿化祖国"宏伟目标，1956年林业部制定12年绿化规划计划，提出"学会林业技术，向荒山荒地进军，为绿化祖国而奋斗"的口号。1957年8月，全国评选"绿化祖国有功的林业模范受奖"活动，在表彰的148个模范单位和44个模范人物中，西沟村列为其中之一，同时李顺达被评为模范个人。1958年，毛泽东又进一步提出："要看到林业、造林，这是我们将来的根本问题之一。"随后林业部制定"普遍护林、重点造林"的方针。

申纪兰、李顺达响应毛主席的号召，带领西沟人坚持在荒山上植树造林。在西沟有着这样的顺口溜："光山秃岭乱石沟，十人见了十人愁。旱涝风雹年年有，庄稼十年九不收。"它是金木水火土俱缺的穷山沟。可西沟人不畏困难，一年春季、夏季、秋季三次种树，一季种满一座山、一条沟；坡上种松柏，沟里栽杂树；先是整坡整沟的栽种，后是大块小片地栽种，再后是寻找空地三株五株补栽补种。他们的夙愿是"山上绿油油，牛羊满山沟。走路不小心，苹果碰到头"，今天的西沟村实现了他们的愿景。

西沟人种树先是从西沟最大的小花背山开始的。小花背山势陡峭，整座山都是石头，光秃秃的，只有石头缝里才能看得见没被雨水冲走的泥土。妇女们扛着镢头，背着松子上山。她们半跪在山坡上，裤子都磨得见了膝盖，用镢头在坚硬的山石上先刨出一个脸盆大的鱼鳞坑，再用手指或镢头尖把土一点点抠出来培进坑里，一天刨不到30个坑。许多妇女都是小脚，别说刨坑种树了，单是每天在十几里高低不平的山路上走一个来回，也够她们受的。当时是"两头见星星，黑夜点马灯，一天两送饭，填土挖大坑"。当年的"娘子军"感慨地说："那受的是啥罪啊，山上离村里远，我们中午不回家，饿了啃的是糠窝窝，渴了就化些雪水喝，有时遇上下雨，浑身淋得像落汤鸡，说老实话，要不是纪兰带头，我们真坚持不下去呢！"①为了鼓舞大家士气，申纪兰编了一首歌："走一山又一岭，小花背上去播种，今年种上松柏籽，再过几年满山青，等到松柏长成材呀，建设社会主义咱都有功！"至今，这首歌成了西沟的"植树歌"，每个人都耳熟能详。

1971年，全国林业先进单位代表会议在西沟召开，西沟村人向大会作了经验介绍。1978年，全村造林总面积达到15000亩。改革开放后，申纪兰又开始带领群众向阳坡进军。阳坡绿化技术对于申纪兰和全村群众来说都很陌生，申纪兰就自告奋勇在自家小块地里实验，然后研究推广。当年在阳坡上栽下第一片科技示范林，成活率达到85%以上。又过了几年，西沟人全部完成了阳坡绿化任务。现在的西沟332座山都长满了树，239条沟都绿树成荫。有人粗略计算，西沟仅树木的经济价值就相当于拥有一个4000万的"绿色银行"，等于给西沟村每人在这个"银行"里存了2万元钱。②

西沟人发扬愚公移山的精神，移山填沟，挖土垫地，筑坝垒岸，平滩造地。西沟村有南北4公里长的河滩，过去滩上乱石滚滚，寸土无存。1952年，刚成立的农业生产合作社组织劳力，在沙地栈自然庄下河滩上修起了一条顺水坝，并在坝内平滩造地六七亩。1953年，又在老西沟主沟自上而下修筑大坝20座。不料，1954年夏季的一场洪水将两年的成果冲个精光。水灾并没有动摇西沟人的决心，他们继续向荒沟、荒滩进军。1954年至1955年，全社又筑起拦洪坝70余座，修筑拦洪坝700日。1957年到1958年"大跃进"期间，西沟村再次掀起治沟治滩新高潮，在全村7条大沟修建拦洪坝220座，淤地200亩；完成1000多立方米的老西沟塘坝建筑工程；河滩打坝1500米，平滩造地30亩。到20世纪70年代初，西沟所有沟壑都治理完毕，加上栽种的树木渐次成林，水患根治了。之后，西沟人再用几

---

① 岳绫明：《"太行英雄"申纪兰》，《文史春秋》2001年第1期。

② 中共山西省委宣传部编：《世纪人民代表：申纪兰》，北京：人民出版社，2014年，第58页。

个冬天时间，把百里滩河的200亩河滩都改造成了旱涝保收的千斤良田。直到今天，西沟在4公里河滩和7条大沟内共修筑疏洪大坝10000多米，修筑涵洞1000余米，修筑拦洪坝800余座，修塘坝5座，修蓄水池5个，垒砌石岸700多条，水库2个，改造梯田900亩，沟滩造田500亩。①

1955年，申纪兰带领妇女在河滩上打坝造地，一天突降大雨，山水下泄，直冲大坝。有的人扛门板，有的人扛麻袋，跳进激流中堵水。申纪兰带头跳进水里，时间一长全身冷透，嘴皮发紫，直打哆嗦。直到大坝豁口堵住，申纪兰才回家，婆婆赶紧给她冲了一碗滚烫的葱水喝下去，她才觉得浑身发热。"大跃进"期间，申纪兰带领妇女苦战大坝工地上，"三天三夜不回家"是她最深刻的记忆。据她回忆说："那是水库大坝要完工了，向'八一'献礼。当时确实很累、很困，一吹号叫歇歇，人是躺倒就睡。回家的时候，我家婆婆哭了，看着我瘦得不像个样儿。"②

毛主席亲自为西沟的文章写按语，赞扬了西沟人的勤劳节俭、艰苦奋斗精神。1955年9月4日，毛泽东从北京来到北戴河，着手编辑《怎样办农业合作社》③一书。他看了120多篇报告，为西沟的《勤俭办社，建设山区》④写的按语是：

这里说的是李顺达领导的金星农林牧生产合作社。这个合作社办了三年，变成了一个包括二百八十三户的大社。这个社所在的地方是那样一个太行山上的穷地方，由于大家的努力，三年工夫，已经开始改变了面貌。劳动力的利用率，比抗日以前的个体劳动时期提高了百分之一百一十点六，比建社以前的互助组时期也提高了百分之七十四。合作社的公共积累已经由第一年的一百二十元，增加到了一万一千多元。一九五五年，社员每人平均收入粮食八百八十四斤，比抗日以前增加了百分之七十七，比建社以前增加了百分之二十五点一。这个社已经做了一个五年计划，实行三

---

① 中共山西省委宣传部编：《世纪人民代表：申纪兰》，北京：人民出版社，2014年，第59—62页。

② 转引自刘重阳：《100位新中国成立以来感动中国人物：申纪兰》，长春：吉林文史出版社，2012年，第54页。

③ 1956年1月，该书公开出版时，书名改为《中国农村的社会主义高潮》。

④ 由马明、李琳主笔。

年的结果，生产总值已经达到五年计划的百分之一百零点六。这个合作社的经验告诉我们，如果自然条件较差的地方能够大量增产，为什么自然条件较好的地方不能够更加大量地增产呢？①

　　从这个按语中，我们可以看出毛主席对推动农业生产合作社由慢到快、由低向高发展的急迫心情。1943 年春，李顺达成立了 6 户人家的互助组，这是"上党区"最早的互助组之一。1951 年 12 月 10 日，西沟办起李顺达农业生产合作社，社员 26 户，社长李顺达，副社长申纪兰、马玉兴、方聚生。1955 年 12 月 24 日，西沟成立了金星农林牧高级生产合作社，社长李顺达，副社长申纪兰。1958 年 8 月 19 日，西沟成立了"西沟金星人民公社"，主任李顺达，副主任申纪兰。

①《〈勤俭办社，建设山区〉一文按语》，见中共中央文献研究室编：《建国以来重要文献选编（第七册）》，北京：中央文献出版社，1993 年版，第 206—207 页。

第三章 劳动模范的精神品质

劳模精神作为一种时代精神，虽然不同的时代有不同的内容，但无论时代如何变化，劳模精神的核心价值是不变的，那就是主人翁责任感和艰苦创业精神，忘我的劳动热情和无私奉献精神，强烈的开拓进取意识和创新求实精神，良好的职业道德和爱岗敬业精神。劳模精神的本质是全心全意为人民服务。

第一节 "梦桃精神"

赵梦桃被树为全国纺织战线的一面红旗。1952年5月，在学习"郝建秀工作法"活动中，赵梦桃以最优异的成绩第一个戴上了"郝建秀红围腰"。在她的影响和带动下，"人人当先进，个个争劳模"蔚然成风。赵梦桃小组先后被评选为全国纺织系统"先进标杆班组""全国青年文明号""全国巾帼文明岗"等称号。她是中共八大代表，两次被授予全国先进生产者荣誉称号。2019年9月25日，被评选为"最美奋斗者"。

一、"高、严、快、实"

1951年，16岁的赵梦桃进厂，1952年到1959年，她创造了月月完成国家计划的先进纪录，还帮助12名同志成为企业的先进工作者。1959年，她和她的"赵梦桃小组"双双出席了全国群英会，成为纺织战线一面旗帜。

1963 年，赵梦桃又创造了一套先进的清洁检查操作法，并在陕西省全面推广。"高标准、严要求，工作实、行动快，抢困难、送方便"，"不让一个姐妹掉队"的工作作风和思想品德激励了几代纺织人，她被概括为纺织业著名的"梦桃精神"，成为陕西纺织乃至全国纺织行业的精神瑰宝。1987 年 4 月，无产阶级革命家习仲勋特别为一个纺织企业小组题词："梦桃精神、代代相传"。2019 年 11 月，习近平总书记给予"赵梦桃小组"亲切勉励，希望大家继续以赵梦桃同志为榜样，在工作上勇于创新、甘于奉献、精益求精，争做新时代的最美奋斗者，把"梦桃精神"一代一代传下去。

赵梦桃踏实认真、处处严格要求自己，在工作上力争做到最好。1952 年 5 月，在学习"郝建秀工作法"活动中，她以最优异的成绩第一个戴上了"郝建秀红围腰"。那时候，"好好地干，下苦干，老实干"成了赵梦桃时常挂在嘴边的口头禅，现如今也成为一代代纺织人耳熟能详的铿锵话语。赵梦桃在纺织行业不断探索创新，积极响应工厂"扩台扩锭"号召，把看车能力从 200 锭扩到 600 锭，生产效率提高了 3 倍。她还提出了巡回清洁检查操作法，使纺纱断头减少三分之二，粗细节坏纱比之前减少 70% 左右。

"不让一个小伙伴掉队"。赵梦桃说："一个党员不能像我过去那样，只懂得个好好干、下苦干，还要懂得为谁好好干，为什么好好干，怎样好好干才行！""要一点一滴的学习别人的长处，把它变成集体的财富！""我们应该把每一个同志心里的火煽旺，要不让一个伙伴掉队，不让周围有一个小组掉队！"在第一个五年计划期间，赵梦桃为了帮助姐妹们共同完成生产任务，曾十多次将使用顺手的好车主动让给别人，自己克服困难开陈旧的"老虎车"，并年年超额完成生产任务。1956 年 9 月，赵梦桃作为纺织工人优秀党员，被选为中国共产党第八次全国代表大会的代表，参加了具有重大历史意义的八大。会后，她对人说："现在，我才体会到要做人民勤务员这句话的意思，这话深得很，深得很！谁要能真懂了这句话，就懂得什么是共产党员了。"此后，她处处以共产党员条件要求自己，更加关心生产、关心他人。为了不让一个伙伴掉队，不让周围有一个小组掉队，她严于律己，对自己的生产和学习以高标准去衡量，从不强调困难；对同志却体贴入微，以一个平凡的共产党员的模范行动带动着别人，帮助着别人。她耐心帮助15名工人成为工厂和车间的先进生产者，履行了自己的诺言。[①]

传承"梦桃精神"，要大力弘扬劳模甘于奉献的精神。赵梦桃是新中国建立初期产业工人的优秀代表，她响应党和国家号召，以忘我的工作热情，积极投身到新中国的社会主义建设洪流之中。她很朴实，并没有什么豪言壮语，她的口头禅就是："好好干！下苦干！老实干"。"梦桃精神"实质就是岗位奉献，做好表率，体现在平凡的岗位上，体现在日复一日的坚守中，体现在忠诚、执着、朴实的鲜明品格里。在新时代，我们传承梦桃精神，就要把爱国奉献精神变成至诚报国的行动，甘于奉献、乐于奉献，努力在平凡的岗位上创造出新的不平凡的业绩。

二、新时代价值[②]

一是坚守初心使命，尽显党员本色。赵梦桃对党和人民的忠诚，指引她在平凡的工作中，给自己制定了高标准的奋斗目标，并用实际行动践行了共产党人的初心和使命。为中国人民谋幸福，为中华民族谋复兴，是中国共产党人的初心和使命，是激励一代代中国共产党人前赴后继、英勇奋斗的根本动力。当前，中华民族伟大复兴正处于关键时期，共产党人要不断从"梦桃精神"中汲取信念和力量，不断增强"四个意识"、坚定"四个自信"、做到"两个维护"，坚持和发展新时代中国特色社会主义思想，深刻理解和领会其时代意义、理论意义、实践意义、世界意义，立足本职兑现共产党人的初心，立足本职承担党和人民赋予的使命，自觉做新时代中国特色社会主义思想的坚定信仰者和实践者。

二是谋求人民幸福，尽显时代价值。"梦桃精神"体现了我党为人民服务的根本宗旨。赵梦桃在工作中先后帮助15人成为厂、车间先进生产者。有了困难，她抢着干；有了方便，她主动让给别人，在平凡的岗位上彰显了共产党人的价值。党的十九大提出了新时代社会主义的主要矛盾已经转

---

① 《梦桃精神 代代相传》，咸阳党史网，http://xianyangdangshi.com/index.php?m=Article&a=show&id=781，2019年6月13日。

② 李芳、袁武振：《"梦桃精神"的时代价值》，《当代陕西》2019年第22期。

化为人民日益增长的美好生活需要和不平衡不充分的发展之间的矛盾。广大党员干部要以身作则主动学习"梦桃精神"，坚持立党为公、执政为民，保证最广大人民根本利益，切实把民之所望作为施政方向，使改革发展成果更多更公平惠及全体人民，不断增强人民群众的获得感、幸福感，为人民群众追求的美好生活而奉献终身。

三是传承"梦桃精神"，人人皆成楷模。在建设中国特色社会主义的伟大实践中，以赵梦桃为榜样的许多劳动者，在工作上攻坚克难、精益求精、创新实干、勇于担当、争做新时代的楷模。近年来，载人航天、探月工程、北斗导航、中国天眼、中国高铁等一项项中国制造成为国之重器，以中国制造走向全世界，这正是一代又一代的劳动者无私奉献、脚踏实地地向世界宣告"我们能"，在平凡的工作岗位中创造不平凡的成就。新时代更需要各行各业的劳动者从"梦桃精神"中获取奋进的信心和动力，将"梦桃精神"内化于心外化于行，用严谨细致、追求卓越的工作理念推动中国的高质量发展，用拼搏奋斗、勇于担当的工作态度刷新中国速度，用创新实干、攻坚克难的工作效率贡献中国智慧，为实现中国特色社会主义强国汇聚正能量。

新时代如何弘扬"梦桃精神"。[1]一要在思想上提高认识。赵梦桃是全国产业工人的杰出代表，是纺织战线的一面旗帜。"高标准、严要求、行动快、工作实，抢困难、送方便"和"不让一个伙伴掉队"的梦桃精神是时代的精神标识，其中，"高""严""快""实"与目前倡导的"敬、严、精、专、新"的"工匠精神"相契，"抢困难、送方便"与"毫不利己，专门利人"的白求恩精神和"全心全意为人民服务"的雷锋精神相合，而"不让一个伙伴掉队"又体现了集体主义精神。不仅如此，梦桃精神也是"崇德包容，尚法创新"的咸阳精神的初始基因和注脚。因此，弘扬梦桃精神，必须拓宽视野，从社会需要入手，深入挖掘并大力宣传梦桃精神的思想内涵和时代价值，让梦桃精神深入人心。要把弘扬梦桃精神与"不忘初心、牢记使命"主题教育结合起来，以赵梦桃同志为榜样，爱党信党跟党走，坚守初心，勇担使命，自觉抵御各种落后思想，做新时代的最美奋

---

① 徐保凤：《关于新时代弘扬梦桃精神的几点思考》，《咸阳日报》2019年12月2日。

斗者。

二要在工作中创先争优。争一流、创第一、敬业奉献，是梦桃精神的精髓。弘扬梦桃精神，就要像赵梦桃那样，以身作则，勤奋工作，唱响劳动最光荣、劳动最崇高、劳动最伟大、劳动最美丽、劳动创造幸福的主旋律。要发扬奉献精神，坚持高标准、严要求、爱岗敬业、矢志创新，勇于奋斗，以高度的主人翁责任感、卓越的劳动创造、忘我的拼搏奉献，不断破解工作中的各种难题。要积极开展创建学习型组织活动，认真学习文化知识和业务知识，扎实开展生产和社会实践活动，边学边用，边做边学，学用结合，努力培育一流的职业素养、一流的业务技能、一流的工作作风，在平凡的工作岗位上创造一流的工作业绩，为实现中国梦建功立业。

三要在作风上精严细实。赵梦桃心细如丝，热爱钻研，躺在病床上想着完善"巡回清洁检查法"，在"检查点"和"清洁点"上插标志，甚至连标志的颜色都反复琢磨。她对同志知冷知热、体贴入微，即使批评教育也诚恳耐心、循循善诱，深得人心。弘扬梦桃精神，要与践行"三严三实"、发扬工匠精神结合起来，对工作严谨认真，精益求精，一丝不苟，追求卓越；与学雷锋结合起来，培育团队意识，发扬集体主义精神，抢困难、送方便，团结友善，助人为乐，以心贴心，以心换心，用真情开"万家锁"，全心全意为人民服务。

第二节　铁人精神

铁人精神是对王进喜的崇高思想、优秀品德的高度概括，是我国石油工人精神风貌的集中体现，是大庆精神的具体化、人格化。大庆石油会战取得的成绩和王进喜的"铁人"精神，得到了毛泽东主席的高度评价并提出"工业学大庆"的号召。王进喜身上体现出来的"铁人精神"，激励了一代代的石油工人。铁人不仅是工人阶级的楷模，他更是一个为国家分忧解难、"独立自主，自力更生"、为民族争光争气、顶天立地的民族英雄。

一、"爱国、创业、求实、奉献"

"铁人"是20世纪五六十年代社会送给石油工人王进喜的雅号，而铁人精神是王进喜崇高思想、优秀品德的高度概括，也集中体现出我国石油工人精神风貌。习近平总书记指出："以爱国、创业、求实、奉献为主要内涵的铁人精神，集中体现了我国工人阶级的崇高品质和精神风貌，永远是激励中国人民不畏艰难、勇往直前的宝贵精神财富。"①

其一，爱国。1959年，王进喜当选为全国劳动模范，那种喜悦却被北京街头因缺油而背煤气包的汽车而消解，责任与愧疚让七尺男儿蹲在街边失声痛哭，他说"没有石油，国家有压力，我们要自觉地替国家承担这个压力，这是我们石油工人的责任啊！"为了摘下贫油国的帽子，解决国家急需石油的难题，铁人献出了一切，包括他的宝贵的生命。铁人把全部身心都倾注于石油钻井事业，他和战友们一起，不断地刷新指标，不断地创造奇迹，以辉煌的业绩报效祖国。

王进喜敬业爱国，一切为油，石油至上。王铁人"泪洒沙滩"的故事，是爱国主义情怀的感性流露；"这矛盾、那矛盾，国家缺石油是最主要的矛盾""有条件要上，没有条件创造条件也要上"等誓言，是爱国主义情怀的理性抉择；"北风当电扇，大雪是炒面，天南海北来会战，誓夺头号大油田""石油工人一声吼，地球也要抖三抖！"等豪言壮语，是爱国主义情怀的诗性彰显。对王进喜来说，敬业是爱国的途径，也是奉献的本钱；既是做人的素养，也是爱国的能力；既是事业的追求，也是理想的担当。②

铁人要求家眷、亲人忠心报国，"公家的钱一分不能沾。"临终之际，王进喜用虚弱的身体交给领导一张组织补助给他的记账单，用断断续续的声音说："请把这些钱交给组织，我不困难！"他是一名不忘初心、牢记使命的共产党人。王进喜的学习笔记上写着这样一句话："我是个普通工人，

---

① 习近平：《结合新的实际大力弘扬大庆精神铁人精神》，《新华日报》2009年9月22日。
② 韩福魁：《大庆精神的核心是爱国》，《大庆社会科学》2013年第4期。

没啥本事，就是为国家打了几口井，一切成绩和荣誉都是党和人民的。"①

其二，创业。铁人王进喜终生都表现出了很强的创业精神，他是创业的典范。他用自己的理想、勤劳、智慧乃至生命，谱写了一曲惊天动地、荡气回肠的创业之歌。面对西方列强对我国的全面封锁、"老大哥"的背信弃义、国内严重的"三年自然灾害"等极其严峻的形势，铁人带领他的战友们大义凛然，迎难而上，气吞山河，展现出"石油工人一声吼，地球也要抖三抖"的英雄气概，堪称创业的强者。面对人烟稀少，野兽出没的盐碱滩、沼泽地，铁人带领他的战友们头顶青天，脚踏荒原，"北风当电扇，大雪当炒面"，勇敢挑战恶劣的自然条件，展现出石油工人"革命加拼命"的硬骨头精神，堪称创业的硬汉。面对生产物资短缺，生活条件极差的重重困难，铁人带领他的战友们"人拉肩扛"运钻机，"脸盆端水"抢开钻，创造了一系列的高水平。他们用最短的时间、最快的速度，高水平地拿下了大庆油田，表现出了"有条件要上，没有条件创造条件也要上"的进取精神，堪称创业的闯将。②

大庆石油大会战是在新中国成立以来最困难的时期、最困难的地方、最困难条件下进行的。在艰苦卓绝的基业开创中，铁人王进喜满怀对社会主义新中国的深情大爱，肩负发展祖国石油工业的重大使命，他的所想所思、所言所行、所作所为无不与石油有关。他带领队友披荆斩棘，艰苦创业，勇往直前，堪称是困难时期的创业强者，困难地方的创业硬汉，困难条件下的创业闯将。王进喜是石油大会战中最突出的英雄和模范、最著名的标杆和旗帜。

其三，求实。铁人王进喜对事业和工作的求实精神是始终如一、由表及里的，这也是他在短暂的人生中之所以能够创造出那么多的奇迹的原因之一。王进喜坚持学以致用，他说："干，才是马列主义。不干，半点马列主义也没有！"他带领工人搞革新，发现钻井新技术，"要为油田练就硬功夫、真本领"。"我们心里想的、眼里看的、嘴上说的和手上干的，要结合起来。念了一火车书，光说不干，就不是马列主义。"这些是铁人王进喜在

---

① 《不忘初心，牢记使命，30位共产党员的信仰人生》，北京：新华出版社，2017年，第166页。
② 韩福魁：《学习铁人的创业精神》，《政工研究动态》2004年第16期。

学习毛泽东《矛盾论》《实践论》后，针对所遇到具体问题而提出的独到见解。

铁人是典型的"猴子屁股，飞毛腿"。除了参加会议以外，基本不坐办公室，绝大部分时间都用来下基层、跑井队，深入实际。当领导，从不搞遥控，喜欢面对面。他骑着自费买的摩托车，带上水壶和干粮，马不停蹄，长年累月跑现场检查指导工作，及时协调解决生产一线所需、所急、所难。他对待工作严细认真，一丝不苟，经常向工人强调："干工作要为油田负责一辈子，要经得起子孙万代的检查。"会战初期，由于部分钻井队过于追求速度，一度出现质量问题，就连1205这样的标杆队也打斜了一口井。为了教育职工重视质量，王进喜带领1205队职工把那口刚刚超过规定斜度的井填掉了。有人说："填掉这口井，就给标杆队的队史写下了耻辱的一页。"王进喜说："我们填掉的不仅是一口井，还填掉了低标准、老毛病和坏作风。"

他一辈子不图虚名，只认实干。但是，铁人的实干，绝不是蛮干，而是用心动脑地巧干；绝不是盲目干，而是科学求实地干。比如说，铁人带领他的战友们为什么能够用四五十年代的落后设备在六十年代打出那么多、那样高水平的油井？仅仅靠吃大苦、耐大劳、出大力、流大汗就能超过当年超级大国的所谓"王牌""功勋"钻井队吗？那是不可能的。成功的"诀窍儿"就在于求实。铁人集中时间和精力，充分地收集、比较和研究了许多钻井队生产实践的丰富资料，总结出经验和规律，创造性地运用于自己的生产实践——这也就是后来见诸钻井工程专业教科书上的著名的"优秀参数钻井法"，才如此这般地连续打出高水平油井。铁人创造了冲天干劲和科学态度紧密结合的经典范例，激发了油田各行各业普遍地学技术、练硬功、比绝活、赛状元的蓬勃热潮，涌现出一批又一批的技术能手、技术尖子等高级工匠，带动了大会战和科学实验的成功，铸就了令人难以忘怀的辉煌业绩和流金岁月。①

其四，奉献。奉献是对自己事业的不求回报的爱和全身心的付出。"井没压力不出油，人没压力轻飘飘"，这是铁人王进喜的名言，也是他数十年

① 韩福魁：《学习铁人的求实精神》，《政工研究动态》2004年第18期。

工作的真实写照。面对井喷的险恶关头——当时井场又没有重晶石粉压井的危急时刻，铁人王进喜挺身而出，当机立断，勇于拍板，毅然决定用固井水泥压井，他拖着伤腿率先跳进泥浆池用身体搅拌泥浆，一举制服了井喷。面对物资匮乏、设备短缺，远不具备生产条件的困境，王铁人心急如焚，发出"有条件要上，没有条件创造条件也要上"的呐喊，人拉肩扛，一呼百应，连创奇迹。

他说"我要为党和人民做一辈子老黄牛"。王进喜同母亲商量后给全家定了一条规矩：公家的东西一分也不能沾。铁人有严重的关节炎，上级领导为照顾他，给他配了一台威力斯吉普车。王进喜就用它来送料、送粮、送菜、拉职工看病，成了大队的公用车。这台车工人、干部都可以用，唯独自己家里人不能用。老母亲病了，还是大儿子用自行车推着奶奶去卫生所看病。王铁人的节俭精神是出名的。一件老羊皮跟随他大半生，从大西北转战到大东北，遮风御寒几十年。家里铺床不领公家给每户都发的床垫子而铺干草。下基层检查指导工作骑摩托车自带干粮袋。从拣回每个旧螺丝钉、废零件到成立回收队。铁人的节俭精神无处不在，无人不晓，在油田被传为佳话，以至形成誉满油田内外的著名的"回收队精神"。

铁人大公无私，侠骨柔情。如果说铁人是一面旗帜，那么王进喜却说，我们争的不是自己的一面小红旗，我们要争全国这面大红旗。他传授钻井方法、为兄弟队送上钻机部件……王进喜不仅仅是铁人，也是有血有肉的普通人。他对战友之爱、对群众之爱、对亲人之爱，远远胜过他自己，甚至在铁人心中只有别人，唯独没有他自己。他对别人之爱总是关怀备至、细致入微。工人患病，铁人亲自求医问药，甚至出外开会也带上患者就医；职工有难处，铁人亲自排忧解困，甚至多年寄钱孝敬其母；铁人仅有的一次出国，带回来的外国货是"热得快"，为的是大家喝水、吃药方便。铁人在工作中是攻坚克难的钢铁硬汉，在群众中却是侠骨柔肠、春风送暖。王进喜千方百计为职工家属解决落户和就业困难，但自己的亲戚从老家来找他给安排工作，他一个也没给办。

为真实再现铁人王进喜爱国主义、忘我拼搏、艰苦奋斗、科学求实、无私奉献的精神，根据大庆铁人王进喜纪念馆展出资料，2018年8月7日，中央纪委国家监委网上展馆推出"感受铁人精神，走进大庆铁人王进喜纪念馆"专题，把铁人精神概括为以下五个方面。①

一是历经苦难，赤诚报国。在灾难深重的旧中国，王进喜受尽苦难。1949年，玉门获得解放，王进喜从此翻身得解放，当家做主人。1956年4月29日，王进喜光荣地加入了中国共产党。入党后不久，又担任了钻井队长，他带领贝乌5队全力打好翻身仗，提出"月上五千，年上双万"的口号，创出月进尺5009.3米的全国钻井最高纪录，成为"钻井闯将"，推动了全国石油钻井事业的发展。

二是为国分忧，艰苦创业。20世纪60年代，在外受经济封锁、内遇自然灾害的严峻形势下，松辽大地上展开了一场震惊中外的石油大会战。在这场具有转折意义的夺油大战中，铁人王进喜以为国分忧、为民族争气的爱国主义精神，带领贝乌5队知难而进，提出"有条件要上，没有条件创造条件也要上""宁肯少活二十年，拼命也要拿下大油田"的口号，以震撼民族的英雄壮举，带动大会战迅猛发展。高速度、高水平拿下了大油田，甩掉"贫油落后"帽子，成为英雄的铁人。

三是脚踏实地，求真务实。铁人王进喜是吃苦耐劳、敢打硬仗的实干家，更是坚持把冲天革命干劲和严格科学态度结合起来的典范。他尊重知识，刻苦学习，勤于思考，勇于创新，取得一系列技术革新成果，推动了钻井技术和工艺的发展。他善管理、求实效，苦练硬功夫，用丰富的知识和经验指导打井实践，确保工程质量，为油田负责一辈子。

四是率先垂范，廉洁自律。铁人王进喜从普通工人成长为领导干部，当选为全国人大代表。他牢记党的宗旨，功高不自傲，密切联系群众，满腔热忱地帮助职工解决实际困难。他对自己和家人严格要求，一辈子甘当党和人民的"老黄牛"，为我们树立了勤政廉洁的公仆形象。

五是鞠躬尽瘁，奋斗不已。铁人王进喜一生光明磊落、追求真理。"文革"期间，他坚持为党工作，不顾个人安危，旗帜鲜明地捍卫大庆红旗；油田生产形势恶化，他忍辱负重，排除干扰，深入基层组织生产，千方百

---

① 《感受铁人精神，走进大庆王进喜纪念馆》，中央纪委国家监委网站，http://www.jjjc.yn.gov.cn/mobile-view-57475.html，2018年8月7日。

计做解放干部工作，扭转原油"两降一升"的被动局面；在生命的最后一刻，他心系石油，心系群众，向往未来，决心要"再干20年"。

二、"话说铁人精神"

2016年至2018年，《大庆社会科学》登载了中共大庆石油管理局委员会宣传部部长韩福魁的系列文章《话说铁人精神》，系统阐述王进喜的优秀品质和高尚精神。主要包括：一以贯之的自信精神；坚如磐石的跟党情结；"匹夫有责"的爱国精神；孜孜不倦的苦学精神；不畏艰难的创业精神；脚踏实地的求实精神；勇于担当的主人翁精神；标新立异的创造精神；敢为人先的冠军精神；"严"字当头的"较真"精神；两袖清风的廉洁精神；鞠躬尽瘁的公仆精神；艰苦朴素的节俭精神；一尘不染的律己精神；正气凛然的斗争精神；远见卓识的超前精神；公而忘私的奉献精神；一往无前的奋进精神；多有建树的思辨精神；无所畏惧的拼搏精神；勇于负责的担当精神；质朴豁达的乐观精神；矢志不渝的执着精神；坚持不懈的追梦精神。

一以贯之的自信精神。[①]铁人王进喜从小到大，从平民到英雄，终生都是一位自信心极强的人。铁人的自信精神主要表现为：在黑暗中自信，迎来黎明；在光明中自信，争当先锋；在艰难中自信，堪称英雄；在胜利中自信，创造辉煌；在逆境中自信，再立新功。对于王铁人来说，没有"金色的童年"，只有苦难的油娃；青少年时期他在同命运抗争中自信，迎来黎明。玉门解放后，王进喜生活工作大变样，当家作主心向党；入党提干当模范，玉门关上立标杆。他领导的贝乌5队被玉门矿务局命名为"钢铁钻井队"，王进喜被誉为"钻井闯将"。大庆的石油大会战是在困难时期、困难的地方、困难的条件下展开的。面对难以想象的"三难"，王进喜没有半点犹豫，毅然决然勇往直前，知难而进，迎难而上，他信心百倍地对战友们说："有条件要上，没有条件创造条件也要上！"王铁人在胜利面前，更是不骄不躁、信心百倍。对于取得的成绩，从不沾沾自喜，从不满足现状，总是抬高起点，继续攀登。"文革"中，他不惧淫威，捍卫真理："就是把

---

① 韩福魁：《一以贯之的自信精神》（《话说铁人精神》之五），《大庆社会科学》2016年第5期。

刀架在脖子上，我也不能承认大庆红旗是黑的！"王进喜的全部人生充分说明，"跟着共产党走，死也不回头"。铁人的一以贯之的自信精神，是他的人性中最重要、最优秀、最宝贵的精神之一。

矢志不渝的信仰精神。[1]铁人王进喜的信仰精神主要表现在：相信党，热爱党，紧跟党走；加入党，为了党，为党争光；忠于党，献身党，诠释党魂。铁人王进喜对共产党的坚信不疑，来源于铁人的切身经历、感同身受，"信神没有用，信命没有用，就得跟着共产党、毛主席干革命。"他把对党的深情大爱落实到坚决听党的话、永远跟党走、脚踏实地为党干的行动上，一干就是几十年。他努力工作，埋头苦干。参加护矿斗争，昼夜巡逻，积极负责；当上钻工，勤学实干，很快被提为司钻；抗美援朝，带头募捐，拿出一个月工资参加购买"石油工人号"战斗机；当班长，率先垂范，带领全班打井最好最快，走在全队前列成为先进班。铁人对党赤胆忠心，矢志不渝。从基层干部到领导干部，从普通党员到中央委员，他终生不曾忘记自己是个钻工，终生不曾忘记当一个人民的忠实的勤务员。王进喜的革命初心主要包含四个要点：一是不仅坚决跟党走，还要像革命前辈那样豁出命来干；二是光知道报恩不行，要彻底革命，为老百姓多办事，为解放受苦人而奋斗；三是光自己干好不行，得会发动大家干、全体干，学会把自己的想法变成大家的想法；四是光想干好不行，还得知道自己的不足，不断改造自己的思想。铁人是这样想的，也是这样说的，更是这样干的。

不屈不挠的奋斗精神。[2]铁人的奋斗精神主要表现在：为油拼搏，鞠躬尽瘁；实事求是，开拓创新；生命不息，奋斗不止。一是铁人的奋斗有很强的目的性，为油拼搏，鞠躬尽瘁。铁人王进喜47年的人生，绝大部分时间都关联着石油，与石油结缘33年。大庆石油大会战时，条件太差，困难太多，铁人斩钉截铁地说："不就是个死吗？我是豁出来了，只要上午拿下油田，下午倒在钻台上也是痛快的！"他反复说："我这辈子，就是要为国家办好一件事，快快发展我国石油工业。"二是铁人的奋斗有很强的科学

---

① 韩福魁：《矢志不渝的信仰精神》(《话说铁人精神》之六)，《大庆社会科学》2016年第6期。

② 韩福魁：《不屈不挠的奋斗精神》(《话说铁人精神》之七)，《大庆社会科学》2017年第1期。

性，实事求是，开拓创新。铁人是个聪明的人。在工作中他是一个肯于动脑、善于动脑，勤于思想、善于思想的人。他脚踏实地、求真务实、精思细琢，常在奇思妙想中亮出惊人大招儿。王铁人是"严"字当头、作风过硬。办事情，干工作，就是要做到"三老四严"①。铁人是一个公认的敢想敢干，有勇有谋的实干家。他的拼搏奋斗，总是脚踏实地，胸有成竹，往往一炮打响，别开生面。在石油大会战中有很强的影响力和号召力。他深信群众的力量，勇于开创新局面，在众志成城中改变一切。铁人讲事理，从不迷信权威，特别不迷信洋权威。三是铁人的奋斗有很强的持续性，生命不息，奋进不止。甚至在患癌症晚期、生命弥留之际，铁人依然坚定地说："治好病，回大庆再好好干它几十年！"不屈不挠的奋斗精神是铁人精神中一个非常优秀、非常重要、非常宝贵的精神分支。说其"非常优秀"，是由于形成这一精神分支的精神要素和精神元素非常优秀；说其"非常宝贵"，是说铁人的奋斗精神不同于一般人的奋斗精神，而是有其不同寻常的特色内涵和时代风采。

至高无上的爱国精神。②铁人王进喜的爱国精神是至高无上的，主要表现为：痴心爱国，一心朴实，矢志不渝；敬业爱国，为油拼搏，功勋卓著；奉献爱国，大公无私，风范长存。铁人对社会主义新中国之爱是忠贞不贰的、无可比拟的、超乎一切的。在铁人的心中，社会主义的新中国是至高无上的，国家的利益高于一切。只要事关国家、为了国家，无论什么情况、无论多么艰难，他都思想明确、态度积极、行动坚决，从无半点犹豫。铁人的痴心爱国，突出表现在勇于为国担当，而且是高质量、高水平的担当。事关国家利益、攸关国家大局，铁人总是想在前、说在前、冲在前。特别是在艰难时刻、在紧要关头，铁人更是挺身而出、敢于做主、敢于表态、敢于担当、敢于负责。铁人选择了石油爱国之路。他为石油拼搏，冲锋陷阵，奋勇当先。在玉门油田，实现了"月上千、年上万、祁连山上立标杆"的初始目标；到大庆的石油大会战中，他是五面红旗之首。铁人的敬业爱

---

① "三老"是指当老实人，说老实话，办老实事；"四严"是指严格的要求，严密的组织，严肃的态度，严明的纪律。

② 韩福魁：《至高无上的爱国精神》（《话说铁人精神》之八），《大庆社会科学》2017年第2期。

国，是敢想敢干、开拓创新的敬业，更是标新立异、独树一帜的爱国。铁人的爱国，是痴心爱国、敬业爱国，归根结底是奉献爱国。即奉献于国、奉献于党、奉献于人民。也就是为石油拼搏一辈子，奉献于国家；为人民甘当老黄牛一辈子，奉献于人民；为革命艰苦奋斗一辈子，奉献于党的事业。

不畏艰难的创业精神。[①]铁人王进喜是困难时期的创业强者，困难地方的创业硬汉，困难条件下的创业闯将。1960年，是新中国连续三年自然灾荒最严重的一年。面对全国性的饥荒，有人犹豫了，有人动摇了，甚至有人当了逃兵跑掉了。在如此大灾大难面前，铁人斩钉截铁地说："有也上，无也上，天大困难也要上！""天下刀子也要上！"这就是艰难创业中强者的抉择、强者的气概、强者的魄力。1960年的大庆是一望无际的大荒原，自然环境恶劣，不具备人类最基本的生活条件，更谈不上基础设施了。面对如此艰难困苦之地，有人面露难色，有人一片茫然。铁人对大家说，"咱钻井工人天不怕、地不怕，敢把困难踩脚下。""石油工人一声吼，地球也要抖三抖！""有也上、无也上！"铁人"干"字为先，脚踏实地，说干就干。诸如人拉肩扛、盖干打垒、修交通车站、成立回收队，等等；铁人"敢"字当头、思想解放、敢说敢闯。诸如，"祁连山上立标杆""一年钻井十几万"、建铁人学校、基地变成小社会、全国人均半吨油，等等；铁人"创"字开路、标新立异、勇创善创。诸如，屡创钻井新纪录、钻机整体搬家、"并车起钻""增压打井""三泵齐开""大填满""小填满"、优选参数钻井，等等。铁人的创业实践，充分地展现了王铁人作为一个卓越创业者的辉煌业绩和英雄风采；雄辩地说明了铁人创业精神的优异无比和潜力无穷。石油大会战仅用了三年多时间就拿下了世界级的大油田，粉碎了贫油论、甩掉了落后帽、实现了新中国的石油自给。

别开生面的苦学精神。[②]铁人的苦学精神，别开生面。学文化翻山越岭，学出思想，学出境界，学出自我；学技术突破创新，学出水平，学出突破，学出超越；学哲学开拓进取，学出眼力，学出定力，学出潜力。对

---

① 韩福魁：《不畏艰难的创业精神》（《话说铁人精神》之九），《大庆社会科学》2017年第3期。

② 韩福魁：《别开生面的苦学精神》（《话说铁人精神》之十），《大庆社会科学》2017年第4期。

于年近30岁的王进喜来说，学习的起步之晚、起点之低、难度之大是超乎寻常的。王进喜曾深有感触地说："学会一个字就像搬掉一座山，我要翻山越岭去见毛主席"。由此可知，铁人对学习的全身心投入更是超乎寻常的。石油钻井工程是一种科技含量非常高，风险性非常大的系统工程。铁人曾经深有体会地说："技术是取胜的法宝，我们要想打好井，一凭过硬的思想作风，二靠过硬的技术本领。"铁人学技术，既向师傅学，也向书本学，更向实践学；在干中学，在学中干，边干边学。铁人苦学"两论"（《实践论》《矛盾论》），如饥似渴，孜孜不倦，受益匪浅。铁人说，"千矛盾，万矛盾，祖国建设急需要油而国家又缺油这是主要矛盾"。他立足会战，学有所用，业绩非凡；他学思不辍，勤奋耕耘，日积月累，素质飙升；他学出了眼力、学出了定力、学出了非凡的软实力，成为石油大会战的突出旗帜和标杆。

坚忍不拔的求实精神。[①]铁人王进喜具有坚忍不拔的求实精神。铁人的一生诚实做人，一切以真诚对待；崇尚实干，一切以实干为本；立足现实，一切从实际出发。铁人的一生，是执着求实的一生。王进喜诚实做人，一切以真诚对待，"三老"到底、秉实而终。铁人无论对组织、对工作、对领导、对群众，都是以真诚相待；说实话，动真情，办实事。王进喜崇尚实干，一切以实为本，生命不息、奋斗不止。铁人的求实精神尤其体现在身体力行的实践中、工作中，体现在不畏艰难、顽强拼搏的石油大会战中。铁人有一句尽人皆知的铿锵话语："不干，半点马列主义也没有。"工人们说："我们身上有多少泥，铁人身上就有多少泥；我们身上有多少汗，铁人身上就有多少汗。"王进喜立足现实，一切从实际出发，思想解放、敢想敢干。铁人常跟大家说：干工作，要干一、看三、想着五；看问题，不能只盯着自己的脚面面，要有大眼光。铁人看的不仅仅是国内的石油钻井最高水平，而是世界上发达国家的石油钻井最高水平。铁人坚忍不拔的求实精神，在大庆石油会战和大庆油田的开发建设中，得到了淋漓尽致地发挥，成就了辉煌的事业，铸就了壮丽的人生。

---

① 韩福魁：《坚忍不拔的求实精神》（《话说铁人精神》之十一），《大庆社会科学》2017年第5期。

　　勇于担当的主人翁精神。[1]铁人王进喜的国家第一、担当第一、实干第一、责任第一、奉献第一的理念，是崇高的国家主人翁精神的集中体现。在铁人的思想意识中，世界虽然充满矛盾，但是国家第一。铁人带领大家学习"两论"谈体会时说，"这困难，那困难，国家缺油是最大困难；千矛盾，万矛盾，祖国建设需要油而国家又缺油这是最主要矛盾"。铁人立下人生的誓言："我这辈子，就是要为国家办好一件事：快快发展我国的石油工业。"铁人的这种国家至上、勇于为国担当的主人翁精神，完全超越了个人家庭利益的狭隘，也完全超越了所在单位利益的局限。在铁人的心中，人生虽然充满欲望，只能担当第一。新中国成立前，铁人的最大欲望是斗倒地主，过上不受压迫，不受剥削的好日子；新中国成立后，铁人的主要欲望是干好主人活，用他自己话说："主人不能干长工活"；特别是入党后，他"坚决听党的话，誓死跟党走""当一个人民的忠实的勤务员"。铁人的一生，充满了为公的众多欲望，条条欲望都紧密地连结着实实在在的担当。铁人的一生，就是勇于担当的一生。他几十年如一日地为党担当、为国担当、为油担当、为民担当。一切欲望皆姓"公"，一切担当皆为"公"。对铁人来讲，会战虽然充满困难，唯有实干第一。铁人说过："说一千，道一万，社会主义要靠干，不干半点马列主义也没有。""有了困难怎么办？这就像打仗一样，不能退下来。有条件要上，没有条件创造条件也要上，天大的困难也要上。"铁人认为实干才是解决困难的唯一途径。人拉肩扛运钻机，铁人一马当先；破冰取水抢开钻，铁人身体力行；盖干打垒候车室，铁人身先士卒；基地建成小社会，铁人率先垂范。在铁人看来，工作虽然充满变数，必须责任第一。铁人无论干什么工作都时时处处奉行责任第一。用他自己的话来说，就是"对油田负责一辈子，经得起子孙后代的检查。"这是一种名副其实的国家主人翁的意识和境界。对铁人而言，生活虽然充满选择，总归奉献第一。铁人的选择既明确又单一，铁人的奉献既无私又彻底。铁人全心全意为人民，唯独没有自己；他奉献于石油，宁可少活20年，这就是国家主人翁的无私奉献精神。

---

　　[1] 韩福魁：《勇于担当的主人翁精神》（《话说铁人精神》之十二），《大庆社会科学》2018年第2期。

三、铁人精神研究

我们今天能够见到的、公开发表的、对铁人精神内涵最早的规范的表述形成于1990年4月，它就是《大庆企业文化辞典》中关于"铁人精神"的词条。①"铁人"精神内涵丰富，主要是："为国分忧、为民争气"的爱国主义精神；为"早日把中国石油落后的帽子甩到太平洋里去""宁肯少活20年，拼命也要拿下大油田"的忘我的拼搏精神；为革命"有条件要上，没有条件创造条件也要上"的艰苦奋斗精神；"要为油田负责一辈子""干工作要经得起子孙万代检查"，对技术精益求精，为革命"练一身硬功夫、真本事"的科学求实精神；"甘愿为党和人民当一辈子老黄牛"，不计名利，不计报酬，埋头苦干的高尚情操；"当了干部，还是个钻工""决不能特殊，决不能高人一头"，时时处处严格要求自己，谦虚谨慎、戒骄戒躁，永做普通劳动者的可贵品格；热爱同志、关心同志，千方百计解决群众疾苦的深厚无产阶级感情；刻苦学习马列著作和毛泽东著作的高度自觉性。这一精神是王进喜朴素的阶级意识在党的培养教育下、在为新中国石油工业奋斗中的升华，是中华民族的传统美德在共产主义思想照耀下的结晶，是"铁人"自身的品格与石油战线许许多多先进人物精神境界的融合。它作为大庆企业精神的重要组成部分，有着不朽的价值和永恒的力量。②该词条首先将铁人精神内涵概括为四种精神，即爱国主义、忘我拼搏、艰苦奋斗、科学求实。继而又概括出一个高尚情操、一个可贵品格、一个无产阶级感情、一个学习的高度自觉性。后来关于铁人精神内涵的大多数研究成果身上都带有它的影子。

2003年，这一年是铁人王进喜同志诞辰80周年。《铁人精神：推进企业发展的不竭动力》一文把铁人精神概括为五种精神。即，铁人精神是"爱国、创业、求实、奉献"的大庆精神的典型化、人格化。其主要方面包

---

① 于洪波、王晓琴：《铁人精神研究的主要成果及其存在的问题》，《大庆社会科学》2009年第2期。

② 傅广诚主编：《大庆企业文化辞典》，上海：上海人民出版社，1999年，第166页。

括："为祖国分忧、为民族争气"的爱国主义精神；为"早日把中国石油落后的帽子甩到太平洋里去""宁肯少活20年，拼命也要拿下大油田"的忘我拼搏精神；干事业"有条件要上，没有条件创造条件也要上"的艰苦奋斗精神；"要为油田负责一辈子""干工作要经得起子孙万代检查"，对工作精益求精，为革命"练一身硬功夫、真本事"的科学求实精神；不计名利，不计报酬，埋头苦干的"老黄牛"精神，等等。[①]

这个表述肯定了铁人精神同大庆精神之间的联系，即铁人精神是大庆精神的典型化和人格化。1981年12月18日，中共中央转发国家经委党组《关于工业学大庆问题的报告》，以中央文件的形式肯定了国家经委党组对大庆精神的概括：发愤图强、自力更生、以实际行动为中国人民争气的爱国主义精神和民族自豪感；无所畏惧、勇挑重担、靠自己双手艰苦创业的革命精神；一丝不苟、认真负责、讲究科学、"三老四严"、踏踏实实地做好本职工作的求实精神；胸怀全局、忘我劳动、为国家分担困难、不计较个人得失的献身精神。1990年2月，江泽民同志到大庆油田视察工作，高度评价了大庆精神，并把大庆精神概括为"为国争光、为民族争气的爱国主义精神；独立自主、自力更生的艰苦创业精神；讲究科学、'三老四严'的求实精神；胸怀全局、为国分忧的奉献精神"。

1990年初，大庆石油管理局党委宣传部部长韩福魁，将铁人精神的内涵概括为10个方面：艰苦奋斗的创业精神、忧国忧民的爱国精神、敢攀高峰的冠军精神、攻坚啃硬的拼搏精神、破除迷信的求实精神、勤政为民的公仆精神、鞠躬尽瘁的奉献精神、识字搬山的苦学精神、克己奉公的自律精神、勇于负责的主人翁精神。[②]10年后，他在《漫谈学铁人》《再谈学铁人》《三谈学铁人》等文中，将铁人精神概括为17种精神和1种方法，即自信精神、创业精神、主人翁精神、求实精神、苦学精神、冠军精神、爱国精神、节俭精神、公仆精神、友爱精神、律己精神、"叫真"精神、奋进精神、创新精神、超前精神、奉献精神、乐观精神和思辨方法。2016年至2018年，他又在《大庆社会科学》发表系列文章《话说铁人精神》，如前

---

① 中共大庆石油管理局委员会：《铁人精神：推进企业发展的不竭动力》，《求是》2009年第17期。
② 韩福魁：《思旅撷珠》，北京：中国文联出版社，2004年，第75页。

所述，不再赘述。

大庆市委党校马英林教授认为，"铁人精神中最积极最具有生命活力的'因素'"有八个，即崇高的精神信仰、积极的人生态度、厚重的情感寄托、科学求实的思想作风、坚忍不拔的意志品格、勤奋刻苦的工作精神、高度的社会责任感以及不断进取的创造意识。[①]后来，他又从"思想性内涵"和"人本性内涵"角度诠释了铁人精神的内涵。[②]铁人精神的"思想性内涵"包括：终始如一，真诚坚定的马克思主义的精神信仰；矢志不渝，壮怀激烈的爱国主义情怀；积极向上，乐观负责的人生态度；坚忍不拔，无难不克的意志品格；积极刻苦，认真牺牲的工作精神；严细认真，一丝不苟的工作作风；解放思想，实事求是的思想方法；奉献人民，自强不息的价值追求；感恩社会，挚爱大众的道德人格；艰苦奋斗，不知疲倦的生命活力。铁人精神的"人本性内涵"包括：真是铁人精神的鲜明品格；善是铁人的伦理特征；美是铁人精神的人格魅力。

第三节　"西沟精神"

媒体中的"申纪兰"形象是在劳模、人大代表、妇女、党员干部、农民的身份间更换。申纪兰作为妇女，在早期报道中具有男性化特征，具有"铁姑娘"特征；作为人大代表，她是中国民主和法制的见证人；作为劳模和党员干部，她是人民群众的贴心人。这些形象随着时代主题变化。

一、"男女同工同酬"提出者

1950年，全国妇联出台的《全国妇女运动方针与任务》指出："在基础较好的老区对于发动妇女参加农业生产，要求达到妇女劳动力的50%到70%，较差的地方达到妇女劳动力的40%。"1953年4月，中国妇女第二次

---

① 马英林、静德纯：《从铁人精神到三相文化》，《大庆社会科学》2006年第3期。
② 马英林：《试论铁人精神的丰富内涵》，《大庆社会科学》2008年第1期。

全国代表大会通过的《关于今后妇女运动任务的决议》要求："在农村中做妇女工作，必须以教育、组织妇女参加农业生产为中心，使她们成为爱国增产、增加单位面积产量的重要力量。"1954年全国妇联在《关于当前农村妇女工作的指示》提出："在国家过渡时期，农村妇女工作的最中心的任务是教育和组织广大农村妇女热烈拥护和踊跃参加互助合作为中心的大生产运动。"1956年1月23日通过的《1956—1967年全国农业发展纲要（草案）》提出："7年内做到每一个农村妇女全劳动力，每年参加生产劳动的时间不少于120个工作日。"[1]

参加农业生产劳动，申纪兰自己没有问题，她脚大，能受，又年轻，是把好手。但作为李顺达农业生产合作社的副社长，她的主要任务是发动全社妇女参加生产劳动，这是个大难题。那时候妇女是"大门不出，二门不迈"，在平顺县就有"好男走到县，好女走到院"的古训。男人们常说："下地受苦是汉们的事，媳妇就是做做饭，缝缝衣，生个孩儿。"女人们也说："嫁汉嫁汉穿衣吃饭，自己能去劳动，还用着嫁人？"在当地，只要男人不在家，不管谁叫门，女人就会说："没人啊！"可想而知，申纪兰要发动妇女参加农业生产劳动何等困难。

申纪兰白天劳动，晚上就挨家挨户去做妇女工作，反复对她们讲，社里是按劳分配，参加劳动就能挣工分，挣了工分就能分红利、分粮食。有几个年轻妇女被申纪兰说服了，跟着她参加生产劳动。但到锄小麦的时候，社里人手还不够，需要发动更多的妇女参加生产劳动。

李二妞是秦克林的媳妇，不出门不学习不开会，干什么手脚都很慢，连秦克林都不拿正眼瞧她。这让申纪兰找到了抓手，如果李二妞能下地劳动，其他妇女的工作也就迎刃而解了。申纪兰不厌其烦地做李二妞的思想工作：参加劳动能多挣工分，可以买新衣裳穿，她丈夫不敢蔑视她，妇女们在一起说说笑笑很热闹。李二妞心动了，第二天就下地了。傍晚，村里的广播喇叭表扬了李二妞，这对没有下地的妇女有很大的触动，出现了羊群效应。第二天，全村妇女全部下地锄小麦，仅用三天时间就锄完35亩

① 中国妇女管理干部学院编：《中国妇女运动文献资料汇编》（第二册），北京：中国妇女出版社，1988年，第78、179页。

麦地。

　　早在19世纪80年代初，恩格斯就指出："妇女解放的第一个先决条件就是一切女性重新回到公共的事业中去。""在工资还没有废除之前，争取男女同工同酬始终是所有社会主义者的要求。"①国际劳工组织1919年通过的《国际劳工组织章程》规定"男子与女子应对同值的工作领取同等的报酬"；1951年颁布了《男女工人同工同酬公约》，"不因性别不同而规定有差别的报酬标准。"②中国于1990年9月7日批准《男女工人同工同酬公约》，同年11月2日该公约对中国生效。

　　中国男女同工同酬问题始于山西省长治市平顺县西沟村，申纪兰的名字也因此家喻户晓。1951年12月10日，以李顺达互助组为依托的西沟初级农业合作社正式成立，李顺达当社长，申纪兰为副社长。西沟合作社成立之初，就实行了工分制，男人记10分工，妇女只记5分工，人称"老5分"。为此，有些妇女不愿意下地了，说还不如在家纳鞋底，纳一双鞋底还能挣3升米。

　　一天，年轻妇女张雪花和汉子们去耙地。通常是男人蹬耙记10分工，女人牵牲口记5分工。上午，是女人牵牲口，男人蹬耙；下午，张雪花不服气，要求自己蹬耙，男人牵牲口。刚开始张雪花找不到重心，蹬不稳耙，过了一会儿，她就适应了。耙到地头，她下耙，提耙，转过横头，再放耙，上耙，自如了许多。晚上，经过申纪兰和张雪花的斗争，张雪花和汉子们记成了一样的工分，即10分。

　　以此为契机，申纪兰向社里提出男女同工同酬问题。男人们还是不同意，妇女们就同男人们开展了劳动竞赛，让成绩说话。一是撒肥比赛。社里把男女分别安排到不同地块，地块面积差不多，人数也一样。妇女们争先恐后，学着申纪兰的示范动作，不到中午就完成任务了，而男人们还没干完。二是间苗比赛。男人们认为间苗是技术活，妇女们不行，没想到妇女们心灵手巧，更有优势。她们间苗又快又好，大多数超过了男人。三是锄苗比赛。锄第二遍，要求锄得深，比较费力气，男人们自恃力气大，心

────────

①《马克思恩格斯选集》第4卷，北京：人民出版社，1972年，第70、452页。

②任扶善：《世界劳动立法》，北京：中国劳动出版社，1991年，第248页。

想这一下能把妇女比垮，有人还用上了高难度的"王登高耘锄"的改良农具。妇女们不甘示弱，申纪兰和几个强壮的妇女也学会了使用"王登高耘锄"。比赛结果，妇女和男人都锄得又好又快。三轮比拼下来，男人们心服口服，她们终于争取到男女一样的劳动记一样的工分，就是"男女同工同酬"。

申纪兰带领妇女们争取同工同酬的故事，被《人民日报》记者蓝邨发现，她写了长篇通讯《劳动就是解放，斗争才有地位》，发表在1953年1月25日的《人民日报》上。该通讯一经发表，即轰动全国，各省党报全文予以转载。从此，申纪兰名扬天下。这一年，她光荣地加入中国共产党，被评为全国劳动模范，进京出席了全国第二次妇女代表大会，并被选为全国妇联执委会委员。她还作为中国妇女代表团成员，出席了在哥本哈根举行的世界妇女大会。

《人民日报》的这篇通讯把男女"同工同酬"作为一个重大命题凸显出来，并真正开始纳入中共中央的视野。在这篇通讯发表前两个月，著名妇运领袖章蕴在全国妇联举办的妇女工作会议上做了《关于当前妇女工作问题的报告》，指出互助合作中的"同工同酬"问题，也将男女工分相等作为"同工同酬"的最终目标。① 不过，这一报告更多还只是在妇女工作系统中的一个政治宣传。但是，当《人民日报》这篇报道出现以后，中共中央以及领导人就不断提到男女"同工同酬"问题，并正式制定相关政策。1953年12月16日，中共中央通过了《关于发展农业生产合作社的决议》，明确提出男女同工同酬的概念，同工应该同酬，不同工则不同酬，男女应一视同仁。② 1954年9月，男女"同工同酬"正式写入《中华人民共和国宪法》，《宪法》第48条第2款规定："国家保护妇女的权利和利益，实行男女同工同酬。"把"同工同酬"政策推向广泛和深入的，是1955年农业合作化高潮时毛泽东给三篇文章做的按语，即《邢台县民主妇女联合会关于发展农

---

① 中国妇女管理干部学院编：《中国妇女运动文献资料汇编》（第二册 1949—1983年），北京：中国妇女出版社，1988年，第147页。

② 当代中国农业合作化编辑室：《建国以来农业合作化史料汇编》，北京：中共党史出版社，1992年，第174页。

业合作化运动中妇女工作的规划》《妇女走上了劳动战线》《在合作社内实行男女同工同酬》，三篇文章都强调男女同工同酬原则。领袖的三个批示发出后，男女"同工同酬"政策迅速在各地普遍推广。

二、妇女劳动模范

2007年，《人民日报》发表了《申纪兰的根与本》[①]。申纪兰的根本可以用三句话概括，一是"我的根在西沟村、在农民中，就应该在这里生根发芽"。不管申纪兰获得多高荣誉多大职务，她始终坚持不变的就是"不离开西沟村，不离开劳动岗位"。当她在为难中就任省妇联主任时，申纪兰郑重其事地向组织提出："我永远是一个普通农民，不领工资，不转户口，不定级别，不配专车。允许我经常回西沟参加劳动。"二是"党员干部的本色是啥？是劳动，是奉献，是服务"。干活、劳动，不仅是申纪兰多年的习惯，而且是她的爱好。三是"群众的事，该帮的不帮，该说的不说，心里过不去"。她全心全意为群众服务。这就是申纪兰，"一名本色厚重的共产党员，一名朴素的农村干部，一位心地善良的普通农民。"

奋斗不息的艰苦创业精神。申纪兰所在的西沟村，是一个山高石头多，出门就爬坡，水贵如油、石厚土薄的贫瘠山区。为了改变贫困面貌，她以"愚公移山"的精神，带领群众战天斗地，改天换地。在征服大自然的一场又一场战斗中，申纪兰不怕苦，不怕累，抢脏活，干重活，既是指挥员又是战斗员，真正发挥了模范带头作用。她和西沟人民硬是用自己的双手，使光秃荒凉的石头山变成了郁郁葱葱的松柏山，乱石滚滚的干河滩变成了平整肥沃的高产田。初步实现了当年"山上绿油油，牛羊满山坡，走路不小心，苹果碰着头"的规划。申纪兰脚踏实地，奋力拼搏，排除万难，艰苦创业，集中力量把经济工作搞上去，把各项工作搞上去。[②]

"两不脱离"的优良作风。不脱离劳动，不脱离群众，是申纪兰几十年

---

① 安洋:《申纪兰的根与本》,《人民日报》2007年3月3日。

②《中共长治市委关于授予申纪兰同志"太行英雄"称号暨向申纪兰同志学习的决定》(1992年2月29日),《长治日报》1992年3月4日。

来坚持不懈的传统作风。她深刻认识到，"离开了水，再好的鱼也活不成"。她经常对人说："不是西沟离不开我，是我离不开西沟。"她把经常参加劳动，与群众同甘共苦，看作是劳模的本分和对自己的基本要求。在她看来，再小的事，只要对人民有利，自己就有责任去做。村里农产品积压，她到河北、安徽等地找销路；村民外出务工无门，她四处联系帮助揽活；谁家买不到化肥种子，她帮助购买；村里吃水困难，她拿出自己2万元的奖金帮助打井。邻里乡亲，不管谁有了困难，她总是挺身而出，尽力帮助。西沟旧貌换新颜，到处凝结着申纪兰的辛劳和汗水。她时时处处把群众利益放在心上，一直把实现共同富裕作为自己追求的目标。关心集体比关心个人为重，关心他人比关心自己为重。在社会上，她是著名劳模，是领导干部；在家里，她是孝敬公婆的好媳妇。婆婆八十多岁时，双目失明，她成年累月，服侍左右，被传为佳话。几十年来，她始终保持不脱离群众、不脱离劳动的传统，即使在担任领导职务后，仍然坚持住在西沟，坚持参加劳动，真正与群众打成了一片。

艰苦朴素的生活习惯。申纪兰始终保持着劳动人民艰苦朴素、勤俭节约的本色，生活上十分节俭，工作中反对铺张浪费，坚持把每一分钱都用在刀刃上。近年来村民收入和生活水平明显提高，不少人住上了楼房，现代化家具一应俱全，而她时刻惦念着那些困难群众，长期居住在简陋老屋，家里的摆设也是几十年前的。她外出开会或为群众办事，坚持不领补助，不报销差旅费。市里给她配的小汽车她很少使用。在发展社会主义市场经济的新形势下，这种艰苦朴素的作风，尤为难能可贵，深得群众赞誉。

奋力开拓的创新精神。申纪兰既坚持发扬党的优良传统，又坚持与时俱进、开拓创新。20世纪五六十年代，她和李顺达一起带领西沟人民自力更生、艰苦奋斗，把一个几乎不具备生存条件的旧西沟建成全国农业战线的一面红旗。党的十一届三中全会后，她致力改革开放，带领西沟人民解放思想、大胆改革、不断创新，打破传统农业发展模式，充分挖掘西沟自然人文资源，大力发展多种产业，实现了由单纯依靠农业到农林牧副工商旅游全面发展的巨大转变，使西沟村焕发出新的生机。①

《申纪兰的市场观》②把申纪兰描写成为懂市场和企业管理的企业家形象。申纪兰有闯市场的勇气和信心，"闯市场就闯市场，难道比当年石头上栽树还难，比上战场还可怕？"她知道市场的优胜劣汰法则，"发展是硬道理，要跟着市场的胃口走，市场不管你原先有多典型，不管你是西沟还是东沟，不赶紧往前走，人家都进步了，咱就落后了。"她能根据市场变化及时调整产品生产，"建个能改动的炼炉，跟着市场转……就像我们农家的炒瓢，既能炒土豆丝，也能炖南瓜。"

申纪兰向县委书记解释"商品、企业形象、生产要素"等含义："商品就是用来交换的劳动果实，比如西沟的苹果，留着自家吃就不是商品。企业形象就是指企业在社会大众中留下的好坏印象。"申纪兰懂得市场营销的重要性，"我不比明星长得俊，但我这个人靠得住，打纪兰牌就是打诚信牌。"每逢五一、国庆节，她还要身披绶带去长治太原的街头吆喝，去大型企业跑推销。申纪兰明白市场主体的责、权、利的统一，"亲兄弟，明算账，犯不上谁谢谁。关键要强调的是责、权、利，大家的利益捆绑在一起。"她重视产权关系，在与夏普赛尔公司合作失败时，"申纪兰提出产业重组，通过章程、契约等形式，把利益关系和分配关系明细化、制度化。"申纪兰重视企业人才培养，"董事长要首先懂市场，我们不能看谁乖巧就让谁当干将，有些乖巧者只知道讨好董事长，不知道讨好市场。""一个能人可以搞活一个企业，一个庸人也可以败坏一个企业。"申纪兰"实现了农业劳模向企业家的转变"，而不再是"只会作忆苦思甜和传统教育的报告"的老太太。

《三秋树，二月花：通讯〈申纪兰的市场观〉采写体会》交代了该文写作的宗旨与技巧。作者的旨意不是写好人好事，而在于发挥劳动模范的榜样引领作用。"（申纪兰）她的意义在于引领亿万农民，引领成千上万的基

---

① 《中共山西省委关于开展向申纪兰同志学习活动，加强党员干部作风建设的决定》（2007年3月22日），《山西日报》2007年3月26日。

② 郝斌生、王占禹、张维敬：《申纪兰的市场观》，《长治日报》2006年12月9日；《农民日报》2006年12月28日；《老劳模的市场观》，《人民日报》2007年2月25日。该文荣获第17届"中国新闻奖"通讯三等奖，被人民网、新华社网等转载。

层干部，引领读者跟着我们进行分析和洞察，把握实质面目和未来趋势。通过谛听申纪兰的话语，感受到她那与时俱进的跫音，感受到中国农民的前进步伐。"[1]

三、信念坚定、廉洁奉公的共产党员

申纪兰有坚定的政治立场和社会主义信念。申纪兰出身于农民家庭，是20世纪50年代入党的老党员，对党有着深厚的感情。她常说："我的一切是党给的，我就要把一切献给党，永远听党话，跟党走。"她坚信，社会主义道路是中国人民的历史选择，只有社会主义能够救中国，只有社会主义能够发展中国。她认定，"要让红旗飘万代，重在教育后一代"，从严治党和教育青年是坚持社会主义方向的千秋大业。这种坚定的社会主义、共产主义信念，是她由一个普通农民成长为一个优秀共产党员、全国著名劳动模范的精神支柱和力量源泉。这种对共产主义的坚定信仰，对社会主义的坚定信念，对党和人民的无限忠诚，给了她无穷的力量和强烈的责任心。她把党和人民的利益看得高于一切，从不做任何有损党和人民利益的事情，敢于同一切损害党的形象、损害人民利益的行为作坚决的斗争。[2]

申纪兰有廉洁奉公的人民公仆本色。申纪兰既是全国著名劳动模范，又在各级党政机关和群众团体担任过许多领导职务。她的知名度高了，但为人民立新功的精神从来没有变。地位变了，但人民公仆的本色从来没有变。无论在哪个岗位，她都自觉遵守党纪国法，严格执行领导干部清正廉洁的各项规定，讲操守、重品行，始终保持高尚的精神境界。村里创办"纪兰饮料公司"，她说只要规规矩矩经营，老老实实纳税，对村民增收有利，她的名字可以用。有人想借她的名气搞歪门邪道，她说"给个金山也不干"，坚决予以回绝。她担任领导职务后，组织上多次要给她转户口、定

---

① 王占禹、郝斌生：《三秋树，二月花：通讯〈申纪兰的市场观〉采写体会》，《新闻战线》2007年第6期。

② 《中共长治市委关于授予申纪兰同志〈太行英雄〉称号暨向申纪兰同志学习的决定》(1992年2月29日)，《长治日报》1992年3月4日。

级，她总是说，党给她的太多了，她对党贡献太少了，至今还是农村户口。她为集体外出办事，能省一角省一角，能省一分省一分，有时还把自己的钱贴进去，把"勤俭办社"的方针落实到了行动上。在实行家庭联产承包责任制以后，她带头不搞权力承包。在有些人崇尚拜金主义的情况下，她一次又一次拒绝了一些人给她的所谓"好处费""辛苦费"。她说："我是农民代表，只能代表人民利益，不能只顾个人利益。"村民要给她塑铜像，她说铜像金像不如老百姓心中的好形象。就是这样，她以实际行动在人民群众心中塑起了一个真正党员领导干部的良好形象。[①]

四、中国人大制度建设的"常青树"

作为唯一连任十三届的全国人大代表，申纪兰是中国民主法制建设进程的见证人、亲历者，被称为"中国人大制度建设的活化石、常青树"，曾有国际友人将她比喻为中国资格最老的"国会议员"。

第一届全国人民代表大会给申纪兰留下的印象最深，那年她才25岁。在这次会议上，她感到最重要的事情就是选毛泽东为国家主席。1954年9月，中国第一届全国人民代表大会在北京召开。山西代表团有4位妇女：申纪兰、英雄刘胡兰的母亲胡文秀、著名歌唱家郭兰英、临汾地区领导李辉。除此之外，申纪兰记忆中最深刻的人代会还有一次，那是1975年召开的第四届全国人民代表大会，周总理带病作最后一次政府工作报告。"我当时听说周总理生着病，看他那么瘦，还站在台上作报告，很多代表都流下了眼泪，感动得不断鼓掌，总理也感动得坐下又站起来。我记得当时总理只报告了一大部分就没能继续下去，大家只能含着眼泪去讨论了。"[②]

每当谈起自己连续当选一至十三届全国人大代表，申纪兰感慨不已："这是党和人民对我的信赖，我这个代表决不辜负人民的重托，我要坚决听党话，跟党走。"申纪兰对群众普遍关心的"三农"、教育、惩治腐败等问

---

① 《中共山西省委关于开展向申纪兰同志学习活动，加强党员干部作风建设的决定》（2007年3月22日），《山西日报》2007年3月26日。

② 张保恩、翟玉成：《申纪兰：我当人大代表60年》，《检察日报》2014年9月22日。

题都提出过建议和议案。她说："我是农民代表，我要为农民代言，我要了解他们的要求愿望，反映他们的困难和心声。"①

改革开放前，媒体对申纪兰的关注重点是"妇女、劳动模范"；改革开放后，尤其是2004年人大成立50周年和2009年新中国成立60周年之后，媒体关注的重点是她的"人大代表"身份。对申纪兰而言，"劳动模范"和"人大代表"的身份有一致性，她是因为"全国劳动模范"而成为"第一届全国人民代表大会代表"。1951年9月，22岁的申纪兰任西沟农业初级合作社副社长，发动和带领全村妇女参加劳动，争取实行"男女同工同酬"。1952年秋，长治地区召开互助工作会议，申纪兰作为妇女代表出席会议，并在会议上介绍了她怎样动员妇女出工，怎样争取同工同酬的经过。1953年1月25日《人民日报》发表通讯《劳动就是解放，斗争才有地位——李顺达农林牧生产合作社妇女争取男女同工同酬的经过》，在全国引起轰动，申纪兰成为全国率先举起"男女同工同酬"大旗的第一人。1953年，申纪兰被评为农业劳动模范，1954年她以农民代表的身份出席第一届全国人民代表大会。

对申纪兰而言，"全国劳动模范"和"全国人大代表"的内涵也是一致的。作为人大代表，她说："作为一个人大代表要为农村老百姓说话，实实在在地了解农民的愿望和需求，尽力把农村普通百姓的声音带到人大会议上，做好中国农村百姓的代言人。"认为"党员干部的本色是啥？是劳动，是奉献，是服务"。作为全国劳动模范，申纪兰不离开西沟村，不离开劳动岗位，她说："我的根在西沟村、在农民中，就应该在这里生根发芽。""不是西沟离不开我，是我离不开西沟。"并说"劳动模范不劳动，还叫什么劳动模范"。这两种身份都统一在她对党的深厚感情："我的一切是党给的，我就要把一切献给党，永远听党的话，跟党走。""我就是一个老农民，没文化、没水平，就是对党有感情。没有党的教育培养，就没有我申纪兰的一切，党给我太多了，我对党的贡献太少了。"②

① 王宁：《唯一连任十一届的全国人大代表申纪兰》，《人民日报》2011年4月28日。
② 曹新广、王国红：《信念：申纪兰逸闻轶事》，太原：三晋出版社，2013年，第6、10页。

第四章　劳模形象塑造

> 　　劳动模范形象是从两个方面塑造出来的，在现实生活和日常工作中，基于他们的先进事迹和精神品质被评选为劳动模范，并受到党和国家领导人的嘉奖；在艺术作品中，主创人员根据国家意识形态的需要塑造劳模形象，这些劳模形象是受众需要学习、崇敬的楷模，而不仅仅是认同的对象。

第一节　"黄宝妹"形象及电影创作

　　由黄宝妹亲自主演的电影《黄宝妹》，是在社会主义劳动竞赛背景下拍摄的，表现她的技术革新精神。"黄宝妹"用群众运动的方式开展劳动竞赛，依靠工农群众发展技术，在社会主义劳动竞赛中发扬大协作精神。在影片中，"黄宝妹"摒除一己私欲，只有工作和事业，将全身心献给党和国家。

一、"黄宝妹"形象

　　1958年初，毛泽东在《工作方法六十条（草案）》中提出："现在要来一个技术革命"，并要求"从1958年起，要在继续完成政治战线上和思想战线上的社会主义革命的同时，把党的工作的着重点放到技术革命上去。

这个问题必须引起全党注意"。①一场以手工业操作机械化、半机械化、自动化、半自动化为中心内容的技术革新和技术革命的风暴席卷了整个中国，全国各行各业掀起了一个改进工具、改进操作方法以及各种发明创造的运动。本文以《黄宝妹》②为例，探讨技术革新和技术革命运动中的"七仙女"③形象。

（一）敢于"技术革新"

在影片《黄宝妹》中，黄宝妹的技术革新主要体现在"逐锭检修"这场戏里。这场戏以黄宝妹与一个中年技术员老戴的争执展开，争执的焦点是黄宝妹提出由挡车女工做检修工作，技术员坚决反对。为此，他们开展了一场"是机器掌握人还是人掌握机器"的大辩论。

技术员老戴的理由是：第一，黄宝妹小组的机器是"老爷车"，比黄宝妹年龄还要大，要想在这种车子上出优级纱是找不出理论根据的。按照现在技术的要求，像这样的车子早应该报销了。三线罗拉出优级纱，哪本书上都没有说过；至少他搞纺织工作十多年来，没有听说过。第二，挡车工人来做检修工作是不可能的。每一件工作，都有它的专行，挡车工主要是看好八百只锭子，接好头，做好清洁工作，检修工作是保全工人的事情。挡车工人做了检修工作，看锭子一定会受到影响。即使劳模黄宝妹可以逐锭检修，其他普通工人也做不到。

黄宝妹针对技术员提出的理由，逐一加以驳斥：第一，机器是"老爷车"，可人不是"老爷"，人是决定一切的。领导要求她们开展技术革命，找出产生二级纱的根源，从根本上消灭二级纱，争取出优级纱。要是挡车工不懂机器、不掌握技术，还谈什么技术革命呢？也不可能出优级纱。第二，现在她们都实行了郝建秀工作法，断头比以前减少，有时间来做这项工作。同时，黄宝妹还算了一笔账：一个细纱车间共有14000个锭子，以

---

① 中央文献研究室编：《毛泽东文集》（第七卷），北京：人民出版社，1999年，第351页。

② 电影《黄宝妹》，编剧陈夫、叶明，导演谢晋，主演黄宝妹，天马电影制片厂1958年7月摄制，1958年9月上映。

③ 晋代《搜神记》称七仙女为"天之织女"。七仙跟织女星一样，是织布的仙女。

三班来计算，有三个副工长做检修，平均每人要看4600多锭，如果是挡车工人来看，只需看240只，这就近似于1∶20，更有助于出优级纱。最后，黄宝妹在中共党委的支持和鼓励下获得成功。

黄宝妹在中共八大二次会议前夕，曾提出过"逐锭检修"的主张，也得到了纺织工业部领导的支持，但最终没有成功。黄宝妹老人告诉笔者，当时纺织女工工作强度很大，她们能做好本职工作就不错了，根本没有时间来检修机器。另外，女工们文化水平低，对修理机器是外行，学不会。[①]那么，为什么影片还要大肆渲染这个情节呢？因为"逐锭检修"符合技术革新和技术革命运动的需要。在"逐锭检修"这场戏中，表现出黄宝妹在技术革新中"敢想、敢说、敢做"，她不顾"老爷车"的实际情况，发挥主观能动性，硬是要在"老爷车"上生产出优级纱，也与当时"左"的精神一脉相承。

（二）追求"高速度"

追求高速度是"鼓足干劲，力争上游，多快好省地建设社会主义"的总路线的灵魂。总路线的基本精神是"用最高的速度来发展我国的社会生产力"，"速度是总路线的灵魂"，"快，是多快好省的中心环节"，[②]强调只有"高速度"才能多快好省地建设社会主义。总路线提出后，高指标、瞎指挥、虚报风、浮夸风、"共产风"盛行，各地纷纷提出不切实际的目标，片面追求工农业生产和建设的高速度，大幅度地提高和修改计划指标。

《黄宝妹》中的"高速度"主要体现在黄宝妹带领小组成员在四个半小时里"消灭白点"。影片是从黄宝妹向李素兰学习技术开始，有一天，在早班休息的时候，支书告诉黄宝妹说李素兰七天消灭了白点。第二天早晨，黄宝妹就率领全体组员到国棉七厂学习李素兰的先进技术，在学习过程中，她们发现了一个问题：李素兰纺的是细支纱，这个方法在黄宝妹小组的粗支纱上不管用。大家都很灰心，只有黄宝妹不这样认为，还是聚精会神地学习李素兰的操作技术。李书记看到这种情况后，就及时地启发黄宝妹要

---

① 2007年11月2日于黄宝妹家中访谈黄宝妹。裔式娟也曾做过类似的解释。

② 胡绳编：《中国共产党的七十年》，北京：中共党史出版社，1991年，第351页。

创造性地劳动，找出消灭白点的方法和从根本上消灭二级纱。从那天起黄宝妹就记住李书记对她的嘱咐，一心一意地想着怎么去消灭接头白点和消灭二级纱，争取出优级纱。坐在饭桌旁，走在马路上，睡在床上，她都在想着接头……经过努力，她终于想出了消灭白点的接头方法。多次实验之后，黄宝妹消灭白点的接头方法获得成功。

紧接着，消灭白点的擂台赛就打响了。有些组员借机提出用黄宝妹的接头方法半个月内消灭白点的倡议，得到大家拥护，人们连夜布置擂台大赛的会场。第二天，横幅挂了起来。厂门口的大路上黑压压地挤满了人，人们情绪热烈。李书记在动员大家，要求工人们在一夜之中创造五十种奇迹，向上海市工代会献礼。他说："在神话里，最会纺纱织布的是天上的七仙女，但是，仙女是不存在的，真正的仙女是我们的纺织女工！"①台上贴着二工场黄宝妹小组提出到本月底消灭白点的倡议书。突然，三工场人冲上擂台，她们提出三天消灭白点，向黄宝妹小组"本月底消灭白点"挑战。大家热烈地鼓掌，锣鼓不停地敲着，向三工场人表示祝贺。这时，四工场人也不甘示弱，提出在两天内消灭白点，大家鼓掌更热烈了。四工场的人刚下台，身材高大的女工杨桂珍跳上台去，她们二工场甲班四工区提出一天消灭白点，大家疯狂地鼓掌，锣鼓声更喧闹了。

随后，黄宝妹小组临时会议在黄宝妹家里召开，讨论小组采取什么办法来回应杨桂珍小组的挑战。她们意识到自己不是冒进而是保守了。她们不甘心落后，下决心要力争上游，迎头赶上，最后决定在五小时内消灭白点，来挑战四工场。

消灭白点的战斗开始了。当天晚上，厂里到处灯火辉煌，大家都在紧张地做战斗前的准备工作。休息室里，黄宝妹正在向她的组员们介绍接头动作。突然，竞赛对手杨桂珍带领她的组员闯了进来，请黄宝妹给她们传授消灭白点的方法。大家被这突如其来的"意外"镇住了，绝大部分组员极力反对：一则时间紧急，她们自己也只有五小时时间了；再则杨桂珍就是她们竞赛的对手。但影片中的黄宝妹没有这样去想，认为大家应该发扬共产主义协作精神，互相帮助，互相学习，她毅然决定帮助杨桂珍小组。

---

① 陈夫、叶明：《访问黄宝妹》，天马电影制片厂，1958年7月26日。

接班的汽笛长鸣，苦战五小时开始了，黄宝妹小组紧张地战斗着，可是黄宝妹却不在自己的组里，她正在教杨桂珍小组学接头方法。厂里干部在车间里不停地做鼓动工作，有的给工人倒开水，有的在拧手巾给她们擦汗。经过三小时的苦战，黄宝妹小组消灭白点的人越来越多，最后只剩下一个人还没有消灭，她技术差一些。只见那个组员脸上汗如雨下，手在慌忙地接头，黄宝妹走过来协助她，手把手地教她……最后一个消灭白点的黑板举起来了，组员们跳跃、拥抱。她们仅用四个半小时全部消灭白点，而以往这是需要半年才能做到的事情。

什么是白点？就是在接头的时候，如果接得不好，纱布上就会出现一些白点。白点多了，织出的布匹就是次布。所以在"大跃进"的时候，首先提出消灭白点这个口号。消灭白点是生产优级纱的关键之一，当时这在西方发达国家也是很少提到的，它需要高超的技术水平。另一位全国劳动模范裔式娟在向上海纺织女工提出的竞赛条件中，消灭白点也占很重要的地位。为此，全上海的纺织工人都向这小小的白点进军，做好前人所不敢想的事。1958年5月《中国妇女》发表评论，认为黄宝妹、裔式娟、浦玉珍等人以首创精神对待自己的劳动，不受生产定额的约束。她们在和时间赛跑，想办法在短而再短的时间里消灭"白点"，最后竟由一个多月缩短到几小时，甚至在一个多小时就消灭了"白点"。①据黄宝妹老人现在忆述，在当时的技术水平下，她们不可能彻底消灭白点，只是减少一些而已。②消灭白点在纺织工业领域里被看作是一项重要的技术革命，而事实上，她们所做的只是工艺方面的变革，还算不上真正的技术革命。

（三）发扬"大协作"精神

随着技术革新和技术革命运动的高速度推进，大协作的重要性也越来越突出了。大公无私、舍己为人、相互支援、共同提高是共产主义协作精神的主要特征，在当时也是以工人阶级世界观对待生产的具体表现。

影片《黄宝妹》歌颂了黄宝妹的协作精神，主要表现为她与张秀兰换

---

① 集思：《先进更先进》，《中国妇女》1958年5月号。
② 2007年11月2日于黄宝妹家中访谈黄宝妹。

弄堂。影片中的黄宝妹为了带动大家共同学习郝建秀工作法，她主动用自己的好车子和张秀兰的不好使用的"老爷车"对调，在张秀兰认为没有办法减少断头和白花的机器上做出了优异的成绩，以自己的模范行为感化了思想落后的张秀兰，使全小组成员都成为先进经验的积极推广者。情节是从张秀兰讲述黄宝妹和她换弄堂的事情经过开始的，那时候车间里正在推广郝建秀工作法，黄宝妹是组里的"小先生"，大家还没学习好，信心也不高，有的人根本不想学。张秀兰更是没有心思学，她看的那台车子特别脏，飞花多，断头多，生活难做。她认为机器老了，学习郝建秀工作法也没有用。每次张秀兰那台车子出得白花都比大家多，有时一天超过30两。小组里只有黄宝妹的白花最少，在七两上下。黄宝妹一有空就来帮助张秀兰接头，并劝她学习郝建秀工作法，但张秀兰总认为是机器问题，而不是自己的技术问题，不愿意学习，自认倒霉。

这种状况没有维持多久，矛盾爆发了。这天，张秀兰又出了很多白花，大家在议论她，她非常生气，就站起来一面解工作服、摔帽子，一面埋怨那台"老爷车"，气愤地要走。黄宝妹向组长看了一眼，心平气和地劝张秀兰消消气；希望她能学习郝建秀工作法，只有提高技术才能掌握机器。也有女工附和着说机器是要人掌握的，学习工作法的时候不好好学，现在倒耍起脾气来了。张秀兰生气地站住了，质问大家：谁技术好谁就来与她换弄堂，看她能不能弄得好？这下可把全组人都震住了，黄宝妹也在踌躇。一会儿，黄宝妹走过来，表示自己愿意与她交换弄堂，试一试。张秀兰听后又惊奇又高兴，惊奇的是真有人愿意与她换，高兴的是自己再也不要吃死弄堂的苦了。

第二天，张秀兰便在黄宝妹车子上工作了。她走到自己的白花袋面前看一看，白花是不多，她得意地笑了。她再走到原来死弄堂口，看到黄宝妹的白花多了。又探头看到黄宝妹紧张地工作着，比平时也忙乱些。这好像再一次证明了她的观点：机器总是机器，人还强得过机器去？黄宝妹在紧张地忙碌着，一会儿换粗纱，一会儿抹寸管花，一会儿奔过来搞飘花……直到中午休息时，她还在弄堂里换钢丝圈，修锭子，观察车子的毛病。

到下午，情况就发生了变化。汽笛声响起，下午的工作开始了。张秀兰在弄堂里东摸一下，西摸一下。黄宝妹坚持工作法在巡回，她接上一个断头，又紧张地注意做过记号的锭子。她在卷车面，包粗纱，细纱安然地从她修过的锭子通过。黄宝妹虽是手里紧张，但还是不慌不忙地巡回着。倒是张秀兰开始忙乱了，东接一个头，又往西跑；西接一个头，又往东跑。张秀兰脸上出了汗，黄宝妹镇静下来，精神饱满。汽笛吼叫，一天的工作完了。一袋袋的白花又拿到磅秤旁，大家注意着黄宝妹和张秀兰，看看今天到底谁的白花出得少。张秀兰的一袋白花磅一下，"20两"。统计员推了磅秤过来磅黄宝妹的白花，"18两"。黄宝妹微笑着，组长也放了心。张秀兰困惑了，明明上午黄宝妹的白花少，为什么一天下来她的白花又多了呢？

不久，张秀兰的弄堂又变成了老样子，飞花遍地。她忙乱地东接一个头，西接一个头，又像无声电影中的人物似的，从东窜到西，从西窜到东。而黄宝妹的弄堂则清爽多了，她安详地巡回着，做清洁工作。张秀兰再也没有什么话可说了，又累又气，病倒了。黄宝妹买了水果和药来看她，并做她的思想工作，使张秀兰认识到学习郝建秀工作法的重要性。在张秀兰的家中，黄宝妹用桌子和条凳搭成弄堂的形状，向张秀兰讲述巡回工作法，边讲边做。从那以后大家都积极认真地学习郝建秀工作法，再也没有什么死弄堂了，每个弄堂都干干净净。

蔡楚生认为，影片《黄宝妹》表现出她诚挚谦虚、顽强劳动、刻苦钻研的不断革命精神，而这种精神正是那个时代最宝贵的和值得大家学习的精神。他说：影片《黄宝妹》表现了从1953年起一直保持着全国劳动模范的荣誉的纺织女工黄宝妹的真实事迹，影片通过对黄宝妹的真实事迹的艺术地叙述，动人地揭示出黄宝妹的高尚的共产主义品质，表现出她把方便让给别人、把困难留给自己的优美风格和她的敢想、敢说、敢做的革命精神。[①]

1959年7月，电影局召开故事片厂长会议，指出纪录性艺术片的成绩和不足。一方面认为纪录性艺术片《三八河边》《黄宝妹》等及时迅速地反映了"大跃进"的现实；另一方面认为这些影片还存在一些不足：反映群众"大跃进"的斗争劳逸不均，片面地强调生产指标，只表现苦战夜战，

———————————

① 蔡楚生：《试论纪录性艺术片》，《电影艺术》1960年第10期。

对新的技术创造缺乏冷静的科学分析，缺乏正确的描绘；对专家与知识分子的描写脸谱化，几乎毫无例外地都是保守或落后分子，怀疑群众的发明创造。①这中肯地评价了纪录性艺术片中的人物形象。

二、"纪录性艺术片"创作

1958年5月23日，文化部要求纪录性艺术片要反映"新人新事"，推动社会主义建设事业的迅速前进。②刚刚经历了"反右"的电影艺术家，惊魂未定，正处于茫然不知所措的境地，一听说"纪录性艺术片"是社会主义文艺的"萌芽"，绝处逢生，便纷纷去培植。③

（一）创作过程

1958年5月，文化部要求纪录性艺术片在"大跃进"中发挥作用。各制片厂要"面向大跃进，又多又快地生产适合于广大劳动人民需要的影片，增加反映工农业跃进题材的影片的比重，加强对技术革命和文化革命的报导和宣传，推广先进经验和群众创造的技术革新"。④在这种形势下，上海天马电影制片厂的创作人员当月就召开了一次创作思想跃进会。会议对1957年影片中的资产阶级思想和修正主义倾向作了批判，指出编导们的政治热情衰退了，认为他们的思想远离了时代。其实，这不是一次学术性的探讨，而是一场兴无灭资的斗争。⑤最终，天马电影制片厂决定拍摄一部反映劳动模范生活工作的电影。

导演谢晋负责去采访青年中的模范人物。上海团市委工作人员向谢晋

①《关于提高艺术质量的报告（节录）》，载于吴迪编：《中国电影研究资料1949—1979》（中卷），北京：文化艺术出版社，2006年，第271页。

②《文化部关于促进影片生产大跃进的决定》，载于吴迪编：《中国电影研究资料1949—1979》（中卷），北京：文化艺术出版社，2006年，第185页。

③陈荒煤：《论纪录性艺术片》，北京：中国电影出版社，1959年，第3页。

④《文化部关于促进影片生产大跃进的决定》，载于吴迪编：《中国电影研究资料1949—1979》（中卷），北京：文化艺术出版社，2006年，第200页。

⑤谢晋：《深刻的教育，愉快的协作——拍摄"黄宝妹"工作散记》，载于陈荒煤编：《论纪录性艺术片》，北京：中国电影出版社，1958年，第46页。

介绍了许多青年的"大跃进"事迹，供他挑选。其中，他们着重介绍了黄宝妹，报纸上也能经常看到她的事迹。从1953年起，她一直保持先进旗帜的称号。团市委工作人员还特别强调，在这次"大跃进"中，黄宝妹小组创造了四个半小时消灭白点的奇迹。事情也很凑巧，天马电影厂的副厂长和黄宝妹曾一同去北京参加过"八大"，认识黄宝妹，他告诉谢晋：这人很活跃，非常喜欢看电影，据说还会唱越剧。谢晋很快想到，若是把黄宝妹的事迹写成电影剧本后，让她自己来演自己，效果会更好，对观众会有极大的说服力。①谢晋的想法得到副厂长的鼓励和支持。黄宝妹向笔者证实了这种情况："谢晋厂的厂长和我一起开过会，他告诉谢晋：黄宝妹很活跃，也很漂亮。谢晋就来我家看我，和我聊聊。当时我还不知道什么意思，后来就决定我自己演自己。"②

没多久，导演谢晋就到国棉十七厂去采访黄宝妹。第一次采访，谢晋没有见到黄宝妹，那时候她很忙，经常参加一些社会活动。即使在厂里，她也很忙，夜班完了，白天还要在厂里开会；做早班，晚上也很晚才回家，所以谢晋约她很多次才见着面。那次，谢晋趁黄宝妹上夜班前的几小时空隙，匆忙赶到她家里去访问，见到了黄宝妹，也看到了她的母亲、爱人和孩子，一家人住在两间十分简单朴素的平房里。他们谈得很愉快，也很随便。当黄宝妹听说谢晋要把她的事迹拍成电影时，她笑着说："我没什么，我的事情很平常，有什么可以值得拍电影呢！"③黄宝妹第一次给导演的印象是一位和蔼可亲、谦虚诚实、普普通通的劳动者。

随着编导对黄宝妹的深入了解，他们发现黄宝妹确实是个普通的劳动者。编导掌握的材料的确像黄宝妹自己说的那样——"我没什么，我的事

---

① 谢晋：《深刻的教育，愉快的协作——拍摄"黄宝妹"工作散记》，载于陈荒煤编：《论纪录性艺术片》，北京：中国电影出版社，1958年，第46页。1958年11月1日，夏衍《在讨论艺术片放卫星座谈会上的报告》中针对演员紧张问题指出："放卫星必须走群众路线，没有其他方法。我们除抓电影演员之外，要抓话剧演员，还可以找地方戏演员，还可以抓工人、农民和学生等业余演员。"载于吴迪编：《中国电影研究资料1949—1979》（中卷），北京：文化艺术出版社，2006年，第214页。

② 2007年12月18日于上海黄宝妹家中访谈黄宝妹。

③ 谢晋：《深刻的教育，愉快的协作——拍摄"黄宝妹"工作散记》，载于陈荒煤编：《论纪录性艺术片》，北京：中国电影出版社，1958年，第46页。

迹很平常，这是党的领导和小组同志的努力。"① 若按照当时的戏剧法则去衡量，材料显得太"平"，没有戏剧情节，因为黄宝妹数年如一日地在细纱车旁劳动，不是人们想象的那样——全国劳动模范一定有可歌可泣的、惊人的、与众不同的事迹，实际上她只是一个普普通通的纺织女工。这让编导为难起来，既然要写黄宝妹真人真事，就不能随便凑情节。为此，他们苦恼了一段时间。

后来，袁文殊的讲话给谢晋很大的启发。他曾批判受"戏剧法则"束缚的创作人员，认为形式是为内容服务的，决不能让内容迁就形式。② 在一次汇报工作的会议上，谢晋谈到有关纪录性艺术片的样式问题和真人真事的处理问题，当时有各种不同的意见。主持会议的袁文殊说："不要太多地考虑'形式'，只要能感动人就行，花猫、白猫，只要能捉耗子就是好猫，不要拿形式来束缚我们，过去的形式如不能表现今天新的形势，那就突破它。"③ 这段话给谢晋很大启发，他就决定写自己感受最深的东西。比如，在访问黄宝妹的过程中，他们听到很多说起来平凡但做起来却又不简单的事迹，他们想，如果把这些事迹写出来拍成电影，就一定能达到教育观众的目的。

在准备拍摄时，创作人员又遇到一些具体问题：④

其一，电影《黄宝妹》是写人还是写事？这是创作人员首先要解决的问题。经过讨论，创作人员明确要表现人，因为纪录性艺术片与故事片不同，不能一味地去追求戏剧情节；它必须是真人真事，力求在真人真事里寻找戏剧性的情节，寻找人与人之间的各方面关系。瞿白音批评了有些纪录性艺术片写事不写人的现象。他认为，文学艺术的主要描写对象是人的精神面貌，而某些纪录性艺术片却陷入了生产技术过程的解释，减弱了对

---

① 谢晋：《深刻的教育，愉快的协作——拍摄"黄宝妹"工作散记》，载于陈荒煤编：《论纪录性艺术片》，北京：中国电影出版社，1958年，第46页。

② 袁文殊：《新的生活要求新的表现形式——试谈纪录性艺术片的创作》，载于陈荒煤编：《论纪录性艺术片》，北京：中国电影出版社，1958年，第66页。

③ 袁文殊：《新的生活要求新的表现形式——试谈纪录性艺术片的创作》，载于陈荒煤编：《论纪录性艺术片》，北京：中国电影出版社，1959年，第10页。

④ 陈夫：《一次新的尝试——"访问黄宝妹"剧本创作杂感》，载于陈荒煤编：《论纪录性艺术片》，北京：中国电影出版社，1959年，第36页。

人物思想感情的刻画；在那些影片中，生产技术过程像一块磁石那样把作者吸住，竟有欲罢不能无法超脱之苦。①但写人也不是在写传记，完全忠实于生活实际。最初编剧只抓住了黄宝妹在"大跃进"中的表现，从这方面赞扬她不断革命的精神，以"乘风破浪的人"为题写了一个初稿。初稿是以黄宝妹从工会副主席重新回到生产岗位开始，接着描述她消灭白点创造优级纱，并向高速度开车前进等事迹。以此为主题进行到一半时，编导们发现只抓住这一点，不足以表现人物。后来大家研究决定，还是抓住她的共产主义风格为好，以此说明这位全国劳模自1953年来红旗不倒的原因，不仅从生产中，也从她的日常生活、待人接物中表现了她的先进品质，她不断革命的精神包括在共产主义风格里。

其二，如何确定电影《黄宝妹》的主题？开始时，创作人员想以"乘风破浪的人"为题，表现黄宝妹不断革命的精神；也想过用"人要掌握机器"这样的主题，可是他们总觉得这些主题都不能完全概括黄宝妹作为全国劳动模范的精神品质。厂领导也参加了确定主题的讨论。最后他们决定不从概念上去找，而是从感受最深的地方去发掘，大家一致认为：黄宝妹是一位普普通通的劳动者，身上却闪耀着共产主义风格，这就是影片所要表现的主题。创作人员从观众的角度去考虑如何拍摄这部电影：观众一定想看到劳动模范是怎么成为模范的；劳动模范到底跟普通人有什么不同；应该向劳动模范学习什么；自己能不能也做个劳动模范等。他们创作时注意到这些内容，影片企图给予这样的答案：劳动模范也是普通的人，只要肯努力，劳动模范做到的事，普通人也一定能做到。创作人员在思想上有了比较明确的认识：要写黄宝妹是一个普普通通的劳动者；要写她平凡中的不平凡的品质；要写普通人中间的高尚的情操；要用模范人物的思想教育观众。

其三，是否只突出黄宝妹的个人作用？假如这方面处理不好，那么黄宝妹作为一个先进人物的条件也就破产了。陈荒煤指出，在电影中不去表现中国共产党和群众的力量与作用，而是歌颂个人奋斗，就是资产阶级和

---

① 瞿白音：《加强改造、解放思想、勇于创作、不断提高》，载于陈荒煤编：《论纪录性艺术片》，北京：中国电影出版社，1959年，第249页。

小资产阶级思想和观点。[①]创作人员在研究材料中发现，模范人物之所以具备不断前进的品质，正是因为她们一直生活在群众中。她们紧密地联系群众，随时随地地向群众学习技术，又经过她们的钻研提高后，再回去帮助群众。在联系、帮助群众中，尽管她们也遭到过冷淡和嫉妒，但她们不是去考虑个人得失，而是从工作出发去团结群众。影片里出现的许多场面，如影片开始时黄宝妹向一个普通工人学接头等，都是在这个思想指导下完成的创作。这说明黄宝妹是在群众中成长起来的劳动模范。

其四，怎样处理对立面问题？生活中每时每刻都有斗争，并且是多方面的。编剧在创作《访问黄宝妹》剧本时，在处理对立面人物方面遇到了困难。因为剧本是以真人真事为依据，如果将对立面的真人真事也写上去，会给对方造成伤害，产生副作用。何况，有些对立面的人物，他们的全部行为也不都是落后的，只是在某一具体事件中才是对立面。经过讨论，创作人员把对立面人物综合虚构成一个形象，即编剧，以假姓名出场。

（二）中共党委领导、群众和电影创作人员的"三结合"

20世纪五六十年代，文艺界提出并践行了"三结合"的创作方法。文艺上的"三结合"主要是指文艺工作者在本单位和地方党委领导的帮助下，参与实践，走群众路线。"三结合"的具体内容在不同行业有不同含义，但主要是指中共领导干部、专家和群众相结合。

其一，中共党委领导和专业创作人员相结合。

中共党委的领导主要是确保影片创作在政治上的正确性。这里的"中共党委领导"包括制片厂的中共党委领导和剧中事件所涉及的当地中共党委领导。影片《黄宝妹》就是在国棉十七厂和天马电影制片厂中共党委领导下完成的。电影剧本《黄宝妹》的创作先后有几十个人参加，国棉十七厂中共党委，天马厂中共党委和编导，黄宝妹小组二十几个人，越剧院在十七厂体验生活的庄志以及过去与黄宝妹有过接触的人，都直接或间接地参与了剧本创作活动。从接到任务的第一天起，国棉十七厂中共党委就发动和组织党员和群众对剧本主题进行讨论，并指派宣传部部长陈夫参加剧

---

① 陈荒煤：《坚决拔掉银幕上的白旗》，《人民日报》1958年12月2日。

本编写，以保证和监督创作人员对剧本的主题进行正确和充分的表现，这对后来影片内容、风格产生了重要影响。

电影正在拍摄的时候，文化部钱俊瑞副部长亲临现场指导。他鼓励黄宝妹今后不但要做演员，还要做编剧和导演。随行的周扬也说："现在群众创作的活跃程度超过专家了，群众写的诗，比许多诗人写的还要好，专家的创作要不赶上去，就会被群众抛在后面了。"①据黄宝妹忆述，那天她们正在化妆间里化妆，忽然听说钱部长来了，大家都高兴得不得了，正准备出去迎接他，他却走进来了，并对她们说："你们化妆吧！不要耽误你们工作。"说完他问导演："戏怎么样？"导演回答："工人很喜欢。"钱部长说："对了，不要管什么人讲闲话，说什么艺术性不高，只要我们工人喜欢，这就是我们的方向。"钱部长的话使黄宝妹她们都听入神了，也忘记和他握手，还是他走过来和她们一一握手，并对她们说："你们不仅可以作演员，将来还可以作导演、编剧。中国工人阶级自编自导上银幕，这是世界上也没有过的。"钱部长还特意指着黄宝妹说："黄宝妹就可以作导演。"钱部长的话给创作人员们很大鼓舞。②当时，黄宝妹还对钱部长说到国棉十七厂中共党委的大力支持，钱部长听了后说："是的，什么工作只要党委抓，就会有办法，什么问题都能解决。"③

中共天马厂党委指导电影结构安排。如何将黄宝妹的许多事迹串连起来构成一部影片？最初是一个难题。创作人员试图寻找一个可以贯穿全局的冲突，结果失败了。一方面是因为这些事件的矛盾性质不一样：在"换弄堂"那场戏中，对立面人物是不肯学习先进工作法的张秀兰；在"消灭白点"的斗争中，又是黄宝妹帮助小组成员打破本位主义，以共产主义协作精神支援竞赛对手；而"逐锭检修"这场戏，又是黄宝妹与技术员保守、

---

① 谢晋：《深刻的教育，愉快的协作——拍摄"黄宝妹"工作散记》，载于陈荒煤编：《论纪录性艺术片》，北京：中国电影出版社，1959年，第45页。另载于野兰、钢风：《访问黄宝妹——记一次意义深刻的访问》，《大众电影》1958年第19期，第7页。

② 谢晋：《深刻的教育，愉快的协作——拍摄"黄宝妹"工作散记》，载于陈荒煤编：《论纪录性艺术片》，北京：中国电影出版社，1959年，第45页。另载于野兰、钢风：《访问黄宝妹——记一次意义深刻的访问》，《大众电影》1958年第19期，第7页。

③ 野兰、钢风：《访问黄宝妹——记一次意义深刻的访问》，《大众电影》1958年第19期，第7页。

迷信思想进行斗争。另一方面是因为这些矛盾的表现形式也不同："换弄堂"是黄宝妹用舍私为公的实际行动，将杨秀兰的"死弄堂"变成"活弄堂"，教育了杨秀兰，使她得到了转变；"消灭白点"是黄宝妹以其共产主义协作精神带动群众解决矛盾；"逐锭检修"则是通过一场先进群众与保守技术员进行说理争辩来排除障碍。因此，创作人员原本设想那种贯穿全剧的冲突无法形成，特别是想用一个对立面人物来贯穿全剧更不可能，创作活动到这儿"窝工"了。这时，制片厂党委领导召集摄制组人员及一些其他人员开会，号召大家集思广益突破这个难关。最后，一位非本摄制组的创作人员想出了办法，就是利用一个电影编剧访问黄宝妹的形式，来完成串连事件的任务。编剧这个人物作为叙述者出场之后，结构问题迎刃而解，剧本很快写成了。[1]

在"三结合"的创作过程中，中共党委加强了对专业创作人员的领导。主要表现在两个方面：一方面，中共党委组织和发动全体党员和群众，参与影片的内容、风格、样式的讨论和确定。摄制组党支部强行改变了过去主要听命于导演等主创人员的状态，从接到剧本的第一天起，中共党组织就发动并且组织全组党员和非党员群众对剧本主题进行讨论，目的是保证和监督导演对剧本的主题进行正确的表现。另一方面，在影片拍摄过程中贯彻"多快好省"。在"大跃进"以前，摄制组一般是平均每天拍摄七八个镜头，最多十几个镜头。摄制组党支部认为效率太低了，与"大跃进"速度不相称，为了保证影片生产快速完成，他们在摄制组内大搞群众运动，提高拍片速度。[2]在快速度下摄制的纪录性艺术片难免粗制滥造。

其二，群众与专业创作人员相结合。

1958年5月23日文化部发出《关于促进影片生产大跃进的决定》，要求电影在编剧摄制过程中要充分走群众路线，组织和发动各地党政军、群众团体的工作人员参加编著、导演、演出等各项工作。强调摄制影片时必

---

①　钢风：《从〈黄宝妹〉剧作中看到一些什么问题》，载于陈荒煤编：《论纪录性艺术片》，北京：中国电影出版社，1959年，第56页。

②　陈育辛、任荣魁、辛夷：《谈影片摄制组中党的工作》，《中国电影》1959年第1期。

须服从当地中国共产党和政府的领导，充分尊重群众的意见。①周扬也认为发动群众搞电影创作，能提供很多创作素材，可以发挥他们的积极性。他说："现在群众创作诗的最多，其次是小说，其次是舞台剧，最后是电影剧本。一定要发动群众的积极性，大搞电影剧本。"②其初衷想用群众运动方式来改造知识分子，而事实上，群众的参与确实有助于加强电影创作的真实性和生动性。

在每场戏开拍前，只要时间允许，导演谢晋就和黄宝妹小组成员一起讨论、研究故事情节，在取得一致意见后拍出来的戏总是比较生动，相反，没有互相探讨而由导演决定如何拍、如何演的戏就显得不够真实。据黄宝妹说，影片中有一场越剧演员傅全香教她唱越剧的戏，她表演得就不自然，原因是这场戏导演没有询问她：越剧院演员如何辅导她？哪一次辅导的印象最深？如何处理才可以突出她生活中喜爱文娱活动？而是导演谢晋根据主观想象，直接安排傅全香教她身段，这就没有考虑到黄宝妹的具体条件，黄宝妹会清唱不太会身段，所以拍摄时她老没信心，注意力也不够集中。③结果，这场戏没能很好地突出黄宝妹热爱生活和热爱文娱的一面。

"逐锭检修"辩论会是由工人们创作完成的。工人们认为，原剧本中那些只言片语不足以反映生活中对立思想的本质，而且，不展开一场激烈的斗争也不足以表现这场斗争的严重性和现实意义。她们记起导演在挑选演员时，曾做过一次"小品"表演测验，测验的主题就是关于女工要不要参加"逐锭检修"。在群众的帮助下，技术员戴力勉的形象被塑造了起来，同时还在这场戏里安排了一场斗争形式的辩论会。

技术员的全部言行都是由工人演员们自己编写出来的。工人们依照生活的真实情景，经过加工创造出戴力勉这个人物。实际生活中，黄宝妹小组的技术员是一个"工作上勤勤恳恳，很负责任的人"，"每天六点上工，很晚才回家，不是一般的落后分子"。但反过来，由于他有一套旧的经验，

①《文化部关于促进影片生产大跃进的决定》，载于吴迪编：《中国电影研究资料1949—1979》（中卷），北京：文化艺术出版社，2006年，第199页。

②周扬：《对1959年艺术片主题计划会议的指示》，载于吴迪编：《中国电影研究资料1949—1979》（中卷），北京：文化艺术出版社，2006年，第228页。

③2007年12月18日于上海黄宝妹家中访谈黄宝妹。

对新鲜事物不敏感，所以认为"女工参加检修机器是会搞乱生产的"，"没有必要的"，"修机器有分工，那是副工长、保全工的职责"，"女工应该首先作好接头、清洁工作"，"修机器增加麻烦，不合算"，这就是后来影片上技术员全部理论的依据。

工人演员们树立起这个对立面之后，便又站在黄宝妹这一边，想办法去驳倒他，提出："分工也要看情况，分工过细会降低我们工人的技术水平"，"车子出了毛病，是消极等人来修机器呢？还是主动去解决？""技术没什么神秘的。"等等。对立面技术员的思想、性格，就在创作人员与工人演员们的集体创作中诞生了。这个形象很生动，不仅写出了他的思想"就是这样"，也写出了他"为什么是这样"。助理导演详细记录了工人们的发言，包括他们的动作、语气，后来经过整理，就成了影片中的一场辩论会。

这场戏是黄宝妹小组集体创作的，导演不过是把它整理一下，其中很多生动的词汇，决不是闭门造车关在房子里能想象出来的。她们自己平常开会怎样开，现在就怎样讲，非常生动、自然。有一条参考声带是用上海话录音的，生活气息浓厚，比放映的国语声带还好。①

三、纺织工人本色表演

银幕上女劳模形象的感染和教育作用，离不开演员对人物形象的塑造。演员表演的目的和任务就是依据作家提供的剧作形象，在导演的指导下，进行二度创作，塑造性格鲜明的人物形象。银幕上的人物形象最终都是通过演员的创作与观众见面的，观众正是通过演员的表演感受活生生的人物形象。

在影片《黄宝妹》的艺术创作中，工人演员一方面表现为角色形象，另一方面又作为形象的创作者，她们既要化身为角色，进入角色的规定情境，过着角色的精神生活，又要作为角色的创作者，时刻监督着自己的表演，驾驭表演角色的整个进程，使其沿着创作目标进行，这就形成工人演

---

①谢晋：《深刻的教育，愉快的协作——拍摄"黄宝妹"工作散记》，载于陈荒煤编：《论纪录性艺术片》，北京：中国电影出版社，1959年，第45页。

员们创作角色时的双重生活。当时，对于工人演员的意见不统一，反对者认为工人不具有表演才能；赞成者认为工人们有生活基础，能够表演好角色，瞿白音就表示支持，他说：我们非常高兴看到若干纪录性艺术片中有工人、农民直接参加表演，特别是《黄宝妹》影片中纺织工人黄宝妹和她的小组成员在表演艺术上所取得的突出成绩。但是却有人以为，她们所以演得好，只是因为她们本身是纺织女工，自演自的结果。这样的论点是不完全对的，因为，并不是所有的纺织女工都能成为好演员。自演自并不能保证表演艺术一定成功。黄宝妹和她的小组成员在表演上的成就，是由于她们以丰富的生活为基础，经过了艺术的创造而获得的。她们的表演有很大的真实感，而没有自然主义的痕迹。[1]

从黄宝妹等工人农民表演艺术家的成就中，应该得到深刻的启发，那就是专业演员必须深入生活，参加实际斗争，观察、体验、分析、研究一切人，一切阶级，积累丰富的生活，然后才能进行创作。[2]

黄宝妹在角色中探索自我，在自我中体现角色，使二者融合。她在银幕上成功地塑造了劳模形象，一方面说明黄宝妹具有表演才能，她能够通过自己的事迹，结合剧情的安排，重新有分析地体验以往事件中的思想感情，而且运用了适当的形体动作来传达她的内心感受；另一方面，黄宝妹扮演的人物就是她自己，因此她很容易直观地体现出影片中先进人物的精神面貌。[3]这方面，黄宝妹既有表演成功的经验又有失败的教训，下面主要通过三场戏来看黄宝妹在电影中是如何表演的：[4]

第一场戏是消灭白点。故事情境大致如此：为了在五小时内消灭白点，开车前的一刻钟里，黄宝妹还在抓紧时间向组员介绍接头动作。这时，杨桂珍小组闯了进来，要黄宝妹去教她们消灭白点的方法。小组成员议论起

---

① 瞿白音：《加强改造、解放思想、勇敢创作、不断提高》，载于陈荒煤编：《论纪录性艺术片》，北京：中国电影出版社，1959年，第250页。

② 瞿白音：《加强改造、解放思想、勇敢创作、不断提高》，载于陈荒煤编：《论纪录性艺术片》，北京：中国电影出版社，1959年，第250页。

③ 蓝青：《谈谈生活与表演技巧——从"黄宝妹"工人的表演中所感受到的》，《中国电影》1958年第12期。

④ 朱修勤、邢祖文：《访工人电影演员》，《电影艺术》1958年第12期。

来，有些组员明确表示反对。黄宝妹急得话也说不出来。黄宝妹告诉笔者她当时的心情：去吧，她们小组时间也正紧张，况且组里也只有她能掌握接头方法；不去吧，黄宝妹心里又过意不去，杨桂珍小组都是老年工人，家里都还有孩子，过去这一工区是最落后的，这次经过双反运动和打擂台转变了，为了消灭白点，她们从早班一直等到夜里，这个行动很感动人；再一想，社会主义竞赛如果没有竞赛对手也不行，她们来是对黄宝妹小组的促进作用，只有这样才能互相提高；同时，群众正是要在难关上看劳动模范的作用，黄宝妹不能犯本位主义。思来想去，黄宝妹最后决定还是去帮助杨桂珍小组。现在回忆起来，黄宝妹不无遗憾地说："这场戏也是实际生活中的情况，但是就银幕上看起来，表现得太简单了，没有把思想过程表现出来，一点也不紧张。"[1]

　　第二场戏是关于黄宝妹帮助组员消灭白点。四个小时过去，黄宝妹小组里只剩下一个技术较差的女工没有消灭白点，这个女工急得满头大汗，手在发抖，大家围着她在议论。黄宝妹回忆说："实际情况是：起初我不敢去看她，我怕她见了我更急，但是大家围着她说更不好，所以我就把她们都叫回去，拿了毛巾过去给她擦汗，她急得也不接我手巾，撩起工作服擦汗；我就教她接头，让她定定心，一个头不行，就接十个，几十个。她急煞了，望着我，我对她笑笑说'你只管做'。"[2]拍这场戏时，导演要黄宝妹演得紧张些，黄宝妹却说她不能紧张，若她紧张，那么对方不是更紧张吗？应该笑一笑。导演不同意，说若是黄宝妹笑一笑，戏就给笑坏了。黄宝妹按照导演的意思做了，片子拍出后，效果很不理想，黄宝妹演得很凶，好像在埋怨别人。这场戏既要表现黄宝妹心里急，又要安慰对方，黄宝妹认为应该这样来表演："我教她接头时，脸上是有些着急的，但她看我时，我就要笑着安慰她，鼓励她，不然她看我急，她就会更急更乱了。"[3]

　　第三场戏是黄宝妹在党委会上和支书谈话。剧情是这样：当编剧进来时，黄宝妹因眼睛哭红了，所以低着头，支书与编剧批评技术员时，她心

---

① 2008年1月11日于黄宝妹家中访谈黄宝妹。

② 朱修勤、邢祖文：《访工人电影演员》，《电影艺术》1958年第12期。

③ 朱修勤、邢祖文：《访工人电影演员》，《电影艺术》1958年第12期。

里很开心，但后来支书对编剧说："他们两人脾气都急，所以吵了起来。"黄宝妹一听到也批评她了，马上抬起头来看支书，才意识到她对技术员态度不够礼貌，不该争吵。影片中，黄宝妹对于写技术员的大字报开始有顾虑，怕事情闹大了，所以犹豫了一下，但机器不检修不能保证出优级纱，二人争,争不清，只有发动大家来辩论。所以下一场辩论会的戏，黄宝妹非常坚决，情绪也很激动，她要通过辩论来树立正气。黄宝妹认为这场戏演得合情合理，只不过比实际生活中多了一个编剧。①

以上三场戏说明黄宝妹具有表演才能。正如影片中所展示的那样，黄宝妹是一个越剧迷。1953年，纺织工业部奖给黄宝妹一台收音机，一天工作下来，她就常在家里收听越剧节目。她还买来一些越剧小唱本，一面听，一面还拿出来跟着哼。日子长了，一听唱词，她就知道是什么戏，是哪个演员的唱腔，也学会了一些唱法。1958年底，她们厂里开万人誓师大会，越剧院和电影界的主要演员都到厂里来演出。那天大会余兴节目中，黄宝妹和越剧演员徐玉兰合唱了《盘夫》，受到专业演员的肯定，从此以后，黄宝妹和越剧院的许多演员交上了朋友。②这锻炼了她的戏剧表演才能。

李小妹的表演。演员与他所扮演的人物之间总是有差距的，不论其生活经历、性格特征、思想风貌、言谈举止及生活习惯，包括气质、心态等等都不尽相同，这就构成演员与角色之间的矛盾。演员塑造人物实际上就是缩短演员与角色之间的距离，使两者融为一体。李小妹是个先进工人，但她演了一个落后的人物张秀兰。李小妹与黄宝妹也不在同一个工场，对张秀兰也不认识。拍戏前，导演要她把整个剧本看一遍，因为这个角色出场较多，难演，其中生病一场戏最难演。导演要求她演张秀兰，就要把自己当成张秀兰，别人已把李小妹叫做张秀兰了。李小妹经常去问黄宝妹：张秀兰的脾气怎样，思想怎样，为什么落后等等，她再想想自己车间里的老油条的样子。李小妹说：厂里工人看了这片子后，都说我蛮像老油条的。"老油条"有各种各样的老油条，有的是工作不负责任，别人很忙，她像煞

---

① 朱修勤、邢祖文：《访工人电影演员》，《电影艺术》1958年第12期。

② 黄宝妹：《从看〈梁祝〉到〈盘夫〉》，载于《夜光杯文粹(1946—1966)》，上海：上海远东出版社，1999年，第209页。

无介事；有的是自己有技术，对别人技术不领盆（服帖），以为自己有本事就懒得学习了，结果相反落在别人的后头。张秀兰就是这样的思想，所以她不愿意向别人学郝建秀工作法。[1]

李小妹对几场戏的处理很成功。第一场戏是"报白花"，电影是这样设计的：宝妹七两，大家是十几两；夏佩芳二十两，大家已经说她多了，而张秀兰竟然是二十八两，她心里有点气不过，所以报白花时就生气。后来大家叽哩咕噜，她更加火了，认为这是倒霉的死弄堂造成的。当大家批评她时，她干脆把帽子一拉说："你们有技术，你们来做好了。"脱下工作服准备走，宝妹急忙过来劝说。拍这场戏时，导演问她要拿些什么东西才好，她认为还是用脱帽子这动作最好，可以表现出张秀兰手忙脚乱，连帽子也没有除下来，车间里有这样的老油条。

第二场戏是"休息喝茶"。在这场戏里，李小妹扮演"老油条"，别人很忙，她总要惬意惬意。起初设想：张秀兰看黄宝妹还在做，看不惯，嘴里唠唠叨叨，导演认为这样演不合适，还是表现张秀兰对工作不重视的态度比较好，所以就用了"无介事"的态度。张秀兰跑过去，煞无介事地看着黄宝妹工作，自己心里倒很安定；弄堂调换了，落得坐下来喝口茶，拿起杯子，吹去盖子上的飞花，慢慢地茗茶。[2]这样一副老油条的样子，李小妹演得很形象。

第三场戏是"生病"。这场戏很难演，一是张秀兰因为生病难过，更主要的是因为黄宝妹与她换了弄堂后，她的白花还是比黄宝妹多，反过来黄宝妹还来服侍她，她更加难过和惭愧。里面有一个近景：张秀兰看看宝妹，低下头来，表现出难过的心情。这个镜头李小妹怕演不好，常常在家里练，体验当时的心情。戏拍完之后，她演得效果挺好。[3]

胡戴午的表演衬托了"黄宝妹"形象。胡戴午在剧中扮演技术员，实际上他不是技术员，而是门卫。不过他平时和技术员接触比较多，对技术员有哪些特点也比较熟悉。作为"黄宝妹"的对立面，影片中的技术员反

---

[1] 朱修勤、邢祖文：《访工人电影演员》，《电影艺术》1958年第12期。

[2] 朱修勤、邢祖文：《访工人电影演员》，《电影艺术》1958年第12期。

[3] 朱修勤、邢祖文：《访工人电影演员》，《电影艺术》1958年第12期。

对纺织女工逐锭检修。胡戴午从各方面了解，知道黄宝妹小组的技术员工作勤勤恳恳，很负责任，主观上也想把工作做好，因此胡戴午认为在表演上不能把技术员表现得太落后。但是，技术员有他自己的一套旧经验，对新鲜事物不敏感，不相信群众的创造性和积极性，所以他反对女工修理机器。①技术员的复杂性格给胡戴午增加了表演难度。

还有他与黄宝妹争吵后的一场戏。大意是：三工场出了优级纱在报喜，女工们都去围着看，技术员也跟去了。回来后，女工对技术员吵，技术员无奈地向编剧诉苦。这段戏，胡戴午是这样表演的：女工涌上去看喜报时，他勉强跟着去看，因为对别人新纪录不热情不好；去看时，他心里就想这是三工场机器好，他们的老爷机器没有办法出优级纱，看了对他们工场的作用也不大；女工围着他吵时，他很尴尬，出优级纱不是他个人要不要的问题，而是能不能的问题，他也是想把工作做好，所以就说："我从早上六点钟就来了……"一面说一面想，同女工说不清，看来编剧会理解他的苦衷，借此机会向她诉诉苦，不要把出不了优级纱的责任推到他身上。②演这场戏，胡戴午的注意力特别集中。胡戴午说："我们的保卫科长就是一个工作勤恳、早出晚归，整天忙忙碌碌的人，技术员的特点有些像他，所以我在某些地方就仿效他的特点。"③

这说明李小妹和胡戴午也具有表演才能。他们之所以能对张秀兰和技术员分析得这样深刻准确，能找到适当的形式表达，一方面是由于他们熟悉剧中人的生活，另一方面也不能否认他们的表演技巧，贬低他们在艺术中的努力和创造，简单地归结为"他们的生活就是这样的"。应该说，这些工人们能表演成功，说明他们已经掌握了一些表演技巧，在上银幕之前，已经积累了一些表演经验。他们参加影片摄制工作后，在专业电影工作者的帮助下，进行了学习和钻研，使他们的表演技巧又得到了提高。

① 朱修勤、邢祖文：《访工人电影演员》，《电影艺术》1958年第12期。
② 朱修勤、邢祖文：《访工人电影演员》，《电影艺术》1958年第12期。
③ 朱修勤、邢祖文：《访工人电影演员》，《电影艺术》1958年第12期。

第二节 "铁人"形象变迁及塑造方式

树立和传播典型形象是引导舆论，满足社会诉求的有效方法。每一个典型形象的选定和确立，都有着深远的社会原因和鲜明的时代背景。"铁人的社会影响，有一个逐步扩展和深入的历史过程。在不同的历史阶段，人们对铁人的认识和理解是不一样的。"①以铁人为原型的各种媒介塑造方式应有尽有，全方位、多角度地建构了铁人形象。

一、"铁人"形象变迁

马英林将铁人的社会影响分为劳动模范、民族英雄、文化现象三个历史阶段，呈现与时俱进的特质。根据《人民日报》在不同历史时期关于王进喜报道的主题及社会影响，又可以将铁人形象分为毛主席的好劳模、改革开放的"新工人"、新时代的文化符号三种。

（一）从劳动模范、民族英雄到文化现象②

其一，劳动模范的铁人。大庆石油会战是一个有着传奇色彩的艰难困苦的伟大实践，它需要模范人物也能够锻造出模范人物。这是树立和宣传铁人的时期，从时间上看，大体上是1960年的大庆石油会战到1976年"文革"结束这段历史时期。

"爱国创业我最认真，求实奉献我最根本"是铁人王进喜精神面貌的真实写照，是铁人精神的核心价值。作为劳动模范的铁人精神包括以下十个方面：始终如一，真诚坚定的马克思主义的精神信仰；矢志不渝，壮怀激烈的爱国主义情怀；积极向上，乐观负责的人生态度；坚忍不拔，无难不克的意志品格；积极刻苦，不怕牺牲的工作精神；严细认真，一丝不苟的

---

① 马英林:《铁人王进喜的社会影响与历史贡献》,《大庆社会科学》2013年第5期。
② 马英林:《铁人王进喜的社会影响与历史贡献》,《大庆社会科学》2013年第5期。

工作作风；解放思想，实事求是的思想方法；奉献人民，自强不息的价值追求；感恩社会，挚爱大众的道德人格；艰苦奋斗，不知疲倦的生命活力。

有四个人为树立"铁人"作出了重要贡献。[①]第一个人是房东赵大娘叫铁人。根据《铁人传》的描写，赵大娘叫"铁人"是在两个不同的场景，说了三句话。第一个场景是在赵大娘家。赵大娘对半夜从井场回来的工人张志贤说："你们的王队长也不是铁打的，咋能这样干呢？"接着张志贤对赵大娘做了一番解释：国家缺油，王队长心里急，他宁可自己吃苦，也要早开钻。接着赵大娘又说："没见过这么拼命的人，你们的王队长可真是个铁人哪！"第二个场景是在井场上。看着枕着钻头睡得很香的铁人，赵大娘对场地工许万明说："王队长，你可真是个铁人啊！"赵大娘讲过的三句话表达了这位老人三种不同的感情。第一句是一个老人对一个年轻人的疼爱的心情；第二句是一个农村的老大娘对忘我工作的人的敬重和热爱；第三句是在井场上叫"铁人"，当着王进喜的面叫的，是人民群众对舍命报国的人的感动和敬仰。

第二个人是宋振明发现铁人。在树立铁人的过程中，宋振明做出了重要贡献。他当时任第三探区指挥兼党委副书记。1960年春，会战刚开始，正值三年自然灾害，条件艰苦，生活困难，队伍又上得猛，宋振明在繁忙的生产指挥协调中，按照部党组关于学习"两论"的决定，深入基层，调查研究，带领工人一起学"两论"。他亲自到1205钻井队蹲点，发现了一不问吃，二不问住，三天三夜不下井场，喊出"有也上，无也上"，一心快打井，革命加拼命的钻井队长王进喜，就是这个钻井队长，被房东大娘称为"铁人"。他及时抓住这个突出典型，向余秋里、康世恩汇报后，得到充分肯定，后来，树起了大庆石油会战的第一面旗帜。

第三个人是余秋里树铁人。1960年大庆开了三个万人大会。第一次，4月29日的"万人誓师大会"，铁人一个人骑马。第二次"七一万人大会"，铁人、孙永臣等9人骑马。第三次"八一万人大会"，铁人、谢大楼、李荣久等37人骑马。采取这样重大的举措树铁人，学铁人有何意义？30年后，即1991年，余秋里在回忆录中重点回忆了这件事。他说："王进喜的事迹，

---

① 马英林：《铁人王进喜的社会影响与历史贡献》，《大庆社会科学》2013年第5期。

引起了我的高度重视，我从参加革命斗争经历中认识到，生产斗争和军事斗争都是人民群众的事业，人民群众中蕴藏着巨大的积极性和创造力。只要有了正确的政治方向、正确的理论指导，又有鲜明的活生生的榜样，并与一定的物质技术力量相结合，这种积极性、创造力就可以发挥出来，能够战胜一切困难，创造出丰功伟绩。"①

第四个人是康世恩概括学铁人。1960年6月16日，在安达召开的石油部党组扩大会议上，康世恩把职工在学铁人、做铁人活动中所表现出来的意志、品德和行动，概括为"十不三要"："十不"，即不怕苦、不怕死、不为名、不为利、不讲工作条件好坏、不讲工作时间长短、不讲报酬多少、不分职位高低，不分分内分外、不分前方后方，一心只为会战胜利；"三要"，即要甩掉我国石油工业落后的帽子、要高速度高水平地拿下大油田、要赶超世界先进水平为国争光。

其二，民族英雄的铁人。"文化大革命"结束，国家走上了改革开放的道路，铁人逐步成为被人们热爱和景仰的一个民族英雄。在新的历史条件下，人们需要在铁人身上理解着自己的民族，并需要从这种理解中更加坚持中国社会进步的方向，同时获取更多的智慧和力量。

从"劳动模范的铁人"到"民族英雄的铁人"，是中国社会发展进步的必然要求。有三部影视剧，对于人们深化铁人的认识发挥了重要的作用。首立其功的是电影《创业》。该剧本以王进喜为原型讲述了大庆石油工人艰难创业的英雄事迹。这部影片一经在第四届人大会议闭幕式上放映，便受到了代表们的好评。《人民日报》整版以"毛主席文艺路线胜利万岁"为标题进行了介绍。随后，在全国公映，并立即引起了轰动。电影《创业》把一个鲜活的铁人形象搬上了银幕，满足了人民群众对一个十分真实的铁人了解的渴望。由于时代和作者认识的局限，剧本在当时的历史条件下不可能把一个十分真实的铁人献给银幕前的观众。

艺术纪录片《大庆战歌》于1965年初开拍，1966年9月完成。当时作为完成片送周总理审查，因为"四人帮"一伙破坏，未能上映。1976年10月"四人帮"被打倒，著名电影艺术家张骏祥被解放。他不顾被"四人帮"

---

① 余秋里:《余秋里回忆录》,北京:解放军出版社,1996年,第649页。

迫害致使身体的极度虚弱。投入了《大庆战歌》的重拍工作。被江青打入冷宫十年的艺术性纪录片，经党中央批准在全国上映。

《铁人》是大庆第一部电视连续剧，共八集。蔡沛霖、李国昌编剧，张笑天改编，王驰涛导演，巴树范副导演，大庆石油管理局、中国电视剧制作中心、长春电影制片厂联合摄制。该剧以王进喜带领钻井队会同各路石油大军奔赴大庆参加石油大会战，到我国正式向全世界宣告"中国人民依靠'洋油'的时代一去不复返了"这段石油会战史为背景，展现了以铁人王进喜为代表的广大石油职工、家属为改变祖国石油工业落后面貌，"宁可少活20年，拼命也要拿下大油田"的英雄气概和艰苦创业精神。通过打第一口油井、打快速优质井、盖干打垒、开荒种地、拆旧翻新等一连串的真实事件和故事，歌颂了"两论"起家、"三老四严"、五把铁锹闹革命、"有条件要上，没有条件创造条件也要上"等大庆会战传统和革命精神。全剧以激荡的情感、浓重的色彩，塑造了一群活生生的有血有肉的"铁人"，真实地再现了当年石油大会战的悲壮历史。故事生动，性情感人。剧作家张天民称这部连续剧所反映的内容是"残酷的真实"。该剧播出后，在社会上引起强烈反响。

1989年4月20日《铁人》开拍，1990年元旦上映。之后不久，《人民日报》文艺部、中央电视台、中国电视剧制作中心在北京人民大会堂联合召开座谈会，中国石油天然气总公司等负责人及影视评论家50多人出席。大家盛赞《铁人》这部电视剧是一部高奏时代主旋律的电视连续剧，它真实地再现了当年大庆石油会战的悲壮历史，生动地表现了我国石油工人为了共和国的发展所进行的艰苦卓绝的斗争，热情地讴歌了人类对于大地的开拓精神。

2005年4月29日，中央电视台播发了新华社通稿，题目为《永远的丰碑：新中国石油战线的铁人——王进喜》。次日《人民日报》刊登了通稿全文。通稿认为："铁人不仅是工人阶级的先锋战士、共产党人的楷模，他更是一个为国家分忧解难、为民族争光争气、顶天立地的民族英雄"。

其三，文化现象的铁人。到2000年前后，铁人文化现象引起人们的注意。刘仁较早地提出了铁人文化的概念并开展了研究。他指出，铁人文化是以王进喜的称号"铁人"为基本特征，以传播和弘扬铁人业绩、铁人精神为核心而产生的文化氛围、文化活动、文化景观、文化产业、文化事业等系列文化现象。①

铁人文化现象的出现有三个最重要的标志。我们可以将其称之为铁人文化现象的三道亮丽的风景线。第一道风景线：多本铁人传记文学先后出版。主要有《铁人传》《铁人王进喜》《铁人之路》《铁人传奇》《石油人生》。第二道风景线：铁人影视剧产生了广泛的影响。铁人王进喜的真实形象最早出现在电影里，是1965年中央新闻纪录电影制片厂拍摄的《大庆红旗》，1966年3月该厂又拍摄了专题纪录片《铁人王进喜》；杨利民编剧的《铁人逸事》在全国热演。第三道风景线：铁人诗歌大量发表。如《大庆文学四十年》《大庆我的城市》等诗集。铁人文化现象的出现满足了人民的精神渴求。人民群众总是需要自己的精神旗帜，因为这样的旗帜反映了历史进步的方向，代表人民的根本利益。

（二）从好劳模、"新工人"到文化符号②

第一是毛主席的好劳模（1953—1977年）。从1953年到1977年，《人民日报》中涉及王进喜的报道有113篇，除去被造反派刻意歪曲的报道，媒体中的王进喜多以"劳动模范"的形象出现，成为深入贯彻"毛泽东思想"的典范。1964年2月5日，中共中央发出通知，号召全国其他部门学习大庆油田的经验。1964年2月13日，毛泽东在人民大会堂的春节座谈会上发出号召："要学习解放军、学习石油部大庆油田的经验，学习城市、乡村、工厂、学校、机关的好典型。"此后，"工业学大庆"的口号在全国传播。1964年12月26日，王进喜出席毛主席71岁寿宴，毛泽东称赞"铁人是工业带头人"。这一时期，媒体基于"劳动模范"的基本框架，其报道以单一主题为主，如1966年2月7日的《英雄何惧风雪寒》主要体现了劳模王进喜的艰苦奋斗精神，1966年1月30日的《莫把队伍带歪了》则概述了"毛

---

① 刘仁、李海霞：《关于丰富和发展铁人文化的思考》，《大庆社会科学》2003年第4期。
② 孙发光等：《新中国新闻典型形象的生产与社会价值》，武汉：华中科技大学出版社，2017年，第74—75页。

泽东思想”对“铁人精神”形成的推动力。

总之，在20余年的时间里，中国社会先后走过了百废待兴的建设时期、“大跃进”时期、“文革”时期，在复杂的社会环境里，劳模的示范作用成为媒体最安全和必要的传播诉求。因此，媒体确立了集体主义价值取向，传播“毛泽东思想”，突出艰苦奋斗精神，号召向“铁人”学习。

第二是改革开放的“新工人”（1978—2000年）。十一届三中全会总结了“文革”期间的经验和教训，表明了党和国家的主要工作重心是经济建设，开启了改革开放的新时代，在此之前树立的典型人物王进喜也迅速由“劳动模范”变为了“改革开放的‘新工人’”。在新的历史时代下，阶级矛盾已不是中国社会的主要矛盾，人民不再需要从铁人的身上寻找阶级意识，而要通过铁人参照自己，理解民族精神。因此，王进喜成为工人智慧和力量的化身，媒体帮助人们重新理解铁人精神，坚定改革开放和走社会主义现代化道路的信心。

在这一时期，《人民日报》对铁人的报道也开始从多个角度全方面进行解读，有时一篇文章会显示多个主题，而这些主题正好构成了铁人的精神内涵。《人民日报》通过对铁人精神内涵的多次诠释，使铁人成为改革开放的“新工人”，成为中华民族的伟大英雄。从铁人的事迹中，每一个年轻人都可以了解前辈是如何努力奋斗、不畏艰难险阻的，从而更加珍惜今天的幸福生活和改革开放的成果；每一位普通读者都会理解中华民族坚韧不拔、永不放弃的精神气概，从而积极向上、努力拼搏，继承和发扬铁人的优秀品质。

第三是新时代的文化符号（2001年以后）。在艰苦奋斗的石油大会战中，王进喜喊出了许多鼓舞人心的口号，“有条件要上，没有条件创造条件也要上”“石油工人一声吼，地球也要抖三抖。石油工人干劲大，天大困难也不怕”“宁可少活二十年，拼命也要拿下大油田”。他也总结了许多工作和生活的道理，“讲进步不要忘了党，讲本领不要忘了群众，讲成绩不要忘了大多数，讲缺点不要忘了自己，讲现在不要隔断历史”“一切成就和荣誉都是党和人民的，我自己的小本本上只能记差距”“干工作呀经得起子孙万代检查，要为油田负责一辈子”。他还写出不少通俗易懂的诗歌，“石油工人干劲大，玉皇大帝也害怕，任你天天下大雨，干劲不减反增加；石油工人一声吼，地球也要抖三抖，任凭地层金刚硬，一月定打井四口""手扶刹把像刺刀，转盘一转响起了冲锋号。钻杆就像机枪和大炮，压力一加，钻头就往地球里面跑。钻完进尺，原油就咕咚咚往地面冒"。这些口号、感悟和诗歌都使王进喜从铁人回归为一个有血有肉的普通人，他的形象因包裹着时代精神而成为一种符号。

进入21世纪，媒体的报道主题更加多元化，包括诗歌、电影、科技创新、爱国主义、经济建设、团结互助等诸多方面。铁人精神已衍化一种具象的文化现象。它一方面牢牢抓住社会主义核心价值观的传播诉求，另一方面大力着墨于铁人文化，从而吸收受众眼球，创设新的价值。文化符号是现阶段王进喜形象最核心的形态，这反映了历史变迁的脚步，满足了新时代人民的精神需求。可以说，作为文化符号，铁人不仅是铁人精神与时俱进的生动诠释，更是文化张力的外在表现。

二、铁人形象的塑造方式

以王铁人为原型、为题材的文艺作品，比比皆是，经久不衰，包括小说、传记、散文、诗歌、随笔、论文、报告文学；还有新闻通讯、歌剧、话剧、曲艺小品、戏曲、音乐、歌舞、绘画、雕塑、剪纸、邮票、电影、电视、广播、网络等应有尽有。以铁人命名的公路、车站、广场、公园、街道、村镇、学校、幼儿园、公安局、派出所、居委会、商店、企事业单位以及各种基金、奖项、产品等更是举不胜举。各级领导的讲话、报告、致词、指示、要求以及检查、总结和汇报工作等处处都要讲到铁人或铁人精神。大庆还有铁人纪念馆、铁人一口井、铁人回收队、铁人钻井队以及铁人精神研究会。以铁人为题目的讲座、演说、宣讲、报告、研讨、座谈、展览、宣誓、纪念，以及"学铁人，做铁人"等各种活动频繁举行，甚至常态化。近些年来大庆油田还接连涌现出新时期铁人王启民、新铁人李新民，还有数不清的铁人式干部、铁人式工人、铁人式队伍，有人甚至提出"铁人文化"的概念。与铁人有关联的各种事物如雨后春笋般层出不穷、无可计数，形成了跨行业、跨时空、无边无际、无尽无穷的兴旺现象。①

铁人文化现象依据叙述方式的不同，可以划分为以下七类。第一类，以"历史文物"为叙述方式的铁人王进喜纪念馆。铁人王进喜的遗物有许多已被定为国家一级文物。这些文物大多都保留在大庆铁人王进喜纪念馆里。这些文物是铁人精神最直观最生动的叙述。第二类，以"经典故事"为叙述方式的铁人传记文学。张怀德的《铁人王进喜》、孙宝范和卢泽洲的《铁人传》、戴祝文的《铁人之路》、杜显斌的《铁人传奇》，这4本书构成铁人传记文学的亮丽的风景线。小说、纪实文学作品还有《创业》《咆哮的石油河》《铁人传》《铁人王进喜》《铁人传奇》《铁人之路》等。第三类，以"人物形象"为叙述方式的铁人影视剧。电影有《创业》《铁人》《铁人王进喜》；电视连续剧有《铁人》《奠基者》；电视纪录片有《大庆战歌》、三集传记文献片《铁人王进喜》、15集系列纪录片《铁骨柔肠王进喜》《我为祖国献石油——王进喜》《楷模——王进喜》。第四类，以"心灵对话"为叙述方式的铁人诗歌。其影响力较大的作品有余兆荣创作的《铁人词典》，戴明午主编的《创业浩歌》，王献力创作的《创业史诗》，李学恒创作的《风雪铁人像》等。散文、诗歌作品集有《忆铁人》《铁人词典》《铁人词》等。这些诗歌作品，以饱满的激情，热情歌颂了铁人王进喜的英雄形象和崇高的铁人精神。第五类，以"学术讨论"为"叙述形式"的铁人精神的理论研究。刘仁编著的《走近铁人》、宋洪德等主编的《铁人精神：民族的教科书》的出版，还有韩福魁、孙宝范、马英林等关于铁人精神研究的多篇学术论文的发表，标志着铁人精神研究的深入开展。第六类，以"审美对象"为"叙述方式"的关于铁人精神宣传的艺术作品。近年来，以铁人王进喜为题材的摄影、绘画、书法、篆刻、剪纸、雕塑大量面世。第七类，以"实物寄托"为"叙述方式"的用"铁人"来命名的事物。如：铁人广场、铁人公园、铁人桥、铁人大道、铁人中学、铁人村、铁人井等。②

---

① 韩福魁：《铁人现象启示及铁人精神研究方法》，《大庆社会科学》2016年第1期。

② 马英林：《铁人精神：从民族遗产到文化现象》，《大庆社会科学》2010年第4期。

铁人文化体系也可以分为精神层面、制度层面和物质层面。[①]在精神层面，党和国家领导人高度评价铁人与铁人精神，铁人精神的研究不断深入，铁人文学日趋繁荣，通讯报道高潮迭起，铁人艺术之花绚丽多姿，教材、书刊与网站众多。对铁人精神系统的有组织的研究是从1990年代初开始的，影响比较大的有三次：第一次是1991年11月15日由大庆市委宣传部和大庆市社科联联合召开的"发扬铁人精神理论研讨会"；第二次是由黑龙江省委宣传部组织在大庆召开"弘扬大庆精神、铁人精神、北大荒精神理论研讨会"；第三次是由大庆市社科联与大庆日报社联合举办的"铁人精神与大庆人文品质研讨征文活动"，并在此基础上于2005年9月20日召开"铁人精神与大庆人文品质理论研讨会"。

表现铁人题材的艺术形式，从摄影到绘画、从电影到电视、从书法篆刻到雕塑剪纸、从音乐到戏剧、从舞蹈到曲艺，几乎涉猎到所有的艺术门类甚至发展到邮品之中，展现了绚丽多姿、繁荣兴旺的态势。摄影是最早记录铁人形象，展示铁人风采的艺术门类。较早的集中反映铁人的摄影作品是1966年第4期、第7期《人民画报》和1974年5月由人民美术出版社出版的摄影专集。2003年6月，大型摄影画册《铁人王进喜》由香港文学报社出版公司出版。《光辉的历程——中国共产党70年历史图集》第297页刊载的铁人王进喜搅拌泥浆压井喷的照片和《奋战井场的铁人王进喜》给人们留下了永恒的印象。1990年9月新华社中国图片社出版一套30张《铁人王进喜》展览图片。从速写、素描到国画、油画、版画、水彩画、宣传画、连环画、岩彩画等画种，以铁人为创作题材的都有表现。最早的速写可见于2004年2月11日的《人民日报》，反映铁人题材的油画有《人拉肩扛》和《会师大庆》、版画有《第一乐章A》；连环画最多，如《王铁人》《第一口油井》《铁人王进喜》《中国工人阶级的先锋战士铁人王进喜》《创业》《铁人还在大庆战斗》《王铁人的故事》《大庆战歌》《铁人》等。西部石油城玉门现有3尊铁人雕像，大庆市博物馆、纪念馆、广场、公园、学校等公共场所有10余尊铁人雕像。音乐作品有《歌唱王铁人》《铁人是咱老师傅》《向铁人王进喜看齐》《踏着铁人脚步走》《我给铁人鞠三躬》等。

---

① 刘仁等：《从铁人文化体系的形成看铁人文化的繁荣》，《大庆社会科学》2007年第2期。

铁人王进喜作为普通劳动者的形象，多次被运用到国家的邮票上。

在制度层面，2006年，成立了大庆精神、铁人精神研究会，骨干队伍基本形成。"学铁人，做铁人""学铁人，立新功"等系列主题教育活动连年不断。铁人的传人英雄辈出，继20世纪60年代的"五面红旗"，20世纪70年代的21名模范标兵，20世纪80年代十大典型，20世纪90年代以铁人王启民为代表的六大标兵之后，进入21世纪，油田上先后涌现出新时期"五面红旗""五大标兵"。以"铁人"称号命名的英模、集体荣誉称号有"学铁人的带头人"屈清华、"铁人式的好作业队长"阎智福、"新时期铁人"王启民、"铁人式先进集体标兵""铁人式先进集体""铁人基层队"等；奖项有"中华铁人文学奖""铁人科技奖章""铁人杯征文大赛"等；产品品牌有"铁人"牌抽油机、"铁人"牌防盗门、"铁人"酒等，客运有"铁人机组""铁人王进喜号旅游专列""铁人文化专线车"，企事业单位有"铁人回收队""铁人纪念馆""铁人支行""铁人派出所""铁人大酒店""铁人小学""铁人艺校"等。

在物质层面，以"铁人"命名的品牌产品不断增加，从早期的日常生活用品发展到工业用的机电产品，大庆油田生产的"铁人"牌抽油机远销西亚、北非和北美各国。"铁人"商标有厚重的文化含量和潜在的经济效益，许多企业抢先注册，后经大庆油田的不懈努力，"铁人"商标终于2005年回归大庆。大庆铁人纪念馆雄伟壮观，"铁人大道""铁人桥""铁人公园""铁人广场"宽广通畅。铁人纪念馆陈放的展品，绝大部分是国家级、省级珍贵文物。

三、王进喜纪念馆

铁人王进喜在全国有四个纪念馆。第一个是铁人王进喜故居纪念馆。该馆在这四个纪念馆中最朴实的，它坐落在铁人王进喜的家乡甘肃省玉门市赤金镇和平村。那几间茅草屋以及草屋里王进喜童年用过的生活用品，还在仿佛述说着那个讨饭娃苦难的童年，诉说着铁人精神的源头。第二个是坐落在甘肃省玉门市的铁人王进喜纪念馆。这个馆虽然建设规模不是很大，但它那浓郁的地方气息、精心布置的展品，向人们展示着铁人精神初步塑型的十年光辉历史。第三个西安石油大学的铁人王进喜纪念馆是一个校中之馆，它精致且别具一格。纪念馆的建立对于石油院校的校园文化建设闯出了一条新路。可以称之为"鸿篇巨制"的是大庆铁人王进喜纪念馆。建筑外形为"工人"两个字的组合，告诉人们这是给一个工人建设的纪念馆。建筑顶部为钻头造型，象征着大庆油田永远具有奋发有为，积极进取的精神风貌。主体建筑高度47米，正门台阶共47级，寓意铁人47年不平凡的人生历程。这四个纪念馆把以铁人王进喜为代表的中国工人阶级在新中国建设史上的崇高地位予以充分肯定。[①]

第二个是大庆铁人纪念馆。该馆是中国第一座工人纪念馆。纪念馆经过了四次变迁：1970年铁人逝世后，周恩来总理指示"铁人是个英雄，值得纪念，铁人精神值得学习"，遵照总理指示大庆油田在同年12月，在铁人带领1205队来大庆打的第一口井——"萨55井"旁，兴建起"铁人王进喜同志英雄事迹陈列室"，1971年7月1日正式建成开放。1974年，考虑到陈列室规模太小，大庆油田决定在市区中心广场建设"铁人王进喜同志英雄事迹展览馆"，1975年5月开放，实现了由室向馆的转变。1989年，大庆油田发现30周年之际，油田决定在原铁人事迹展览馆基础上，扩建"铁人王进喜同志纪念馆"，1991年11月15日铁人逝世21周年之际开馆，实现了由综合展览向人物纪念馆的转变。2003年2月，大庆油田决定把铁人王进喜同志纪念馆迁建至油田世纪大道和铁人大道交汇处，更名为"铁人王进喜纪念馆"，10月8日，铁人诞辰80周年之际奠基，2006年9月26日，大庆油田发现47周年之际正式开馆，温家宝总理题写了馆名。"铁人王进喜纪念馆"由45年前的陈列室跻身于国内综合性一流展馆。

第三个是铁人王进喜纪念馆。该馆占地面积11.6万平方米，其中主体建筑2.15万平方米，展厅面积4790平方米。馆藏文物4260件，展出文物、文献1170件，展出珍贵历史照片490余张。纪念馆有4个展厅，分布在一层和二层；三层和四层是工作人员办公的地方。楼上与楼下之间有自动扶梯和直梯相通，同层展厅之间有回廊相连，总体展线呈顺时针方向走势。

① 马英林：《铁人文化现象的当代价值及其社会影响》，《大庆师范学院学报》2016年第1期。

整个陈列以铁人王进喜生平事迹为主线，以大庆石油发展历史为副线，内容丰富翔实，形式多样。除采用照片、文字、电动图表等传统的展示手段外，还采用了硅胶像、沙盘、场景复原、多媒体等现代展示手段，较好地表现了"爱国、创业、求实、奉献——石油魂"这一主题。

铁人王进喜纪念馆展览共分"不屈的童年""赤诚报国""艰苦创业""科学求实""无悔奉献""鞠躬尽瘁""精神永存"等七部分，集中展示了铁人王进喜的生平业绩及用终生实践所体现出的大庆精神、铁人精神。在各展厅之间的通道处，根据内容的需要，增加了巨幅国画《大庆工人无冬天》和战报墙、会战诗抄墙、宣传铁人和石油会战的美术作品。雕塑《崛起》《奋进》《五把铁锹闹革命》等错落有致地矗立于馆区，与端水湖、标杆山及互动景观形成完整的纪念景观。

铁人王进喜纪念馆是首批国家一级博物馆、全国爱国主义教育示范基地、国家 AAAA 级旅游景点、国家级青年文明号、全国工业旅游示范点、中国石油天然气集团公司企业精神教育基地、黑龙江省军区"革命传统教育基地"、中国红色旅游十大景区。1994 年被中共黑龙江省委省政府命名为黑龙江省首批"爱国主义教育基地"；1995 年被国家教委、民政部、文化部、国家文物局、共青团中央、解放军总政治部联合授予"全国中小学爱国主义教育基地"；1997 年被中共中央宣传部评定为"全国爱国主义教育示范基地"。铁人王进喜纪念馆是大庆人的"西柏坡"，是大庆耀眼的一张名片。

第四个是玉门市"铁人王进喜纪念馆"。该馆于 2006 年 8 月 25 日经玉门市政府批准建设，于 2008 年 11 月 15 日正式对外开馆。纪念馆地处嘉安高速公路赤金服务区，紧邻 312 国道，交通便利，拥有得天独厚的区位优势。纪念馆总占地面积 2.2 万平方米，总建筑面积 7020 平方米，其中纪念馆主体结构为二层仿古式建筑，建筑面积 1260 平方米。

纪念馆整个展厅分五个部分（苦难经历、创业玉门、会战大庆、心系家乡、精神永存），共展出了 260 余幅珍贵的历史照片、图片，以及实物 100 多件，主要分为日常生活用品、生产用品、学习用品、奖品等，其中棕榈箱尤为珍贵，它是铁人王进喜生前遗物，2015 年时被评为"国家一级文物"，是该馆的镇馆之宝。同时还有铁人同时期的物品、奖品也尤为重要。它们构成了纪念馆的馆藏基础。纪念馆通过实物陈列、图片陈列、电子影音设备、场景复原、雕像、沙盘模型等展现铁人王进喜在玉门出生成长的37年人生，以及在大庆生活工作的最后10年，介绍了王进喜短暂而不平凡的47年人生历程和今日玉门的辉煌发展，反映了王进喜爱国、创业、求实、奉献的一生，以及玉门人民勤劳勇敢、艰苦创业、无私奉献的奋斗精神。

玉门市铁人王进喜纪念馆被评为国家3A级旅游景区、酒泉市爱国主义教育基地、酒泉市国防教育基地、甘肃省廉政教育基地、甘肃省中共党史教育基地、甘肃省爱国主义教育基地、中石油企业精神教育基地、甘肃省科普教育基地、甘肃省关心下一代基地等。纪念馆免费接待参观学习游客，成为弘扬铁人精神、宣传铁人家乡、强化爱国主义教育的重要窗口。

四、铁人文学

铁人文学是指以铁人王进喜为原型或以铁人王进喜生平事迹为素材创作的各种形式的文学艺术作品。其内涵是通过对铁人这一典型人物的形象塑造，表现石油人"爱国、创业、求实、奉献"的高尚情怀和崇高精神，激励人们积极进取，实现人生的最高价值。铁人文学诞生于20世纪60年代，经过半个世纪的发展，涌现出一大批有影响的诗歌、小说、散文、纪实文学、影视艺术等作品。

铁人小说。张天民的长篇小说《创业》，是第一部以铁人王进喜为原型创作的长篇小说。这是在1974年作者创作的电影剧本基础上改写而成的。主人公周挺山是以铁人王进喜为原型塑造出的典型人物，是艺术化的铁人。由于极左年代的影响，这部作品打上了很深的阶级斗争的烙印。李国昌的长篇纪实小说《铁人之歌》，以当年大庆石油会战为背景，展现了铁人等一大批石油工人为了甩掉中国贫油的帽子，为祖国工业"大动脉"忘我拼搏的可歌可泣的感人故事。贺宜的长篇小说《咆哮的石油河》，是一部表现少年王进喜生活经历的长篇小说。小说中除了其他人物的姓名虚构外，王进喜和其家人都用了真实姓名。虽然吴星峰的长篇小说《大庆的春天》写的是会战，但是铁人王进喜是其中的一个重要人物形象，在书中名字叫"牛二娃"，职务是钻井队队长。王以平的系列小说《王铁人的故事》，包括《到生活基地去》《一张纸条儿引起的故事》《温暖的雪夜》等，写的都是铁人王进喜担任二大队队长时期的事。①

铁人散文。20世纪六七十年代，魏钢焰的《忆铁人》是以回忆的形式追忆铁人的事迹，歌颂了铁人精神；《历史的谱写者》用第一人称讲述了铁人王进喜处理卡钻、修旧利废的故事，表现了铁人为了促进钻井生产敢于破除旧的规章制度的创新精神和勤俭节约精神。李若冰的《寄自大庆的书简》是以"书信"的形式，介绍在大庆的见闻，反映大庆油田的变化，抒发自己的情怀。20世纪八九十年代，孙宝范的《周总理和王铁人的故事》，记录了周总理和铁人王进喜的交往，体现了总理对大庆石油人的关心关爱和对大庆油田倾注的心血，凸显了共和国总理和劳动模范对国家发展建设的急迫心情和共同心愿。高潮洪的《一个人和一座城》，叙述作者两次来大庆的见闻、感悟，讴歌了以铁人为代表的老一代石油人。王世伟的《大庆往事》，反映了大庆翻天覆地的变化，赞美了石油人崇高的精神境界，饱含着对英雄的深深怀念。李淑珍的《铁人井》叙述作者参观"铁人一口井"的所见所感，追忆年轻时见到铁人王进喜、受到铁人精神激励的情景。21世纪以来，乔守山的《铁人急》，写铁人为早日拿下大油田的急迫心情和只争朝夕的精神。朱玉华的《王露的姥爷怎么会是石头呢》，通过孩子的追问，表达了铁人精神不朽的主题。戴永成的《铁与火：生命的浩歌》表达了对铁人的敬佩之情、怀念之情。忽培元的《铁人铭》《铁人写真》《走近铁人》《铁人新馆》，讴歌了大庆精神铁人精神，表达了对铁人的景仰。

铁人传记和故事。曹杰的报告文学《魂系石油河——铁人王进喜的故事》，写铁人在玉门油田当钻工时的故事，文笔细腻、优美。孙宝范、卢泽洲执笔的传记文学《铁人传》，是迄今为止最翔实、最全面记录铁人王进喜生平事迹的传记文学作品。张怀德的传记文学《铁人王进喜》，对铁人在玉

---

① 许俊德：《浅谈铁人文学的产生和发展》，《大庆社会科学》2012年第2期。铁人小说、铁人散文、铁人故事、铁人诗歌引自此文。

门时期的生活工作描写最为详细丰富。戴祝文的传记文学《铁人之路》，回忆了铁人的一生，表达了对铁人的怀念之情。杜显斌故事集《铁人传奇》，以故事的形式反映了铁人一生的英雄事迹，讴歌了铁人精神。这类作品还有《铁人精神赞：王进喜的故事》《中外名人传记故事丛书：王进喜》《少年红色经典丛书"时代楷模"：王进喜》等。

　　铁人诗歌。人们把铁人写的诗和写铁人的诗统称为铁人诗歌。公开发表的铁人诗歌已超过万首，每一首都是对劳动的吟唱，对劳模精神的吟唱。铁人王进喜用自己的劳动号子开创了铁人诗歌。面对艰苦的环境，铁人王进喜首先喊出："石油工人一声吼，地球也要抖三抖。石油工人干劲大，天大困难也不怕""北风当电扇，大雪是炒面，天南海北来会战，誓夺头号大油田"的豪言壮语。大会战时期，发表在《战报》上的诗歌有《第一口油井》（文祥）、《接过铁人的刹把》（鉴明）、《铁人在咱队伍里》（经百君）、《接过铁人手中旗》（张振民）等。20世纪70年代，歌颂铁人的诗歌有严辰的《铁人》《英雄的手》《三年》《一串钥匙》等，均发表在《人民文学》上。大庆油田出版了两本诗集《大庆战歌》和《大庆凯歌》。20世纪八九十年代，铁人诗歌有刘白羽的《参观铁人纪念馆有感》、庞壮国的《铁的人是遥远的会战者》、王少波的《铁人塑像》、李重华的《铁人是支唱不完的歌》、汤儒勤的《铁人精神颂》、接长军的《铁人——中国龙》、李云迪的《石油魂》、墨一池的《王进喜》、李凤岐的《铁人王进喜》、那子纯的《铁人广场》，傅殿戈的《铁人塑像前的思索》、余兆荣的《铁人颂歌》、翁景贵的《铁人井》、刘嘉诚的《思想者——献给王进喜》等。21世纪以来，代表作有：李琦的《在铁人纪念馆听铁人声音》，余兆荣的诗集《铁人词典》，王献力的《铁人赋》、诗集《铁人之歌》，王驰涛的长诗《铁人十曲》，王运革词集《铁人词三百首》，王立民的诗集《太阳王子》，魏芳的诗集《儿歌献给王铁人》，路小路、李学恒的《四季怀念》，赵守亚的《铁人的二十年》，吕天琳的《那雕像禁不住喊了一声》，李学恒的《风雪铁人像》，巨小明的《读铁人雕像》《篝火——怀念一位姓铁的人》《铁人的帽子》，孙德贵的组诗《铁人广场》，胡彦江的《在铁人雕像前》《致铁人雕像》《听碑林诉说》，老骥的《铁人的"家"》，王勇男的《仰望铁人》，等。

铁人诗歌通过对铁人精神的深刻细致的解读，把人们对劳模精神的认识提升到新的历史高度和宽度。一是铁人诗歌对铁人精神做出了明确的价值定位。庞壮国说"那个人摔开了拐杖，就是古长城摔开了疼痛和蹒跚"。余兆荣说"铁人是世界级的资产"。这两句诗代表了诗人们对铁人精神时代价值认识整体把握的能力和认识水平，把铁人精神的价值提升到它是中国人对世界发出最响亮的声音，铁人精神最大价值就是向世界发出声音的价值。因为这个声音里面表达出来中华民族和平崛起的力量、智慧和信心。二是铁人诗歌丰富了人们对劳模精神认知的宽度。在《四季怀念》这首诗里，诗人李学恒对铁人的"铁"做了深入的解读。他说："不是因为皮肤黑而叫铁人，不是因为嗓门大而叫铁人，不是因为骨头硬而叫铁人，不是因为房东大娘叫了铁人而叫铁人。是因为有为民族争气的大志才叫铁人，是因为有非常吃苦的精神才叫铁人，是因为有最讲认真的作风才叫铁人，是因为有为创业奉献的本领才叫铁人。"铁人精神的"铁"不仅仅是一种硬度，因为撑得起硬度的一定是比硬度更重要的东西。铁人精神的"铁"里面包含着一个民族的宽广世界眼光和深邃的历史智慧。毛泽东指出，铁人的诗是中国人面对世界的发言。漫画家华君武称王进喜为"人民诗人"。铁人诗歌是铁人精神存活下去的鲜活载体，也是人们在新的历史条件下解读铁人精神的重要思想成果。[①]

20世纪六七十年代，铁人文学的特点表现在三个方面：一是以无产阶级的感情抒写铁人。作品中的"我"不是作者自己，而是我们无产阶级。"我"个人的真情实感不敢过于表露。二是以"高大全"的视角去塑造形象。铁人的形象在作品中非常完美，是按照英雄的形象来塑造，而且多是表现工作的一面，生活化的东西很少。无法呈现出平凡人的"铁人"。三是以阶级斗争的观点去分析矛盾。在铁人的内心，除了困难是自己的对立面之外，还有苏修美帝以及妄想颠覆无产阶级政权的人，他们都是对立面。到新时期的作品中，这些政治上的人为束缚已被解构。改革开放之后，铁人文学的特点也表现在三个方面：一是由外视角转换为内视角。在审视铁人这个形象时，把铁人还原为一个普通的钻井工人，再从这个普通人身上

---

① 马英林：《铁人文化现象的当代价值及其社会影响》，《大庆师范学院学报》2016年第1期。

挖掘出闪光的东西。不再"神话"铁人，不再"政治化"铁人。二是由大众化抒情转变为个性化抒情。抒情主体不再是我们无产阶级，而是作者本人。三是由单一题旨转换为多元题旨。以前的作品大多是或者仅仅立足于写铁人的功绩，歌颂铁人的伟大。现在的作品除了这些，还能够让你更宽泛的思考。①

"中华铁人文学奖"是中华文学基金会和铁人文学专项基金管理委员会在全国石油石化行业设立的文学大奖，旨在表彰和奖掖在石油石化工业题材创作方面涌现出的优秀文学作品和作家。评奖规则采取组织推荐和自我推荐相结合、读者和作者推荐相结合的方式，在此基础上进行初评（群众参与）和终评（专家评定），每类题材评选2至4部获奖作品。中华铁人文学奖每五年评选颁发一次，由中国石油、中国石化、中国海洋石油三大公司轮流承办，已于1999年、2004年、2009年、2017年评选过四届。

第三节　铁人电影及其创作过程

以铁人王进喜为题材的电影有三部，一部是在"文革"期间摄制的《创业》，深受广大观众的欢迎，却遭到"四人帮"的竭力否定；第二部是2009年拍的《铁人》，饰演铁人的吴刚获得金鸡奖最佳男主角奖；第三部是2011年拍的《铁人王进喜》，用现代人的眼光观照历史，品读和感悟铁人。

一、电影《创业》

电影《创业》由长春电影制片厂于1974年出品。该片由于彦夫执导，张天民编剧，张连文、李仁堂、陈颖、朱德承、宫喜斌、章杰等领衔主演。影片真实地再现了中国石油工业创业时期的艰难和油田的风貌，反映出艰难多舛而又轰轰烈烈的创业史。主人公周挺杉的原型就是王进喜。

---

① 马英林:《铁人文化现象的当代价值及其社会影响》,《大庆师范学院学报》2016年第1期。

1949年秋，裕明油矿工人英勇护矿，迎接解放，青年工人周挺杉决心甩掉"中国贫油"的帽子。十年后，周挺杉钻井队以革命加拼命的精神，创造了新的纪录，但中国石油落后的面貌仍未改变。专家工作处处长冯超推行修正主义路线，总地质师章易之被"贫油"论所束缚，无所作为。不久，北方草原上几口油井喷油，周挺杉带领钻井队来参加会战，主张走民族工业发展的道路。但是，冯超和章易之不但主张走老路，冯超还用两面派的手法制造障碍。周挺杉带领工人同志们以毛主席思想为指导，通过艰苦奋斗，与冯超进行坚决的斗争。这时，苏联背信弃义，断绝了油料供应，冯超又里应外合，制造了停钻和井喷事故。周挺杉在油田党委的领导下，揭露了冯超的反革命罪行，教育了章易之，终于为国家拿下了面积大、产量高的创业油田，使我国基本上实现了原油自给。

《创业》是"文化大革命"中长春电影制片厂恢复创作后拍摄的一部故事片。这部影片以铁人王进喜为原型、以大庆石油工人艰苦奋斗的史实为素材，真实地再现了当年大庆创业时的艰难和石油工人的风貌。它的上映，不仅极大鼓舞了全国人民建设社会主义的积极性，而且在邓小平对文艺领域"拨乱反正"的过程中发挥了重要作用。

1974年，石油部部长余秋里受周恩来总理的委托，指示长春电影制片厂拍摄一部以反映大庆石油会战为题材的电影，长影很快组织由谢铁骊任组长的《创业》筹备小组。由导演了《芦笙恋歌》《节振国》等影片的于彦夫执导（华克为副导演），著名编剧张天民负责剧本的写作。张天民多次深入大庆采访，从原先积累的大量资料及真实事迹中提炼出《创业》剧本。

为了真实地再现当年大庆工人创业的情景，《创业》的拍摄大多是在野地里进行的。时值隆冬，气温多在摄氏零下三十几度，而且拍摄大多在大雪天进行，条件之艰苦是常人难以想象的。"人没精神轻飘飘，井没压力不出油。""有条件要上，没有条件想方设法，拼死拼活也要上。"大家在铁人精神的鼓舞下拍《创业》，克服了种种困难，终于在年底完成了电影的拍摄任务。

这部影片在全国四届人大会议闭幕式上首映后，受到代表们的一致好评。《人民日报》整版以"毛主席文艺路线胜利万岁"为标题进行了介绍。

随后，《创业》在全国公映，并立即引起轰动。在那个特殊的年代，《创业》所体现的精神和希望好似一道曙光，抹去了人们心中的阴霾，把人们建设祖国的干劲鼓了起来，起到很好的宣传和教育作用。

二、电影《铁人》

（一）剧情

《铁人》是由尹力执导，吴刚、刘烨领衔主演的电影。故事在现代的沙漠石油钻探作业与20世纪60年代的大庆"石油大会战"之间交替进行。影片塑造了20世纪60年代以铁人王进喜为代表的一代石油工人的坚毅形象，也描绘了新的历史时代条件下新一代石油工人的风貌和精神世界。影片展现两代石油工人之间的精神传承与对话，生动地表现铁人精神在新时代的继承和发扬。

年轻的石油工人刘思成（刘烨饰）是单位的业务标兵，喜欢收藏王铁人的所有物品。刘思成的父亲刘文瑞是同王铁人并肩战斗过的战友。铁人后辈的身份带给刘思成无上荣誉的同时，也日益成为他的困扰。伴随着刘思成的追问，时光退回到半个世纪前……

一列破旧的火车把王进喜（吴刚饰）和他的1205钻井队从甘肃玉门油田拉到了大庆。作为石油大会战的主力军，王进喜和他的队伍肩负着让新中国甩掉贫油帽子的希望。除却血肉之躯和钢铁意志，几乎一无所有的这支队伍在队长王进喜的带领下，苦干5天5夜，大庆第一口油井终于开钻。房东老大娘见王进喜连续数昼夜奋战在井架，感慨"王队长真是个铁人"，"王铁人"的名字从此传开。

第一口油井打好之后，王进喜的腿被滚落的钻杆砸伤，他却顾不上住院。拄着拐杖缠着绷带连夜回到井队。突遇第二口油井即将发生井喷，在没有重晶石粉堵塞井喷的危急时刻，他当机立断用水泥代替，水泥沉在泥浆池底必须搅拌，现场却没有搅拌机，王进喜便扔掉双拐，纵身跳进泥浆池，用身体搅拌泥浆。在他的带动下，工友们也纷纷跳进入，经过三个多小时奋战，井喷终于被制服，油井和钻机保住了。

三年自然灾害来临，王进喜和他的队伍面遇到前所未有的考验。在严重的饥饿和高强度的作业下，队友们意志纷纷崩溃。王进喜省出自己的口粮，甚至不惜犯政治错误，想方设法给大家填肚子。看似粗枝大叶的王进喜对爱徒"小知识分子"刘文瑞更呵护备至，还让妻子为其缝补护膝。刘文瑞最终还是偷偷踏上了返程的火车，师傅王进喜留下的那袋口粮和孤独的背影却成了刘文瑞一生的心债。

伴随着对这段回忆的追惜，刘思成经历了思想认识的巨大转变，重新认识了过去的那个时代和那些人，对自己进行了重新定位，也重新构建了自己的精神世界。

（二）大庆油田拍摄纪实①

庆祝新中国成立60周年和大庆油田发现50周年献礼片——电影《铁人》，主要是在大庆油田拍摄完成的，得到油田人的全力支持。2008年7月，影片《铁人》剧组来到大庆油田拍摄。对于这部讴歌以铁人为代表的老一辈石油工人光辉形象、弘扬铁人精神的影片，油田人十分重视。

大庆油田有限责任公司总经理、大庆石油管理局局长王玉普、党委书记王永春、党委副书记王昆等多次与影片《铁人》的主创人员共同商讨协助拍摄事宜，并要求油田公司党委宣传部及有关部门和单位，全力配合影片《铁人》拍摄，把协拍工作当作政治任务来完成，提出"以大庆精神拍《铁人》，克服困难拍《铁人》，团结一致拍《铁人》"。

油田出动4200多名职工参与拍摄。群众演员经历了选拔、培训、再出演的过程。从出演程序到生活安全，都要指挥协调、组织得力、准备充分，因为数千名群众演员在摄氏零下20多度的冰天雪地里一站就是四五个小时，生活保障还要服务到位。据《铁人》剧组统计，仅群众演员一项，大庆油田共出动大客车125辆，其他车辆65台次，参与组织的领导和工作人

---

① 郭强等：《铁人精神：永远不会褪色——电影〈铁人〉在大庆油田拍摄纪实》，《工人日报》2009年4月23日；端木晨阳：《〈铁人〉片场上演"铁人精神"——〈铁人〉剧组探班综述》，《中国电影报》2009年2月12日。有删节。

员达220多人。

群众参演再现了铁人王进喜和老一辈石油工人为油拼搏的风采。"一座朴素庄严的主席台、一万多名热血石油人、一位工人阶级的杰出代表、一场石油大会战。毛主席画像高高悬挂，'石油大会战誓师大会'巨幅会标鲜红耀眼，一面面彩旗迎风招展，催人奋进的捷报、彩画、标语牌熠熠生辉。"眼前的一切是那样遥远，却又是如此真实，它把人们带回到那段激情燃烧的岁月，重温波澜壮阔的石油大会战。

誓师大会、破冰取水保开钻等精彩历史场面的真实再现，都是在大庆油田完成。为了画面的逼真，大庆油田为剧组提供了大量珍贵文物和相关设备、物资。拍摄《铁人》需要老式"解放"汽车，但是，当年曾为石油大会战立下汗马功劳的老式"解放"汽车，现在已经作为油田文物保存在大庆油田物资集团"回收队精神"纪念室里，那里展示的两辆老"解放"，可说是会战时期留下的重要文物，具有重要的历史价值。这样重要的"文物"能不能拿出来作为《铁人》拍摄道具用？经过多方努力，油田终于将这两辆汽车从展台上撤下来，无偿地运往拍摄现场，一用就是三个多月。

钻机的轰鸣伴随着铁人的一生，但是铁人生前曾经使用过的"贝乌40"钻机已淘汰多年。为了使设备面貌符合拍摄要求，剧组工作人员和钻探工程公司钻井二公司相关部门的同志，先后到资产设备库、器材库去寻找，不仅找来恢复钻机所需的配件60多个，并使总价值400多万元的钻机设备按时到达指定地点。

拍摄进行到9月，《铁人》剧组要求将1960年王进喜上井工作时戴过的铝盔安全帽等文物，带到新疆塔里木油田塔中地区《铁人》拍摄现场继续使用。大庆油田铁人王进喜纪念馆和油田历史陈列馆抽调了工作人员，携带着王进喜铝盔安全帽、王进喜在1963年给张启刚家汇款收据及汇款通知单等110余件两馆馆藏文物，和剧组同赴新疆拍摄地。在新疆拍摄的两个月里，两馆工作人员不仅负责做好文物、藏品在现场的布置工作，工作之余，还为剧组演职人员讲解文物背后的故事，为影片提供了有历史价值的素材。"我感到在大庆油田，没有他们克服不了的困难！"制片人曾深有感触地说。

2009年7月9日，在北京国家行政学院礼堂，电影《铁人》放映结束后，观众仍然不愿散去。他们不仅是为了亲眼见一见这部电影中几位著名演员和导演，更是想和剧组演职员一起见证一个重要的时刻。这天晚上，导演尹力代表《铁人》剧组，将片中吴刚扮演的王铁人和片中指导员穿着的戏服，也就是石油工人工作服和工作棉鞋，还有片中王进喜用的道具摩托车，以及由全体演职员签名的大幅海报赠送给大庆油田铁人王进喜纪念馆，以回报和感谢纪念馆对剧组的大力支持。

大庆油田位于高寒地带，严冬也是当年石油大会战面临的难题之一。为真实再现会战年代铁人与老一辈石油人克服恶劣自然环境的艰辛，"万人誓师大会"等重要场景需要大量群众演员参与。正值农历三九的拍摄期，白天气温在摄氏零下20多度，是一年中最冷的时候，然而作为群众演员的油田员工没有一个退缩。在冰封雪覆的茫茫荒原上，英雄的大庆石油人留下了一个个感人的镜头。北风呼啸，天寒地冻，参加拍摄的油田员工们放弃节假日休息来当群众演员。踏冰卧雪，每天要在雪地上进行长达四五个小时的连续拍摄，有时一个镜头要过十几遍甚至二十几遍。但他们无怨无悔，始终保持昂扬的斗志。导演怎样要求，他们就怎样配合，一如老一辈石油人那样严细认真，一丝不苟。参加演出的大庆油田建设集团员工冯东波说："铁人是我们工人阶级的优秀代表，能够参与影片《铁人》的演出，我们感到骄傲和自豪。作为大庆石油人，我们不仅要再现历史场景，更要再现铁人精神。"

为了让《铁人》具有震撼心灵的感染力，导演尹力和各位主创付出的心血是巨大的，用一句话来概括就是"铁导演"带着"铁演员"拍"铁人"。尹力曾在黄土高坡拍摄《张思德》，又在青藏高原拍摄过《云水谣》，拍摄的环境都异常艰苦。对于这样一位能吃苦敢碰硬的导演，人称之为"铁导演"。为了不耽误拍摄进度，影响整体的工作进度，患病的导演尹力在指挥车上坐在监视器旁边，边打着点滴边坚持工作。尹力说："工作就像是麻醉剂，忙起来什么病痛都忘了。我们这个剧组在今年大年三十的时候只吃了顿饺子，大年初一就全情地投入到工作中了，没有人说苦、没有人说累、没有人不服从。"当记者对他们的吃苦精神表示敬佩时，尹力却说：

"不要把注意力放在我们怎么吃苦上，电影人的镜头和电影人的心思应该用在怎样拍出好电影上。"尹力还说，摄制组拍戏3个月虽苦，但跟王铁人比较起来，这个苦不足挂齿。你选择了这样的题材、你选择了表现这样的人物，你自己不投入，你自己不感动，怎么企图在银幕上能够感动观众，征服观众，震撼观众。

吴刚等主创人员顶着摄氏零下38度的严寒跳入泥浆池再现英雄壮举，他们的献身精神也为他们赢得了"铁演员"的称号。回忆起拍摄的经过，演员们依然刻骨铭心，因为虽然里面有潜水衣、雨衣做防护，但是，上来的时候全部湿透，潜水衣里面的连底裤都湿了。吴刚说，演我徒弟的谢孟伟，当时真的是冻哭了。主演吴刚为了使自己的形象更加贴近主人公原貌，他一天只吃很少的东西，减掉了20多斤体重。他说："为了降体重，我连续3个月只靠吃小番茄和花生维持体力，就是想首先从形象上还原给观众一个更真实的王进喜。"现场进行紧张拍摄的他，耳朵冻得黑紫，他告诉记者说根本不敢碰，怕一碰就掉了。吴刚说："铁人说过的'有条件要上，没条件创造条件也要上''少活二十年，拼命也要拿下大油田'两句话，时时刻刻回响在我的耳边，比起他们的艰难困苦我这点遭遇不算什么。"

就这样，"铁导演"带着一群"铁演员"穿油田，进沙漠，摸爬滚打，战酷暑斗严寒，带着对铁人王进喜的深刻情感，为观众们还原出新中国成立初期石油工人艰苦奋斗、无私奉献的"铁人"群像。尹力导演在现场接受采访时说："这部影片力求展现探索的真、人性的善和艺术的美，我们通过作品中的人物替国家分忧，为中华民族争气。全体剧组成员有决心有信念把它制作成为一部能够感动人、震撼人的电影作品。我们在讲故事、宣传'铁人精神'的宏旨下，更加注重的是对人物形象的塑造，以人鉴史、以人托志。通过对人物形象的生动刻画来揭示主题的鲜明，表达故事的凝重。"

（三）对话主创人员①

虽然铁人故事发生在20世纪60年代，但对今天的工人队伍和年轻人仍具有教育意义。导演尹力认为，每个时代都会有每个时代的英雄，像铁人这样影响了几代人的工人阶级的先进分子、社会主义建设的英雄，是值得人们永远记忆的，铁人精神应该成为中华民族精神遗产的一部分。尹力指出，王进喜把他的一生、把自己的灵与肉都融入那个时代当中，今天的年轻人对王进喜这样的英雄，应该是心存敬畏的。他说："当一个族群、一个民族、一个国家，遇到危急的时候，总有这个民族中的精英、先进分子站出来。他们勇于奉献，勇于牺牲，舍生取义，担当道义。但正是这样的人，能够引领一个民族往前走。他们是历史发展和国家进步的标志，是民族的脊梁。王进喜就是工人队伍中这样的精英，他能人所不能。"主演吴刚说："人们只有了解先辈为我们今天的生活做了什么，牺牲了什么，才会懂得珍惜；只有懂得珍惜才会有前进的动力。"

《铁人》的人物形象、信仰、精神能否说服观众，使今天的观众在内心产生共鸣？尹力说："在创作过程中，我们并不是要把铁人作为一个简单的、非常具象化的个人形象再现在银幕上，而是要创作一个新的艺术形象。我相信通过我们的艺术再造，在银幕上展现的铁人强大的人格魅力和感染力，能使今天的观众在情感上起共鸣，心灵得到震撼。这就是说，我们要让铁人的精神力量感染、打动、征服今天的观众。"他认为，在影片中最能打动观众的品质是王进喜的"责任感、主人翁、肯牺牲、担大义"，此外，王进喜也有他的人格魅力：达观、幽默、智慧、肯钻研，也能够打动观众。②

为了演好王进喜，吴刚下了不少功夫。到大庆的第一天，他就把行李往驻地一扔，一头扎进"铁人纪念馆"；光是王进喜的声音记录片段他就反

---

① 张宪：《一代石油工人的英雄赞歌：对话〈铁人〉导演尹力》，《工人日报》2009年4月23日；吴倩：《时代需要"铁人"：访〈铁人〉主演吴刚》，《工人日报》2009年4月24日。有删节。

② 张宪：《一代石油工人的英雄赞歌：对话〈铁人〉导演尹力》，《工人日报》2009年4月23日。有删节。

复听了一下午。之后他又来来回回往纪念馆跑了不下七八次，还走访了王进喜以前的老战友。看了，听了，真切地感受到了王进喜的事迹，吴刚心里有了对"铁人"的定义：一个工作上疯狂，生活中有情有义的汉子！

拍摄的时候时值隆冬，气温零下 40 摄氏度。有一场井喷的戏，拍完一出来，演员们身上的泥浆就立刻冻成了冰，像一层硬邦邦的盔甲裹着他们动弹不得。但是为了接下一场戏，大家都不敢回车里取暖，怕身上的泥浆化了。有个平时天不怕地不怕的小伙子，这次愣是被冻哭了！"你想想，咱们现在的冬天跟几十年前比，真是暖和多了，即便这样，我们还冻得受不了。而王进喜和他的队友们，在那样恶劣的条件下高强度的工作，该需要多大的毅力啊！"吴刚感叹道。

在《铁人》摄制组，有首"组歌"。说到它时，吴刚情不自禁地哼唱起来："感动天，感动地……"他的头随着曲调轻轻地晃动，眼神也顿时变得更加坚毅。"每每唱到这句，我便觉得我就是'铁人'，'铁人'就是我！一种为大庆、为祖国的使命感油然而生，这样一想，什么苦都不怕！"

作为活跃在中国话剧舞台上的一名演员，吴刚说："王进喜为了大庆油田舍身忘我，他是当之无愧的'铁人'；我们在拍摄这部电影时，为了给大家重现那个激情燃烧的岁月，甘愿吃苦受累，我们也是'铁人'。对于活跃在各条战线上的工人朋友们来说，只要有信仰，并为之奋斗，每个人都可以成为'铁人'！"

当记者问吴刚："您觉得在物质条件优越的今天，产业工人还需要'铁人'精神吗？""需要！"吴刚果断而又肯定地回答，"'铁人'精神无论在过去、现在和将来都有着不朽的价值和永恒的生命力！""若问我对《铁人》有何感想和体会，我觉得是——震撼、感动和征服！"吴刚说，"其实它带给我的远远不止这些，很多内心的涌动难以用语言形容，相信每个观者都会从这部电影中找到那个让自己不能自已的'点'，哪怕大家在看的时候能够感到内心微微一震，那么这部影片的意义也就达到了。"[1]

2009 年 5 月 15 日，应北京电影学院张会军院长的邀请，中影集团著名导演尹力，携带电影《铁人》在北京电影院进行放映，摄制组的部分主创

---

① 吴倩：《时代需要"铁人"：访〈铁人〉主演吴刚》，《工人日报》2009 年 4 月 24 日。有删节。

人员参加了活动。张会军教授主持了交流座谈会。

创作意图。尹力说，王铁人离我们并不远，也就是50多年时间，但我国发生了天翻地覆的变化，价值观也发生了变化。在王铁人那个年代，一不怕苦，二不怕死，贡献自己，担当主力，引领时代潮流。今天改革开放了，是财富人生，人们的评价标准是年度财富排行榜，是看年薪多少，很多人关注的是这些东西。那么，在社会浮躁、人心复杂的当代社会，王铁人的事迹和精神对我们还有什么样的意义呢？这是影片想回答的问题。尹力指出，王进喜是一个大气的人，他把公共价值标准当成自己人生的目标。这样的人特立独行，鹤立鸡群，能够引领时代的潮流。他的爱国主义和舍生取义能够成为那个年代的楷模，是我们国家一代又一代传承的民族精神，永远不会落后。《铁人》就是把那个年代的一些理念搬出来，说教今天的人，让我们在领略的过程中品味一些东西。影片的目的就是让观众从这部影片中产生一些思想和精神的内涵，从一些理念当中去解读电影。

尹力说，这部影片是在非常艰苦的自然环境条件下拍摄的。首先是在新疆克拉玛干沙漠，拍摄的地表温度是在70多度，紧接着他们又千里转场，来到内蒙古的呼伦贝尔盟。影片中看到的大钻井场面就是在离呼伦贝尔盟100多公里外的煤矿里拍摄的。后来，他们又转场到黑龙江大庆，那个时候是冬天的一二月份，气温都在零下28度。铁人和他的队员跳水浆池的那场戏，跳下去的有吴刚、胡明、张铎，是零下24度，演员们学习的是一种"铁人"精神。在拍井喷的时候，演员是冒着生命的危险上去的。一般的消防员面对20多个压，都穿着防护服，而当时是100多个压，能够把人打穿。吴刚在拍摄井喷的时候，泥浆差点把眼皮打伤。

如何处理主旋律电影和市场的关系。尹力回忆说，在他读大学时期，谁要提好莱坞电影，就会觉得没有面子——太俗了。现在看好莱坞电影成为市场和自然的存在，没有人敢忽视它的存在。在今天的电影艺术表达中，谁还会过于表现自己的艺术个性？谁还会以个人的艺术品位作为自己的艺术目标？这样的疑问，可能在一定程度上反映整个电影大环境的变化，也从中能够看到创作者的心路历程。这其中有一些是自觉的，有一些是无奈的，有一些是被迫的，有一些是随波逐流的。尹力认为，对于一部影片来讲，它应该有自己的风格、自己的语言，应该有属于美学方面的特点。在这方面，他希望能做一部作品，把他的所思所想在影片中体现出来，能够获得观众最由衷的回馈，这就是创作的幸福和劳动者的美丽。

这部电影有哪些突破？尹力认为，传统的主旋律电影带有说教色彩，可能会让观众产生逆反心理，因为一部表达主流价值、代表国家意识形态的影片，很大程度上被狭隘化，题材固定了，内容的选择越来越狭窄。《铁人》立足于这类影片寻求不一样，首先它传出来的价值不一样——不是简单的好人好事。电影没有把英雄人物塑造成神，顶天立地，包打天下，没有人味。在这部影片中，王进喜有缺点，说粗话，爱骂人，爱憎分明。像刘文瑞这样的逃兵，在以往的影片中是作为反面人物呈现的，王进喜却给予那么多悲悯、宽容，没有蔑视他。除了人物的魅力外，还有艺术的魅力。影片调动多元的设计、台词、音乐，让观众能够在影片中被吸引、被感动，这就是艺术的魅力。[①]

王进喜当年带领战友跳进泥浆、拿自己的身体当搅拌机，饿得两腿发软还倾尽全力继续战斗在第一线等行为，在倡导人性化的今天令人难以想象和理解。如何让观众更好地接受王进喜这个银幕形象，如何更深入地挖掘"铁人"背后的精神内涵，是影片创作遇到的很大难题。为此，主创人员对王进喜这个人物的塑造做了减法。影片没有将王进喜塑造成一个遥不可及的道德模范与劳动模范，而是尝试展现他西北汉子的性格特征，展现他对待工作的满腔热情、为人处世的方式和态度，让观众感受到一代石油工人的精神风貌。银幕上的王进喜说着一口陕西方言，文化程度很低，甚至有时候行为粗俗，但却明大义、有梦想，带领着钻井队在天寒地冻的东北大地挥洒汗水，关键时刻甚至奋不顾身地以肉身完成铁的任务，这就是"铁人"真正的含义所在。王进喜的行为看起来与当下的时代格格不入，但其背后是坚定的意志和强大的精神，这是任何时代、任何民族都必须认可和推崇的人格力量。[②]

---

① 《民族精神：访尹力、〈铁人〉主创》，参见张会军编：《倾听的交流，电影人访谈》，北京：中国电影出版社，2015年，第539页。有删改。

② 梁振华编：《光影中国梦，镜语中国卷》，合肥：安徽大学出版社，2014年，第167页。

（四）"主旋律电影"

当今"主旋律电影"遇到的困境。影院或院线作为一个企业，追求利润，追捧"大片"，在市场经济的逻辑中似乎并无特别可责怪之处，这也是它们选择影片、安排放映场次与时间，以及制定宣传策略的出发点。问题在于电影并非仅仅是一般意义上的"商品"，它既具有"商品"的属性，可供人消费、娱乐，同时也是一种负载了特定思想价值观念的"艺术"，可在精神层面给人以触动、感动或提升，可以起到某种教育或宣传的作用。在计划经济时代，我们较为注重电影后一方面的功能，以电影作为宣传的"工具"，而市场化改革之后，则较为注重电影娱乐、消费的属性，这对于大部分影片是适用的，但对于"主旋律电影"来说，则难免会遇到困境与矛盾。这一矛盾在于，既要把一切都推到市场，以票房收入为衡量的标准，又要让已经企业化运行的影院承担起思想教育的责任，而对于观众来说，则是让他们自己花钱去受"教育"，而不是去消费或娱乐，这对于当今以青年为主的观影群体来说，是一件在心理上难以接受的事情。在这种情况下，出现看不到《铁人》的情况，以及上座率不足的现象，是可以理解的。而要扭转这一情况，只能根据电影的特性采取不同的分工与运作机制，适合商业化的影片由院线体制运作，而对于"主旋律电影"，则似应汲取计划经济时代的某些经验，如包场，如超低票价，如覆盖城乡的广泛的发行网络等，而不应一概推向市场，否则这类影片很难在市场上与"大片"竞争，也无法将影片的"社会效益"充分体现出来。①

"主旋律电影"，作为一种体现主流思想价值观念的电影作品，在计划经济时代，过于注重影片的宣传教育作用，在艺术形式上便难免出现模式化与僵化，虽然也涌现出了一大批优秀的作品，但总体上却给人以"灌输"或想教育人的印象，让观众在接受心理上有一种排斥的机制，这也是自然的。但近年来，却出现了一些新的"主旋律电影"，在艺术形式上有所创新，在思想表达上不那么生硬或"居高临下"，在人物塑造和故事编排上富有新意，比较适应当前观众的审美方式与审美趣味。或许我们可以将这些

---

① 李云雷：《看不到的"铁人"》，《电影艺术》2009年第4期。

作品称为"新主旋律电影"，而其代表便是近年尹力导演、刘恒编剧的一系列影片，如《张思德》《云水谣》《铁人》等。

"新主旋律电影"的特色在于：影片试图以新的方式、新的角度讲述现代中国的故事，但故事背后有一种对现代中国的"同情之理解"，有一种较为稳定且能为人所接受的历史观，影片从平凡人的角度去重新认识20世纪中国所走过的艰难曲折，以及几代人的奋斗与牺牲，并探讨其中凝聚的价值观对今天的启示。与以往的"主旋律电影"相比，这些"新主旋律电影"具有以下特色①：其一，影片的整体基调不是高亢的，或充满乐观主义或浪漫主义的，而是平实自然的；其二，影片的叙述者或主人公是平凡的人或者"小人物"，即使塑造的是英雄人物或模范人物，也力图从平凡人的角度去审视与理解，而不将之拔高或升华，成为不可企及的"特例"；其三，影片所讲述的故事，也都不是惊天动地的大事，而是日常生活中的小事，影片的结构或叙述节奏，也不以某件事为中心，在紧张激烈的情节推进中加以展示，而是以散点式的叙述，在舒缓平静的语调中娓娓道来。这些特色是"新主旋律电影"所独有的，但这并不意味着对以往"主旋律电影"的否定，而可将之视为新时代的一种继承或发展，一种适应当前观众审美方式的变革。

《铁人》这部影片从现在与过去两个不同的时空，讲述了"铁人"王进喜为石油而奋斗拼搏的精神，以及今天应如何看待这一精神的问题。影片在两条线索上展开一条线索是"铁人"和他的队伍从玉门转战大庆，为石油而艰苦创业的故事，故事主要在铁人和他的徒弟们之间展开；另一条线索是如何认识过去的奉献精神的问题，故事主要在两个石油工人刘思成与赵一林两人之间展开。影片并没有将"铁人"塑造成一个高不可及的模范，而是通过他的行为方式，他为人处世的态度，他对待工作的热情，在平凡的生活中展示了这个西北汉子的性格特征，以及一代人的精神风貌。影片中的一些段落具有震撼人心的力量，"铁人"演讲的片段，"铁人"跳进水泥池的场面，以及"铁人"去追刘文瑞的情景，都能给人以心灵的触动。

---

① 李云雷：《新视野下的文化与世界》，北京：中国言实出版社，2016年，第84页。

在"主旋律电影"中，《铁人》无论在思想还是艺术层面，都堪称一部佳作，这样的影片无法为更多的人看到，未免可惜。可见今天的问题在于，"新主旋律电影"在制作层面已经取得了创新与突破，但在发行放映层面尚缺乏配套的机制。①

随着时代的变迁，主旋律电影的类型策略、美学规范、叙事方式、影像表达等方面都在悄悄变化。具备当代性是任何艺术形态获得最大化价值的基本条件，有强烈目的性的主旋律电影更需要如此。电影的当代性不仅意味着用影像还原真实，也意味着对历史和人物的重新发现和再次选择。素材的简单堆砌和命题作文式的枯燥说教已无法满足当下观众的要求，因此，当前的主旋律电影创作需要从叙事中找到现实的关照、从意义阐释中寻找符合时代心理的切入口，这不仅是受众群体对电影创作的要求，更是当今主旋律电影的创作趋势。

当今主旋律电影已经发展到一个新的阶段，这对创作者也提出了新的要求。影片《铁人》对人文精神所做的跨时代交流和思考无疑体现了主旋律电影在主题、叙事、人物塑造和价值定位诸方面的突破和革新。《铁人》实现了口碑和票房的双赢，是主旋律电影商业美学新动向的成功，也是主旋律电影在人文内涵表达上的一次有价值的探索，体现出主旋律电影在保持独有时代特色和人文精神的同时，不断提升与时俱进的能力。影片使用双线索叙事，打破了时空限制，把过去与现在连接在一起，使影片有了更多的内涵和外延。过去和现在相结合的时空叙事不但让继承"铁人精神"这一显在命题得以显现，而且引导当下观众对"铁人精神"进行思考和认同，从而获得更多的现实意义。影片并不是将王进喜作为一个高高在上的道德模范加以简单呈现。当说着一口陕西方言、没有文化、行为有些粗俗的王进喜出现在银幕之上时，他已经不再是一个简简单单的"铁人精神"的符号，他适度地放下了工人阶级代表人物的普遍性，选择了一个工人个体所拥有的特殊性。王进喜就是王进喜，不仅仅是在极其艰苦的条件下以肉身作为机械、把铁的意志插进广袤油田的"铁人"，而且更是一名有血有肉、有激情、有冲动也有柔情的普通人。当观众以平实的眼光重新看待这

---

① 李云雷:《看不到的"铁人"》,《电影艺术》2009年第4期。

个西北石油汉子的时候，他们会被他身上的人性所感染。[①]

三、电影《铁人王进喜》

（一）剧情

作为一部建党90周年献礼影片，《铁人王进喜》由黑龙江省委宣传部、大庆市委市政府、油田公司和长春电影制片厂等单位联合摄制完成。长春电影制片厂副厂长宋江波担任总导演，大庆文化集团一级编剧马岱山历时十年创作，北京人艺著名演员张志忠、总政话剧团演员刘劲分别扮演铁人王进喜和周恩来总理。

影片通过美国女记者露茜在大庆的所见所闻，揭开了很多王进喜鲜为人知的故事，向世人还原和再现了一个真实的、铁骨柔肠的铁人形象。大概是为了避免重复，电影《铁人王进喜》尽量回避那些人们耳熟能详的铁人事迹，比如人工移井架、舍身搅泥浆，重在表现的大多是前两部影片没有提到或者是人们不大知道的铁人的另一些方面。这就为这部影片带来了新鲜感。影片生动刻画了以铁人王进喜为代表的一代中国石油人，对祖国、对人民、对事业、对家庭的强烈责任感和使命感，再现了会战年代可歌可泣的岁月及大庆50多年的变迁与辉煌，艺术地展示了大庆精神、铁人精神和大庆这座生态、自然、现代、宜居的美丽城市，既有丰富的思想内涵，又有很强的艺术感染力。

《铁人王进喜》主要是从不同的人物关系中塑造铁人的性格。[②]首先是铁人与陈指挥关于安全与进度的争论。出了事故伤了人，陈指挥严厉地批评铁人。其实出事故时铁人不当班，没有太大责任，但他一点儿也不做辩解，没有丝毫抗上情绪，而是比领导的批评更严厉地检讨自己。这么谦虚的铁人，使人感动。其次是铁人与青年的关系也使人印象深刻。天寒地冻，他胃疼得倒在雪地上，却把老婆给他缝的皮裤子送给新来的女技术员；烈

---

① 梁振华编：《光影中国梦，镜语中国卷》，合肥：安徽大学出版社，2014年，第171—173页。

② 陈宝光：《又见铁人——评电影〈铁人王进喜〉》，《文艺报》2012年3月22日。

日炎炎，他骑着摩托车去远处为受伤的徒弟找冰；爱徒迫不得已把他托付的宝贵技术资料交给造反派，他并不责怪；面对昔日批斗过他的造反派，他没有胜利者的骄矜，有的只是长辈对娃儿的鼓励。这么富有爱心、宽宏大量的铁人，使人感动。再次，铁人与妻子、战友的关系是最触动人心的。他自知不久于人世，执意为长期为他洗脚的妻子洗脚，作为对她一生情感的回报。在老肖入殓时，他为老搭档戴上自己的劳模奖章，在赴北京治病前，他带领徒弟为老肖扫墓，向他做最后的告别。这么有情有义的铁人，使人感动。第四，最使人动容的是铁人与周总理的关系，弥留之际的铁人想回大庆，坐在病床边的周总理贴近他的脸轻声说："等你养好了病，我们一起回大庆！"那种亲密无间的融融暖意，使人感动。

还有一对关系是以前铁人影片里从来没有表现过的，就是铁人与外国同行的关系。影片分为现在和历史两个时空，前者是美国姑娘露茜来大庆采访铁人事迹，后者是被采访者的讲述。露茜成为贯穿全片的线索人物。原来，露茜的爷爷是保持多年钻井进尺世界纪录的美国王牌钻井队队长，人称"钻井王"。铁人带领1205钻井队打破了他们的纪录，成了他多年的困惑，孙女替他来中国探究谜底。这样，影片就提供了一个新的向度，即从世界石油钻探史的角度来认识铁人的成就。在露茜的爷爷看来，中国的钻探技术和机器设备都不如美国，还有国际封锁、自然灾害等种种困难，钻井进尺却能超过他们，简直匪夷所思。被真相所感动的露茜告诉他，是对祖国的热爱使铁人们超越了常人所能忍受的极限。这位美国老人肃然起敬。这是一个同行、一个竞争对手的敬意。他远比一般人更能体味铁人的价值。

《铁人王进喜》借露茜的采访带出了王进喜当年工友、徒弟的回忆，选取重要但更加生活化的故事，通过侧面包抄的迂回战术重新书写王进喜形象，从而区别于1975年《创业》和2009年《铁人》宏大叙事的"正面强攻"。相比于教科书式的讲述，或者单一"重现历史"的英模片，这种"古今对话""中西对话"的结构，起码显示了电影编创已经意识到只有让王进喜走入今天观众的心坎儿里，从今天的角度去重新认识、重新阐释当年的"铁人精神"才有可能被新一代人理解和尊重，也才可能在今天被重新激活，焕发更大的生机和活力。①

（二）电影创作②

影片《铁人王进喜》在叙事结构上别具匠心。编导设计了美国女记者露茜这个人物，她的追问成为整部电影的线索。美国女记者所关心的恰恰也是观众急于想知道的：在设备、技术不如人的情况下，王进喜的团队为何能够打破美国石油大王的纪录？王进喜的斗志源于何处？他缘何能在那么艰苦的条件下成为"铁人"？今天的观众可以跟随露茜探访的足迹，看到不同时期、性格不断发展的王进喜，完成了从印象的王进喜到真实的王进喜的探寻之旅。在影片中，王进喜的形象是纵深的、多层次的。通过露茜的视角——过去与现在、中国与外国，个人叙事与国家命运融合在一起，这使王进喜的精神力量得以穿越时空，震撼人心。

王进喜是一个勇者，也是一位智者和仁者。《铁人王进喜》的主创人员怀着崇敬之情，把王进喜塑造成为一个具有钢铁意志和钢铁灵魂的铁人形象。影片中的王进喜无疑是一个勇者，勇于在技术条件有限的恶劣环境中带领团队挑战自我，赶超世界纪录；勇于在"文革"中不畏压迫、私藏队中的数据册，为大庆后来的发展留下宝贵的资料。他还是一个智者，善于总结他国成功的经验，转换为自身前进的动力；善于在失败中自我批评，从一味强调赶超他人到明白安全生产、科学管理的重要性。王进喜更是一个仁者，乐于对妻子、孩子、朋友、徒弟付出，用人格魅力将身边的人团结在一起，宽容曾经伤害过自己的人。

王进喜不仅是一位在工作上充满激情的石油工人，一位坚持理想信仰的老党员；更是一位对待年轻人不乏温情的长者，对家人充满关爱的好父亲。影片在向观众展现永不过时的铁人精神的同时，亦用充满生活气息的丰富细节描绘出有人性的、柔软的铁人，使王进喜更为饱满可亲。比如影片中有这样的细节：为因事故住院的徒弟找冰，王进喜不惜长途跋涉；得知自己患重病，不能守护妻子，为一直默默支持他任劳任怨的妻子洗脚；

---

① 《〈铁人王进喜〉：用艺术激活"铁人精神"》，《人民日报》2011年9月6日。

② 《电影〈铁人王进喜〉：编剧怀崇敬心情创作十年》，《光明日报》2011年11月9日。有删节。

在自己贫病交加时，还为油田的女技术员送去温暖的毛皮褥垫……正是在这些扎实的细节堆积中，铁人的形象被一点点树立起来。

《铁人王进喜》的整体风格是纪实的。影片中的事件全部来源于真实，从摄影到人物造型都散发质朴之美，将纪录片与影片情节融合的做法亦把这一特点强化。王进喜的扮演者张志忠的表演生动、丰满，演活了铁人豪爽、坚定、充满力量的性格，在许多段落的处理上举重若轻，极为传神。这种真实的质感有别于此前同类电影，也是这部影片最难能可贵之处。

《铁人王进喜》是大庆人首次用自己的视角去表现大庆的铁人。编剧马岱山就是大庆人，他怀着对王进喜的崇敬之情创作剧本近十年，进行过多次修改，其间经历筹资困难、立项受阻、题材撞车等多重难题，但他怀着不屈不挠、越挫越勇的铁人精神，最终在大庆市政府和长春电影制片厂的帮助下完成了这部作品。可以说影片的创作过程本身也诠释了今天的大庆精神——坚定不移的钢铁精神、有情有义的人文关怀、不畏困难的奋斗精神。

（三）电影评介①

苏小卫（国家广电总局电影剧本中心副主任，编剧）分析了电影界的"铁人现象"。她认为，英模题材关乎成败的一点，就是它能不能回答一个英模为什么会成为一个英模。如果影片只是告诉我们：曾经有过这样一个人，他是多么的不寻常，这还不能说明电影回答了这个问题。电影必须告诉观众：这个人为什么是这样，为什么会有这样一个超人，为什么会成为王进喜。苏小卫说，《铁人王进喜》创作者一开始就在追寻这个问题。"露茜，不只是把王进喜事迹串起来的一个线索，更是当代的一个追问者。露茜，代表了一些人，代表了今天的年轻人，代表了和观众具有同样想法的人，提出这样的问题，就是王进喜为什么会是这样一个人，他到底依靠的是什么。"这种追问的效果特别好，解答了那个时代的人靠着一种信念可以

---

① 吴金华：《精神的力量，真实的英雄：首都电影人热议电影〈铁人王进喜〉》，《大庆日报》2011年9月2日。《人物形象鲜明，现实意义突出：〈铁人王进喜〉观摩研讨会纪要》，《中国电影报》2011年9月15日。有删节。

为国家做任何事情。而露茜这样一个外国女孩角色的设计，不仅仅代表了今天和过去的不同，还有一个中国人和外国人的不同，在这部电影里运用非常得当，起到了它被期待起到的作用，对铁人这个人物有了新的诠释。

赵葆华（中国电影艺术研究中心高级编剧，著名影视剧作家、评论家，国务院特殊津贴专家，中国作家协会会员）认为，铁人精神是一种国家精神。《铁人王进喜》一方面表现了铁人精神，另一方面也表现了铁人精神所代表的国家精神。片子的内容和形式是同构的，将铁人的个人命运叙事和国家叙事结合起来；两条线叙事，前景呈现铁人个人命运的同时，背后支撑的是国家三年自然灾害的贫穷，"文革"十年的混乱。将铁人精神和国家精神重合在一起，站在时代的高起点上表达我们的一种主体变化和民族精神时代的走向，小故事承载大主题，举重若轻地对重大题材、对主线进行表达，十分值得赞赏。

韩志君（中国电影文学学会副会长，中国作家协会会员，著名编剧、导演、制片人）对主演张志忠在片中的表现十分认可。他认为张志忠的表演堪称出神入化，非常富有生活的质感，让观众能够被一种真实的力量所打动。他说，张志忠演绎的王进喜，他的真诚，他的质朴，他的那种忘我，以及他与人相处的宽容，都深深打动了自己。同时，剧中铁人被任命为革委会副主任后，对造反派包金生的宽容是非常打动人心的，共产党人就应该有这样襟怀。

彭加瑾（中国电影评论协会著名评论家，中国作家协会会员）对影片内容表现形式赞赏有加。在有限的四五个版块里面，电影最大限度地赋予了它新的内容，加了很多以前没有表现或者忽视的内容。他举例说，一位英雄人物可不可以自我批评？应该有自我批评。如果我们放眼到一个比较长的历史过程中，哪一个人没有缺点，哪一个人没有错误，能反省自己的错误，能正视自己的错误，恰恰是英雄的表现。他认为，自我批评和科学发展观的内容加进去以后，赋予了铁人比较强的当代性和时代感。他非常赞赏影片里的王进喜形象，不光是一个智者，一个勇者，还是一个仁者，充满仁义之心。

陆亮（国家广电总局电影局艺术处处长）指出，影片用情感把铁人精神烘托出来，有独特的创作角度。第一，这部影片中的"铁人"比以前文学作品、影视作品里的"铁人"立体感、纵深感更强。这部影片让我们知道"铁人"的另一种状态，他为了赶超纪录，也犯过错误，也挨过批评，这是以前不为人知的。第二，这部电影秉承了宋江波导演影片的一些特点，情感很深厚、很真挚。第三，编剧马岱山抓住了情感，通过铁人与领导、朋友、家人及迫害过他的人的情感交流，烘托出铁人的内心，感觉很真实，很感人。

赵光（《求是》杂志社编辑部主任）认为，影片从外国人采访的角度来提问、追问，表现出这部片子既有中国眼光，也有世界眼光，既有历史眼光，还有当代眼光，重新诠释了什么叫铁人，什么叫铁人精神。

吴冠平（《电影艺术》杂志社主编）认为，精神被淡化了，人被放大了，观众易于接受。他说，他们那一代人，对铁人行为和事迹的接受，基本是"精神"的。现在把铁人事迹重新搬上银幕，需要有更多观众进来的话，就应该把"精神"稍微推开一点，把"人"字放大一点。而在这部影片当中，精神被淡化了，人被放大了，这既是一个创作策略，将来也会成为观众接受的一个点。

李春利（《光明日报》文艺评论版主编）说，影片让他看到一个悲情铁人，铁人有很柔弱的一面，他会病倒，会挨批评，在"文革"当中受到冲击，这些都不是以前印象中的铁人。影片通过对铁人的多侧面表现，让铁人这个人物和精神更丰富了，更充沛了，更立体了。扮演铁人的演员，可以用先声夺人来形容他的表演，非常真实，有生活质感，有情绪质感，表演得非常好。

第四节　"改革先锋"及艺术创作

申纪兰系山西省平顺县西沟村党总支副书记，第一届至第十三届全国人大代表。她积极维护新中国妇女劳动权利，倡导并推动"男女同工同酬"写入宪法。先后荣获"全国劳动模范""全国优秀共产党员""全国脱贫攻坚'奋进奖'""改革先锋"等称号。作为"初心不改的农村的先进模范代表"，65年间她为农村发展持续建言，是当之无愧的全国人民代表大会制度的"常青树"。

一、新闻报道与领导嘉奖

（一）新闻报道

1953年1月25日《人民日报》发表了一篇通讯《劳动就是解放，斗争才有地位》[1]，副标题是"李顺达农林畜牧生产合作社妇女争取同工同酬的经过"，介绍了申纪兰如何动员妇女参加生产劳动以及同男社员争取同工同酬待遇的斗争过程，从此"纪兰就在全国叫响了"。

文章首先交代了申纪兰发动妇女参加生产劳动的时代背景。1951年冬天，李顺达农林畜牧生产合作社成立。到1952年，生产范围扩大了，生产任务更重了，这需要更多的劳动力。但全社男劳力只有22个、女劳力24个，如果不发动占全社半数以上的妇女参加生产劳动，增产计划就不能完成。于是，1952年春天，社务委员会决定让副社长申纪兰去发动妇女参加农业劳动。

发动妇女参加生产谈何容易，申纪兰遇到重重困难。首先遇到的是封建思想观念的桎梏。农业生产劳动需要掌握一定的技术，长期待在家中的妇女不懂技术。在张志秀等男人看来，妇女们参加生产劳动是不可能的事情，他见到妇女就说："看透你们了，起不了大作用。"年纪大的妇女也不相信："妇女离不了'三台'（锅台、炕台、碾台），咱怎能参加主要劳动。"申纪兰破解难题的办法是抓典型。秦克林的爱人李二妞，一天到晚锅前灶后，不出门，不学习，也不参加开会，做活还很慢。她丈夫看不起她，村里人都说她是"傻子"。申纪兰先与秦克林沟通好，然后再去做李二妞的思想工作。申纪兰告诉李二妞，妇女参加生产劳动才能获得解放，李二妞

---

[1] 蓝邨：《劳动就是解放，斗争才有地位：李顺达农林畜牧生产合作社妇女争取同工同酬的经过》，《人民日报》1953年1月25日。

却说："你进步你去锄麦吧。我活了半辈子，死了就是一辈子，还有啥解放不解放的？"申纪兰说："过去克林看不起你，你穿的也破。如今合作社是多劳动多分粮食，你要能参加劳动，家里多分了粮食，保险克林就对你好了。"最后终于打动了李二妞的心。第二天，李二妞扛着锄头下地了。当天收工后，李二妞被评为模范，还在村广播表扬了她。这一下刺激了其他妇女，第二天社里来了十九个妇女。

其次是实际工作中的男女同工同酬问题。按照社里的老办法，男劳力一天计"十分"，女劳力计"五分"，而且还把工分记在男性家长名下，对此妇女们很不满意，申纪兰带领妇女们同男同志进行了一连串的同工同酬斗争。在耙地的时候，女社员张雪花和男社员马玉兴调换工作，她完成了站耙任务。到晚上发工票时，男女社员只好一样发了。申纪兰把第一次胜利告诉大家。春播前需要把成堆的粪往整块地上匀。男人担粪匀粪，妇女装粪，一个妇女供应两个男人。按照规定，妇女装粪一天"七分"工，男人挑匀"十分"工。一天后，妇女们都想挑粪匀粪。男人们不同意，妇女们提议男女分开比一比，社里答应了。结果不到一个上午，妇女的粪都匀完了，有的男人还没匀完。社务委员会从此取消了妇女只算"老五分"的决议，按照男女同工同酬的原则，重新评定了妇女的底分。接着，男女社员又经过间苗、锄地、放羊比赛，妇女们都出色地完成任务，让男社员们心服口服，男女同工同酬制度也就被确定下来了。申纪兰在总结她们一年来在劳动战线上所作的斗争时说："劳动就是解放，斗争才有地位。"

2007年，《人民日报》发表了《申纪兰的根与本》①。该文作者安洋是人民日报社山西分社副社长。他说，"真实是新闻的生命"，记者从采访、思索到陈述、成文，推崇真实之外，别无选择；具体到人物的采访和写作更是如此，只有悉心关注并表现人物最真实的举动，包括下意识的行为、情不自禁的话语、正常状态下举手投足、自然而然的喜怒哀乐等细节，才能让读者信服，使读者感动。此文又是如何体现的呢？②

---

① 安洋：《申纪兰的根与本》，《人民日报》2007年3月3日。

② 安洋：《持平常之心，让细节生辉〈申纪兰的根与本〉采写体会》（2007年5月9日），载于人民日报社地方部编：《做有思想的新闻》，北京：人民日报出版社，2012年，第137页。以下内容根据此文整理。

其一，以平常之心切入。记者首先是客观现实的记录者，是永远的"第三者"和旁观者。以一种平常和纯净的心态客观地观察、记录、陈述事实，这是记者（而非作家）的职业本分。采写中，不管事先得到了多少现成材料，受到多少"先入为主"的引导，记者最该珍惜的是自己现场亲眼看到的事实，亲耳听到的议论，亲身经历的过程。在此之前，最好不急于定调子，不急于下结论，不急于激动与兴奋，不急于布局与谋篇。而是用一颗平常之心、用一丝平静之气，把功夫和着力点用在客观细致地观察、感受和思索上。

申纪兰可以说是家喻户晓的老劳模，是新闻媒体经常报道的老典型，又是两会期间少有的新闻人物（连续十三届人大代表）。采写这样的人物，现成的材料一堆一堆地摆在那里，似乎"一挥可就"。然而，要写好这样的人物，却不容易。道理很简单：现成的东西越多，记者就越容易偷懒，容易受材料束缚。这个时候，一颗平常心显得尤为重要：我是代表许多普通读者的一名普通访者，有责任将现场最生动的细节捕捉住并表现出来。

所以，当记者"大部队"还在宾馆待命的时候，安洋提前进入西沟村，见到了申纪兰，先与她共享了刚搬入新家的喜悦，又"家长里短"式地聊了许多。他还去村里的小卖部，买了两盒烟，聊了十几个人，随意串了几家门。这样，记者所想了解的和读者可能关心的东西基本上已在"闲聊"中完成，第二天参加集体采访时，安洋心中已经"轻松"了许多，思路流畅。

其二，用"软件"激活"硬件"。凡能够上《人民日报》的正面人物，一定有许多过硬的事迹和闪光的思想，安洋称之为支撑人物的"硬件"。同时，许多先进人物虽然事迹突出，个性鲜明，但在具体表述中却很难入笔，这是因为记者在采访中对一些鲜活的细节注意不够，对于人物的精气神捕捉不够，安洋把这样的鲜活细节比之为"软件"。

成功的人物报道，基本上是用一些"软件"使人物形象有血有肉、生动可亲。在本文的开篇，记者回避了一些"定语式""概括式"句子，直接从当天所遇的细节入笔，如雨夹雪的天气，"下两道坡、拐两个弯"拐进申纪兰的新房子，房子里"一摞又一摞与党和国家几代领导人合影的照片，还临时摆在一张长条桌上"，"说这话时，申纪兰那双粗糙的手缓缓地合在了一起"等。通过这些细节，记者把申纪兰最新的生活情况和西沟村的变化，自然地传递给读者。

申纪兰的"成名"源于《人民日报》，她对本报有着特殊的情结。记者把她的原话照搬在报道中："是咱们的人民日报最先把我要求男女同工同酬的心愿表达出去的，那时候妇女干点事难呀！"由这一句感慨的话，带出她几十年的经历和事迹（"硬件"），文章的过渡就显得顺畅贴切。而没有了与本报有感情关系的这句话去"激活"，这个过渡就很难脱俗。

申纪兰的年龄一直是一个问不清的事，以往的报道中有多个"版本"。记者问她，她憨厚地笑笑："现在不是不时兴问女士的年龄吗？我不想说得那么大，我觉得我还年轻，腿脚好得很，还能上山、爬坡、干活哩！"她居然用了"女士"这个词。这个细节也向读者传达了她的幽默感和不服老的心态，人物就显得很生动，同时也容易让读者理解。

客观地讲，作为一位没有多少文化基础的农民劳模，从1973年担任山西省妇联主任到1983年辞职，可能因为诸多因素，许多报道都没有讲出真实的原因，而是作为她不图名利而赞扬的。应该说，这种赞扬并不能称之为失误。但是，不少关注申纪兰的干部群众总觉得这样的解释比较牵强。采写中，记者没有回避这个问题，在扶她上坡的时候，她告诉记者当时辞职的理由是"我文化不高水平差，怕误了工作，我一天不劳动心里就发慌，怕在城里呆不住"。她还真诚地告诉记者，那十年她最苦闷，干不了那个活，一回到村里劳动就高兴了。记者把申纪兰这些真实的情况和思想基本上写在了报道中，如实传递给读者，既让事实合乎情理，也使人物更加丰满。后来申纪兰见到记者时说："你写的报道，在北京开会时他们给我念了，特别是辞掉妇联主任这件事讲了实情，我心里又了却一件事，真是谢谢你了！"这些"软件"的捕捉和运用，使人物的"硬件"事迹更加顺理成章，可信可亲。

《申纪兰的市场观》①把申纪兰描述成与时俱进的企业家。她的市场观

① 郝斌生、王占禹、张维敬：《申纪兰的市场观》，《长治日报》2006年12月9日；《农民日报》2006年12月28日；《老劳模的市场观》，《人民日报》2007年2月25日。该文还被人民网、新华社网等转载。

不是以个人发家为目的的小生产者的市场观，也不是左右逢源八面玲珑、甚至满脑市侩哲学的投机商人的市场观，而是一个经历了新旧社会和新旧时代变迁的、带领群众闯市场的老劳模的共同致富的市场观。文中对主人公市场观的反映，既是主人公光彩夺目的人格写照，又是通讯的中心论点。

该篇通讯在选题过程中没做全景式报道，而是侧重一点、不及其余。记者通过与申纪兰、村乡县三级领导干部和西沟群众代表交谈，他们发现申纪兰的思维和对市场经济的看法远比记者所想象的要深刻得多、鲜活得多，申纪兰说出的乡俚俗语都不同程度折射出市场经济学和唯物辩证法。她在市场面前表现出来的机智和探索，甚至在一些事情上的固执己见，使记者们感到值得挖掘和整理；尤其是申纪兰在很多问题上的个人观点和看法，与当代一些所谓的企业家、经营者大相径庭，这使记者喜出望外，更加坚定了记者从市场观的角度报道。

这篇通讯近似一篇对话录或访谈节目，大量地使用主人公原汁原味的口语来阐释申纪兰对市场的见解和观点，用表现代替陈述，用精彩的人物言行来完成对报道内容的见解和感情倾向。这篇通讯不是为了让人读后感动流泪，而是让人受启迪、明事理、开阔视野。当记者们在采访中发现申纪兰的言谈话语都具有朴素的哲理和蕴涵后，便力求做到尽量忠实记录受访者的言论，把受访者的每一句有价值和值得注意的话记录下来，不但适用采访者进一步走近她，而且也适用读者深一层认知她。

刘保全把这篇通讯获奖的原因归结为三个方面：发掘新思想、寻找新事实、运用新语言。[①]其一，发掘新思想。这篇人物通讯生动深刻地展示出一个新时期老劳模的市场观。如文中写申纪兰正忙着学习电脑，了解信息，用新的理念和经营方式指导村里的几家企业。老太太虽然70多岁了，但对"市场经济"这个词咬得很紧，还能讲出许多新名词。她强调的是责、权、利，一切按市场运作。她要求货真价实，靠质量打市场。她能运用通俗的话，将商品、企业形象、生产要素的含义回答得一清二楚。

其二，寻找新事实。在这篇人物通讯中，作者写了申纪兰的不少新鲜事，如文中写她去参加焦化厂点火仪式时，村党总支书记要她"多说几句

---

① 刘保全：《老树上开新花，老典型放异彩》，《新闻与写作》2008年第10期。

鼓励的话"，而她却"抹去客套话，借此机会敲敲警钟"。她给股东开会说："董事长要首先懂市场，我们不能看谁乖巧就让谁当干将，有些乖巧者只知道讨好董事长，不知道讨好市场。"这些事实展示了申纪兰在市场经济的淘洗中，不断丰富着自己的观念和认知。她不但实现了农业劳模向企业家的转变，而且在率领群众发展商品生产中把传统美德升华为时代精神。

其三，运用新语言。作者运用了许多形象生动、极具个性的新鲜语言。如，"我不比明星长得俊，但我这个人靠得住，打纪兰牌就是打诚信牌。""只要乡亲们能过上好时光，闯市场就闯市场，难道比当年石头上栽树还难，比上战场还可怕？""俺们乡镇企业最缺的是管理人才，一个能人可以搞活一个企业，一个庸人也可以败坏一个企业。"

（二）领导嘉奖

申纪兰共见过毛主席五次。1953年，申纪兰光荣地出席全国妇女代表大会，同中央领导合影并与毛主席握手。1954年，她出席第一届全国人民代表大会，又一次和毛主席合影、握手。1955年，西沟"金星农林牧生产合作社"受到毛主席高度赞扬，申纪兰出席全国社会主义建设积极分子代表大会，接受了毛主席的检阅。1956年，她出席全国军烈属积极分子代表大会，同毛主席再次握手。1957年，申纪兰出席第三次全国妇女代表大会，又和毛主席合影、握手。

1953年4月15日，中国妇女第二次全国代表大会在北京中南海怀仁堂召开，申纪兰当选为全国妇联第二届执行委员会委员。会议通知，毛主席等党和国家领导人要接见大会代表。代表们列队等候，申纪兰站在最前排。毛泽东、朱德、周恩来等党和国家领导人缓步走进大厅，与代表们合影留念。毛主席边挥手边鼓掌向申纪兰这边走来，当毛主席越走越近的时候，申纪兰便什么也不顾地推开座椅，向前两步，双手紧紧握住毛主席的手。她要好好看看人民的大救星毛主席，可激动的眼泪止不住地往下流，眼前竟是一片模糊，什么也没看见。本想说一句"毛主席好"，可一张嘴竟哽咽地说不出话来。她只觉得毛主席的手好大好大。"这是李顺达合作社的女社长"，邓颖超向毛主席介绍说。毛主席连声说：好，好啊。几十年后，申纪兰回忆说："可我当时根本就不由自己。那时激动的眼泪，想止也止不住。见到了毛主席，又握了手，这是我最大的光荣，也觉得身上有种背不动的东西。"①

1958年9月，在北京参加群英大会的申纪兰和其余六人一起，从西苑大旅社被接到周恩来总理家里。周恩来招呼大家坐下，说：你们七位都是女社长，我没时间去看望你们，请你们来坐坐。周恩来详细地询问了西沟的人口、耕地及申纪兰本人的情况。周恩来说，听说西沟绿化搞得不错，你们栽了多少树啊？申纪兰介绍了西沟的绿化情况后，周恩来很感兴趣，他说：你们山西树不多，很多山都是光秃秃的，应该多植树，树多了，可以保持水土，也能改变气候，你们那里就富了。总理留她们一同吃了饭，并和大家合影留念。这次会见长达三个多小时。

1965年6月，国务院副总理薄一波及其随行人员来到平顺，对西沟、川底和羊井底进行视察。在西沟，薄一波看望了李顺达和申纪兰，对西沟的工作作了指示：希望西沟能尽快达到人均收入100元，人均千斤粮，人均一亩林。李顺达、申纪兰都表示向这个方向努力。薄一波对闻名全国的西沟和李顺达、申纪兰等劳模特别关心，同他们保持着密切的联系。1959年11月13日，李顺达和申纪兰给薄一波写信，11月19日，薄一波亲笔为他们写了回信，信中说："你们11月13日来信收阅了，我看后十分高兴，由于你们的成绩也鼓舞了我的心。我已将你们的信转党中央各同志去阅，把穷地方变成富地方，把灾年变成丰年，西沟人民公社确实开始做到了，而且还在继续前进中。这充分显示了社会主义制度的优越性，也显示了西沟人民的干劲。"②

1994年8月28日，国务院副总理朱镕基视察西沟，他参观西沟展览馆后，提议去申纪兰家里看看。申纪兰的家很简陋，一张桌两把椅，临窗一个炕，差不多占去外屋的一半。炕头前放着一只红漆板箱，还有一只板箱放在屋门外的北墙角。朱镕基看后动情地说："纪兰同志，这些我都了解，你是一心为了工作。"他夸赞申纪兰："你从来没有利用自己的荣誉谋过私

---

① 刘重阳：《申纪兰》，长春：吉林文史出版社，2012年，第38页。
② 张福梅、张松斌编：《平顺之最》，北京：中国文联出版社，2003年，第115页。

利，始终保持了劳动人民艰苦奋斗的本色，是共产党员学习的典范"①。

1995年4月13日，时任中央政治局常委、书记处书记的胡锦涛专程到西沟考察基层党建工作，他与干部座谈时说：五十年代我在学校念书的时候，对李顺达、申纪兰就很崇敬，把他们看作中国农民的杰出代表。胡锦涛参观了西沟展览馆，听取了申纪兰对西沟历史和现状的介绍。

2000年3月，在全国人大九届三次会议讨论中，江泽民总书记来到山西代表团中间，山西省委书记田成平向他介绍申纪兰："她是从第一届到第九届的人大代表。全国连任的人大代表中就剩纪兰一位了。"江泽民说："我知道这个情况。凤毛麟角，很可贵啊！"②"凤毛麟角"——江泽民总书记对申纪兰的这个赞誉，很快在人大代表中传开。剧作家卢石华借用这个赞誉创作了大型音乐话剧《凤毛麟角》。

2009年5月25日，时任国家副主席习近平轻车简从来到西沟视察调研。在参观西沟展览馆后对随行的领导干部说："西沟60多年的发展，是社会主义革命、建设和改革开放的缩影，特别是李顺达、申纪兰为代表的西沟精神，需要深入研究、不断地继承和发扬光大"③。

1995年4月，国务院总理李鹏视察平顺并在留村接见了申纪兰。2001年5月17日，中央政治局委员李瑞环在首届"全国保护母亲河奖"颁奖时接见了申纪兰。1998年3月，九届人大一次会议期间，国务院副总理吴邦国、国务院副总理温家宝看望了申纪兰。2012年2月，中宣部部长刘云山到西沟视察工作并看望了申纪兰。2013年3月，在第十二届人大一次会议上，中共中央政治局常委张高丽看望了申纪兰。

在申纪兰的家里，有两面墙上挂满了大大小小的照片，有的照片因为年代久远而发黄，有的则是近些年才陆续添加上的彩色照片，但上面几乎全是老人与各级领导人的合影。这满墙的照片就是一部新中国的历史，因为人们熟悉的国家领导人几乎都在其间。这些照片是申纪兰最宝贵、最温暖的财富。但是，每当人们提起这些荣誉时，老人总是淡然一笑："我就是

---

① 曹新广、王国红：《信念：申纪兰逸闻轶事》，太原：三晋出版社，2013年，第3页。

② 吴小华编：《平顺劳模故事》，太原：山西教育出版社，2013年，第93页。

③ 曹新广、王国红：《信念：申纪兰逸闻轶事》，太原：三晋出版社，2013年，第3页。

太行山上的一个普通农民。"

在将近90年的人生中，申纪兰受到党和政府的表彰无数。[①] 1951年，申纪兰因争取"男女同工同酬"而名闻天下。1953年，她当选并出席第二次全国妇女代表大会，同年又被选为世界妇女代表大会代表，出席了在丹麦首都哥本哈根召开的世界妇女代表大会。1953年，申纪兰加入中国共产党。1954年，25岁的申纪兰当选第一届全国人民代表大会代表。1958年，她参加全国群英大会。1971年，她担任中共平顺县委副书记、晋东南地区妇联委员。

改革开放后，1979年12月，申纪兰被授予"全国劳动模范"称号。1983年，她担任长治市人大常委会副主任。1989年12月，她再次被国务院授予"全国劳动模范"称号。1995年5月，申纪兰第三次被国务院授予"全国劳动模范"称号。2000年，她被授予首届"全国保护母亲河（波司登）奖"，作为特邀劳模参加全国劳模表彰大会。2001年7月，她被表彰为全国优秀共产党员。2007年9月，她荣获首届"全国道德模范"称号。2009年10月，申纪兰被评为全国双百人物和新中国成立以来最具影响力的劳动模范称号。2012年3月，她被全国绿化委员会表彰为国土绿化突出贡献人物。2013年，她当选为第十二届全国人大代表，成为全国唯一连任十二届的全国人大代表。2018年，她再次当选为第十三届全国人大代表。

1992年3月3日，中共长治市委召开大会，授予申纪兰"太行英雄"称号。《中共长治市委关于授予申纪兰同志〈太行英雄〉称号暨向申纪兰同志学习的决定》[②]指出，申纪兰在荣誉和地位面前她始终保持清醒的头脑，十年如一日，不脱离劳动，不脱离群众，不为名，不为利，一心扑在工作上，保持了劳动人民的本色，表现了一个共产党员、劳动模范、领导干部应有的高尚品德。她以对党的无限忠诚，经受住了执政的考验、改革开放的考验和反和平演变的考验，不愧为共产党员的楷模，各级干部的楷模，

---

① 中共山西省委宣传部编：《申纪兰》，北京：人民出版社，2014年。根据此书的"申纪兰年表"整理。

②《中共长治市委关于授予申纪兰同志〈太行英雄〉称号暨向申纪兰同志学习的决定》（1992年2月29日），《长治日报》1992年3月4日。

劳动模范的楷模。为此，市委决定，授予申纪兰同志"太行英雄"的称号，并且在全市广大党员、干部和群众中，深入开展向申纪兰同志学习的活动。

1993年6月22日，中共山西省委组织部、宣传部联合发出《关于开展向优秀共产党员申纪兰同志学习活动的决定》。6月27日，《山西日报》登载《纪兰，你是党的骄傲》的长篇通讯报道和《发挥共产党员的先锋模范作用》的评论员文章。这篇通讯的思想性、生动性高于以往所有关于申纪兰的报道。通讯从她的生活、工作、思想的叙述中，写出了她是一个高标准的共产党员，她真正做到了"先天下之忧而忧，后天下之乐而乐"。

2007年3月26日，《中共山西省委关于开展向申纪兰同志学习活动，加强党员干部作风建设的决定》[1]发布。《决定》指出，申纪兰同志几十年如一日，牢记党的宗旨，忠实实践毛泽东思想、邓小平理论和"三个代表"重要思想，认真贯彻落实科学发展观，以高度的责任感和强烈的事业心，脚踏实地，勤奋工作，始终保持同人民群众的血肉联系，始终代表人民群众的根本利益，始终反映人民群众的愿望，始终紧跟时代前进的步伐，始终保持共产党人的政治本色，充分体现了共产党员的先进性，为全省广大党员干部树立了榜样。为了大力弘扬申纪兰同志的优良作风和可贵精神，深入贯彻落实胡锦涛总书记在中央纪委第七次全会上提出的大力倡导八个方面良好风气的要求，省委决定在全省党员干部中开展向申纪兰同志学习的活动，进一步加强党员干部作风建设。

"大家要向我们永远的申纪兰大姐学习。"2012年9月20日，自治区党委书记张春贤在会见全国劳动模范申纪兰时说。张春贤说，申纪兰作为一名基层共产党员，带领乡亲们在西沟村发挥自力更生、艰苦奋斗的精神，用"资金不够精神补、水泥不够石头补、机械不够力气补"的"三不够三补"精神，修通了村子通往外界的致富路。用共产党员与时俱进、不断创新的品质，带头在西沟村实行了家庭联产承包责任制，又带领乡亲们开工厂、办企业，带领乡亲们走上了奔小康的道路。在经济发展中，申纪兰始终不忘可持续发展的理念，连续数十年带领乡亲们种树，使得西沟村不仅

---

① 《中共山西省委关于开展向申纪兰同志学习活动，加强党员干部作风建设的决定》(2007年3月22日)，《山西日报》2007年3月26日。

成为富裕村，还成了生态村。张春贤指出，申纪兰是当代把共产党员的优秀品质和中国最优秀的传统文化结合的典范，在申纪兰众多荣誉光环的背后，是共产党员的精神境界和中华民族传统品德的光芒，我们要学习申纪兰全心全意为人民服务、大公无私和不图名利、不计荣辱的精神，同时更应该学习她的道德和精神境界。①

　　2018年12月18日，党中央、国务院授予申纪兰同志改革先锋称号，颁授改革先锋奖章。在庆祝改革开放40周年大会上，宣读了获得改革先锋称号人员名单，初心不改的农村的先进模范代表申纪兰在列。2019年9月17日，国家主席习近平签署主席令，授予申纪兰"共和国勋章"。在庆祝中华人民共和国成立70周年之际，根据十三届全国人大常委会第十三次会议表决通过的全国人大常委会关于授予国家勋章和国家荣誉称号的决定，授予42人国家勋章、国家荣誉称号。在此次八位"共和国勋章"获得者中，有一位人们熟悉的"老劳模"申纪兰，也是我国唯一连任十三届的全国人大代表。

二、上党梆子戏《西沟女儿》及其创作

　　上党梆子现代戏《西沟女儿》以全国劳动模范申纪兰为原型，由山西省高平市人民剧团创作、编排。国家一级编剧张宝祥担任编剧，上海京剧院国家一级导演王青担纲执导，中国戏剧"梅花奖"得主陈素琴领衔主演。

　　《西沟女儿》采取了人物传记体表现方式，全剧共分七场。第一场为"争取同工同酬"，申纪兰主动要求上山放羊甘做女羊工，说服众人实行男女同工同酬。第二场是"荒山种树"，申纪兰带领西沟妇女绿化荒山，坚持种树不改初衷，并被选为全国人大代表。第三场是"转户之争"，申纪兰主动放弃省妇联主任职务，不转户口，不要工资，甘当一位普通的农民。第四场是"抵押山林"，申纪兰带领乡亲们建铁厂，靠抵押山林贷来资金，反映她迎难而上的坚定信念。第五场是"买电视"，叙说申纪兰与婆母的殷殷情怀。第六场是"病房告白"，申纪兰与五十年相濡以沫的丈夫的诀别；第

---

　　① 宋建华：《张春贤：大家要向我们永远的申纪兰大姐学习》，新疆网，2012年9月21日。

七场是"捐款打井"，申纪兰看到村里打井缺少资金，将自己的奖金无私捐献出来。剧终时深井打成，申纪兰与群众欢呼庆祝。

《西沟女儿》充分调用戏曲手段，以生动、简洁的舞台语言，形象地展示了申纪兰为人妻、为人母、为人媳，以及她和乡亲们朝夕相处、甘苦同担的无疆大爱；向人们生动地讲述了这位深受乡亲爱戴的全国老劳模平凡而伟大的人格魅力、平实而淳朴的农民情结、平常而绚丽的人生轨迹；再现了申纪兰坚定不移的革命信念，经久不变的劳动本色；生动地讲述了申纪兰对党、对群众、对家乡的深厚感情和坚持改革不断创新的时代精神。

2011年7月26—27日，作为2011年全国现代戏优秀剧目展演的参演剧目，《西沟女儿》在北京中国评剧大剧院调演，好评连连。7月28日，山西省在北京山西大厦举行上党梆子现代戏《西沟女儿》晋京展演座谈会。文化部、中国剧协、中国现代戏研究会的领导、专家祝贺该剧演出成功，赞誉该剧选取申纪兰人生中几个真实典型的片段，讲述了西沟女儿成长为时代楷模的生动故事，传播主流价值观，唱响"纪兰精神""太行精神"。专家们认为，上党梆子《西沟女儿》是一部较为成功的人物传记体的现代戏。该剧突破现代戏创作的难点，通过申纪兰带领西沟妇女争取同工同酬，放弃担任省妇联主任，不要工资、不转户口，甘当农民，丈夫病重申纪兰负疚等一个个场景，展示了申纪兰平凡朴实，又具有传奇色彩的大爱人生。全剧情节感人，脉络清晰，舞台呈现朴实无华，唱腔既继承上党梆子的传统韵味，又有创新和时代感。陈素琴、李琴玲、张庆春等演员表演到位，感情充沛，人物性格丰满。①文化部副部长王文章称赞该剧，"很有特色，完全可以占领市场，赢得观众。"②

张宝祥是晋城市上党戏剧研究院国家一级编剧，创作过《赵树理》《千秋长平》《西沟女儿》等剧目。他写过《西沟女儿》的创作札记，谈到该剧的选材、立意和结构三方面。③

---

① 李晓芳：《〈西沟女儿〉座谈会在京举行》，《山西日报》2011年7月29日。

②《〈西沟女儿〉展现"纪兰精神"》，《太原晚报》2011年8月4日。

③ 张宝祥、张华：《山西上党梆子〈西沟女儿〉：农村需要"申纪兰"》，《人民日报》2011年8月18日；《一曲"纪兰精神"的赞歌：国家一级剧作家张宝祥谈〈西沟女儿〉创作过程》，《太行日报》2012年4月27日；《〈西沟女儿〉诠释一种精神，塑造一个传奇》，《太行日报》2012年4月27日。根据这几篇文章整理。

一是剧本选材。十多年前就有剧团约张宝祥以申纪兰的故事写戏，他为此压力很大，因为申纪兰是家喻户晓的名人——全国劳动模范、全国道德模范、全国唯一的一至十三届全国人大代表，她平凡而伟大的经历本来就具备了很强的戏剧性、传奇性。张宝祥熟悉身边的这个英模人物，也认为是一个难得的好题材，但是题材重大，难度也越大。直到2009年冬天，山西省委宣传部部署庆祝建党90周年的文艺创作，重新点燃了他的创作激情，张宝祥重新审视了题材的优势和难度，"鉴于不少描写申纪兰的文艺作品都未能成功，我在创作过程中也非常谨慎。为了写好剧本，我更细致地研读了大量资料，多次到西沟采访。"①有一次，他看见申纪兰眼含热泪地讲述"没有共产党就没有申纪兰"，他的眼睛湿润了，热血沸腾了，情不自禁地扪心自问："不写这样的农村题材写什么？不写这样的共产党人写什么？"拿定主意，知难而上。

二是立意谋篇。张宝祥制定了一个原则：力求生活真实与艺术真实相统一。剧中人物语言不一定照搬生活，但主要情节一定是申纪兰做过的事情。剧中细节和配角设置在合理的范围内虚构，剧中人物的内心世界、思想情感既有"大我之情"，又有"小我之情"，力求既不失正面教育意义，又能引起观众的共鸣。申纪兰在不同时期有不同的作为，但是，有一个不变的主导思想贯穿在她的所有行动中，那就是"建设新西沟，让乡亲们过上好日子！"（申纪兰语）这句话朴实无华却掷地有声，是美好的愿望，也是郑重的承诺。为实现这句话，申纪兰牺牲个人利益在所不惜；为了实现这句话，她奋斗了一生，奉献了一生。这句话成为贯穿剧本始终的思想主线。

三是结构方法。起初剧本想沿用一人一事的传统写法。构思下来，张宝祥总觉得单薄、缺乏力度，不足以表现申纪兰这样经历多、事迹多的英模。最后他决定还是采用"串糖葫芦"法，在申纪兰的奋斗史中，精选七个耀眼的亮点，由这些亮点构成全剧的骨骼。《西沟女儿》采取了人物传记体表现方式，全剧共分七场，紧紧抓住了申纪兰一生中典型的片段，"各个

---

① 张宝祥、张华：《一曲"纪兰精神"的赞歌：国家一级剧作家张宝祥谈〈西沟女儿〉创作过程》，《太行日报》2012年4月27日。

章节看似独立，实则联系紧密、相互融合。这七个章节，将申纪兰精神的伟大生动地展现在了观众面前。"①

申纪兰扮演者陈素琴是中国戏剧"梅花奖"得主，现任高平市人民剧团团长。她说："申纪兰是一个平凡的女人，但是她身上却有很多不平凡的事迹。我小时候就常常听说她的故事，所以见到《西沟女儿》这个剧本后，我的第一反应就是要接下来，演好申纪兰。"但要演好申纪兰，对她来说是一个大的挑战和考验。改革开放以来，很多剧团排演的现代戏多是表现辛亥革命或抗战时期的作品，而对于真人真事，尤其是仍然健在的人的事迹，很多剧团都不敢轻易尝试。在演技方面，这部戏让陈素琴的表演能力得到很大突破，她说"饰演申纪兰是我演艺生涯的又一个里程碑。"

陈素琴认为《西沟女儿》的成功首先要归功于申纪兰，"她的这些不平凡的事迹和精神，会让很多人产生想要观看、想要了解的兴趣。"当然，演出成功也离不开演员下的功夫，"为了演好申纪兰，我多次到申纪兰家中拜访，体验和感受申纪兰的生活。我陪她说话，和她的家人还有西沟的村民聊天，从多方面了解申纪兰。这个过程，我感觉自己开始走进了申纪兰的内心深处，常常不由自主地被她感动，被她震撼。多次接触后，我发现自己不但在演戏的过程中能准确地表现出人物的感情，而且自己本身也在不断向申纪兰精神靠拢。"②

高平市人民剧团演红了《西沟女儿》，并带着该剧登上省级、国家级舞台，很多人认为这是小兵立大功，"撞"了个头彩，但在剧团全体演职人员看来，他们之所以能抓住这次机会，是因为他们时刻在准备着。"只有充分准备，才能抓住机会。"团长陈素琴说，"在文化体制改革的大背景下，我们剧团迅速突围，主动适应市场，不放弃任何发展机会。"当初，张宝祥拿着剧本找了不少剧团，但没有剧团敢接这个戏。"有的是害怕失败，有的是不感兴趣。"张宝祥说，"但高平市人民剧团看到这个本子以后，表现出了极大兴趣，非常愿意接这个剧，这才有了这次愉快的合作。"不敢接戏的重

---

① 张宝祥、张华：《〈西沟女儿〉诠释一种精神，塑造一个传奇》，《太行日报》2012年4月27日。

② 李广翰：《用纪兰精神演纪兰：专访申纪兰扮演者、高平市人民剧团团长陈素琴》，《太行日报》2012年4月27日。

要原因在于表演申纪兰是有难度的，省文化厅原厅长成葆德说："对于艺术作品来说，表现真人真事和好人好事的难度很大。《西沟女儿》表现的不仅是真人真事、好人好事，而且还是活人活事，其难度可想而知。"①

三、上党落子戏《申纪兰》及其创作②

上党落子戏《申纪兰》由长治市上党落子剧团创作，导演韩剑英，编剧小上，主演郭明娥和王万丽。该剧被文化部选为"纪念毛泽东同志《在延安文艺座谈会上的讲话》发表70周年优秀展演剧目"，并于2012年5月16日、17日在北京梅兰芳大剧院展演。

上党落子戏《申纪兰》取材于现实人物申纪兰。申纪兰是共和国第一届至第十三届全国人民代表大会代表，曾被国外媒体称为"资格最老的国会议员"。在她的身上，集中体现了新中国普通妇女勤劳朴实的优秀品质，见证了新中国农村妇女追求平等、追求解放并参与国家建设、国家政治的历史足迹，浓缩了中国妇女为摆脱精神束缚走向新生的艰难历程。这是一部我国农村，尤其是太行山老区五十年发展变化的历史缩影，是太行精神和上党老区人民艰苦奋斗的最好诠释。也是弘扬党的艰苦奋斗优良传统、始终保持党的先进性、纯洁性，加强廉政文化建设的好教材。

全剧刻画人物细腻，唱腔道白地方特色鲜明，故事生动感人、催人泪下。在十年动乱时期，她不躁动不盲从，表现了一个人民代表、共产党员正直善良的优秀品格。她不把成绩当作换取个人好处的筹码，相反，在优裕的生活待遇和政治待遇面前，她选择了放弃，根植山村、心系山村，把家乡建设当作自己的责任。在拜金主义思潮影响下，不少人被金钱诱惑所击倒，她却始终如一地坚持操守，彰显了一个人民代表、共产党员廉洁自律的光彩形象。由此可见，申纪兰这一人物形象不仅具有革命传统教育意义，而且具有重要的现实价值。

---

① 张宝祥、张华：《〈西沟女儿〉诠释一种精神，塑造一个传奇》，《太行日报》2012年4月27日。

② 小上、高培玺：《〈申纪兰〉创作背景和剧情》，《中国文化报》2012年5月10日。杨大林：《精编精导出精品：戏剧〈申纪兰〉编导小上、崔彩彩夫妇印象》，《山西日报》2011年3月7日。

该剧从弘扬正气、唱响主旋律的主旨出发，取材于人物三个不同时期的典型表现。新中国成立初期，她追求女性解放、参与国家建设、首创同工同酬，受到国家领导人的赞扬和接见，光荣地当选为第一届全国人大代表。20世纪70年代，她调任省妇联工作后深感难以适应，坚决要求辞官返乡，不要工资、不要级别、不坐专车、不转户口，始终保持清醒冷静的政治头脑，把根深深扎在生于斯长于斯的小山村，充分表现出高尚的精神品格。改革开放后，她带领西沟人民兴办企业，走上了致富奔小康的道路。

该剧在创作上以主人公成长发展的轨迹为主线，以三个时期的典型事迹为重点，采用了纵向构图的结构，从而增强了人物的典型代表性和历史厚重感，避免了人物性格上的单一、类型化倾向。在人物性格形象塑造上，尊重历史的真实和人物的真实，以人物内在的心理活动和内在冲突为重点，挖掘人物的精神世界和价值追求，尽力从平凡中塑造不凡，从朴实中发现光彩。几十年来，申纪兰牢记党的宗旨，永葆劳动本色，在她身上不仅体现出了共产党人崇高的精神品质，更体现了社会主义核心价值观，体现了中华民族的传统美德。①

2011年1月18日晚，山西省晋剧院排练场，向省"两会"汇报演出的长治市上党落子大戏《申纪兰》正式开场。大幕徐徐拉开，随着"叮叮当当"的开山凿石声音传来，西沟村妇女在层峦叠嶂的绿树掩映下，抢锤开山，挑担运石，呈现出一派繁忙的劳动景象。舞台布景气势恢宏，剧情起伏跌宕，随着剧情的步步深入，观众被全国人大代表、全国劳模申纪兰扎根山乡、甘于奉献、公而忘私的精神深深地打动了。剧场内，观众情绪热烈，产生共鸣，时而捧腹大笑，时而唏嘘不已。演出长达两个多小时，引人入胜的故事情节，诙谐幽默的戏剧道白，精湛绝伦的表演艺术，高亢优美的唱腔音乐，不仅让观众品尝了一顿艺术盛宴，更让他们受到了一次人生观的洗礼。

此剧编导是小上、崔彩彩夫妇。曾获得全国"文华奖"的《两个女人和一个男人》《初定中原》《父亲》，也均出于小上之手。小上应邀为山西剧团创作了几部大戏，均获好评。特别是别人视为畏途的现代戏，他每每

① 小上、商培玺：《〈申纪兰〉创作背景和剧情》，《中国文化报》2012年5月10日。

出手不凡。近年来反映申纪兰的电影、电视、戏剧作品不在少数，但甚少成功。这次，长治市上党落子剧团邀请小上也是极为慎重的。小上接受任务后，感到责任重大，压力不小。

小上、崔彩彩夫妇深入挖掘申纪兰的精神内涵。他们夫妇二人于2009年秋天就到申纪兰的家乡西沟村采访，通过走访村民、村干部，他们掌握了大量的第一手资料。经过深入分析研究，他们选取了申纪兰在三个不同历史时期的典型事件进行提炼和打造：第一，新中国成立初期，申纪兰追求妇女解放，参与国家建设，首创男女同工同酬；第二，十年动乱时期，她政治立场坚定，不跟风，不随波逐流，保护老干部；第三，她在随军、进城、职务和待遇面前，头脑清醒，重返太行，扎根山区，几十年如一日，带领群众艰苦奋斗，将荒坡变为绿野。该剧尊重历史的真实和人物的真实，通过主人公的生活轨迹与不同时期的心路历程，高度概括、生动地再现了申纪兰这一普通劳动妇女的本色，塑造了全国劳模的光辉形象。

"作为编剧，剧情感动不了自己就感动不了观众。"这是小上常挂在嘴边的一句话。创作灵感，源于对生活的理解，是经历人生风雨之后沉淀下来的真情实感，只有真实才能感人。小上熟悉农村生活，多年来主要从事现代戏创作，对地方风情、民间民谣，有较为深刻的了解和研究，加之其有扎实深厚的文学功底，难怪成绩斐然。一位戏剧评论家评价小上的剧作《初定中原》说："如何巧妙地构筑矛盾，处理人物关系，使之合理发展，且能够演绎出情理之中、意料之外的故事，是作家艺术功力的体现。作者小上同志经过20年的实践，不断总结摸索，深得编剧之三昧，终成善于设置戏剧矛盾、演绎戏曲故事的高手。"剧作《申纪兰》也是如此。[①]

四、长篇报告文学《见证共和国》及其创作

一部反映全国著名劳动模范申纪兰崇高精神和光辉人生的长篇报告文学《见证共和国——全国唯一的一至十届全国人大代表申纪兰》，于2007

[①] 杨木林：《精编精导出精品：戏剧〈申纪兰〉编导小上、崔彩彩夫妇印象》，《山西日报》2011年3月7日。

年3月2日在北京举行首发式，为全国"两会"的胜利召开送上了一份特别的礼物。长治市领导专程前往祝贺。中国新闻工作者协会党组书记翟惠生、人民日报副总编辑梁衡、中国作家协会副主席张炯、中国报告文学学会常务副会长周明、光明日报副总编辑何东平、解放军报原总编辑杨子才等首都文化界、新闻界领导、作家、评论家、知名人士，中央主要新闻媒体记者共百余人出席首发式。①

长篇报告文学《见证共和国》由长治市作家刘重阳与长治日报社社长王占禹共同完成，该书共25万字，分为22个章节，作品真实地展现了申纪兰人生的风雨历程、崇高品格和高尚精神。全书内容翔实，史料丰富，挖掘深刻，叙述生动，感人至深，丰富立体全景式地见证了新中国农村发展的起伏，对民族精神进行了深层的开掘和理性的思考，给人恢宏凝重、感人至深的震撼与冲击。与会专家一致认为，《见证共和国》成功展示了报告文学作家驾驭大题材的理性高度，是一部具有厚重文学内涵、张扬民族精神的英雄壮歌。

申纪兰在会上表示，要时刻牢记为人民服务的宗旨，以更加昂扬的精神，为社会主义新农村建设再创新业绩，再添新风采，再立新战功。长治市领导认为，该书出版对于学习贯彻胡锦涛总书记关于"八荣八耻"和社会主义新农村的重要论述，弘扬"太行精神""上党精神""纪兰精神"，鼓舞和激励人们奋发进取，具有十分重要的意义。

著名文学评论家何西来说，申纪兰是闻名遐迩的全国女劳模，从20世纪50年代起，他就从新闻媒体上听到有关她的报道，但是没有近距离地接触过。及至看了这本报告文学新作，才对她的生平、品德与贡献有了更为系统、生动和形象的了解。在这部作品的出版座谈会上，他有幸见到申纪兰本人，同时，见到了两位作者。申纪兰给他留下的最深刻的印象是像太行山、像大地一样朴实。虽然已属耄耋之年，依然身板挺直、硬朗，精神矍铄，讲话不拿稿子，思维清晰，声音洪亮浑厚，底气十足，透着一个农

---

① 郭思嘉：《长篇报告文学〈见证共和国〉在京举行首发式》，《长治日报》2007年3月4日。

村老共产党员的忠诚。[①]

　　由两位长治本地作者写当地的劳模，自有其显而易见的地缘文化优势。诚如王占禹所说，如果请外地名家来写申纪兰，他"担心表达不出我们太行人那种特有的感情"。不只是感情，就是那些带有浓郁的乡土特色和表现力极强的叙述语言，别地作家也一时难以达到。

　　劳模是我们人民共和国走过的历史行程中的英雄人物，他们以其贡献和品格，始终走在历史潮流的前头，是理想人格在现实生活中的具体体现，是人们学习与效法的榜样。而像申纪兰这样，作为扎根农村，历时半个世纪的老劳模，从20世纪跨入21世纪，仍能保持其作为劳动者的本色，作为历届人民代表，实在是凤毛麟角。王占禹把她的精神比喻为太行山的峰峦，说走近她，就像是"走近一座高山"，应该说是很贴切的。读了《见证共和国》，见到了申纪兰本人，听了她简短本色的讲话，何西来打心眼里敬佩，也有一种"高山安可仰，徒此揖清芬"的感觉。

　　报告文学是一种纪实型的叙事艺术，从叙事上来说，它与小说、戏剧的区别并不大，区别仅仅在于它的非虚构性。好的报告文学也要写活人物的性格、动作和心理，呈现其独特的命运。因此，作者必须善于捕捉和运用那些有表现力的细节，让读者一看就能记住。在刘重阳和王占禹的笔下，就有不少这样的让人难忘的细节。比如，写申纪兰第一次进京参加全国妇代会幸福地见到了毛主席的情景。参加第一届全国人民代表大会，为了投她衷心爱戴的毛主席一票，她事先练习一定要把圈儿画圆的细节等，都是很出彩的。

　　为了做好人大代表，她是付出了巨大代价和牺牲的。她和丈夫张海良做了50年夫妻。1996年丈夫先她而去，她大放悲声。和她最贴心的婆婆对孙儿说："多回来瞧瞧你妈，你妈苦啊。就是能忍。"一个"苦"，一个"忍"，这是中国劳动妇女最可宝贵的品格。两位作者为读者描绘了一位像太行山的峰峦一样高大、浑朴、厚重的共和国见证者的形象。当她说"多大的领导我见过，多大的困难我遇过，我就是豁出命要走在前面"时，那

[①]《见证者的形象就是共和国的形象：读刘重阳、王占禹〈见证共和国〉》（2007年3月20日），载于何西来：《纪实之美》，北京：作家出版社，2009年，第89页。下文据此整理。

性格的和精神的支点，就是"苦"和"忍"这两个字。见证者的形象，就是共和国的形象。

2009年3月25日，长治市召开申纪兰模范事迹文学艺术作品研讨会，①邀请山西省文学艺术创作界知名专家学者，曾与申纪兰朝夕相处过的基层代表以及长治市文学艺术界人士交流座谈，就申纪兰文艺创作相关事宜进行深入探讨。座谈会上，与会人员分别从申纪兰对党的忠诚、对土地的情结、对西沟的情怀、对群众的感情、对农民的关注、对发展的认识、对下一代的教育、对官位政绩的看待等方面，讲述了大量各自与申纪兰在工作、交往中发生过的生动事例，阐述了各自心目中的"纪兰形象"，为下一步创作申纪兰文艺作品提供了大量有价值的鲜活素材。

山西省文学艺术创作界知名学者姚宝瑄、王笑林、许凌云先后发言。山西大学教授姚宝瑄说，山西的文化有着像煤一样的宝藏，申纪兰是中华女性的杰出代表，是太行英雄儿女的优秀代表。传播、宣传和弘扬纪兰精神，是文学艺术工作者的责任。参加创作的文艺工作者一定要深入到申纪兰生活工作的第一线，深入挖掘文艺创作的丰富宝藏，不断激发创作激情，争取创作精品，奉献给人民。

长治市委书记说，申纪兰始终保持坚定的政治信念、高尚的精神情操和共产党人的英雄本色，始终保持劳动人民艰苦奋斗的优良传统，不脱离土地，不脱离劳动，不脱离群众，是大家永远学习的榜样。在纪念建国60周年之际，宣传和弘扬"太行精神""纪兰精神"，对鼓舞和激励人们奋发进取，谱写长治市文艺繁荣新篇章具有十分重要的意义，希望相关部门配合创作人员，广泛搜寻相关资料，认真研究申纪兰特有的坚韧、吃苦与奉献精神，努力创作出群众喜闻乐见、生动感人的讴歌申纪兰精神的优秀文艺作品。

---

① 张海霞:《宣传纪兰精神,创作艺术精品:我市召开申纪兰模范事迹文学艺术作品研讨会》,《长治日报》2009年3月28日。下文据此整理。

第五节 影视《吴运铎》创作及人物形象

电视剧《中国保尔·吴运铎》由孙卓执笔编剧，曹保平出任导演。创作者力图以当代青年人可以理解的视点，运用现实主义和浪漫主义的创作方法，艺术地再现以吴运铎为代表的老一辈共产党员的光辉形象。电影《吴运铎》是由安澜执导的一部主旋律剧情片，影片讲述了抗战时期兵工专家吴运铎和勇敢智慧的兵工人员为解放事业英勇献身的故事。

一、电视剧《中国保尔·吴运铎》

（一）套层结构

从艺术角度来看，电视剧《中国保尔·吴运铎》所采用的"三套层"结构显得很有灵气。它把体育学院的年轻女大学生（一个当代青年的艺术形象）王倩，与保尔·柯察金以及吴运铎等发生在三个不同年代和不同对象身上的人生故事，用巧妙的情节铺陈套接起来，从而使之产生了奇特的时空转换、情感交织和形象叠印。

编导者采用此种艺术结构是有其深意的。其一，这是隐含着革命者的精神在三代人中是一脉相承的，凸现出共产主义理想巨大的感召力和无穷的生命力。其二，试图用当代人的视角来观照革命历史、观照革命英雄。其三，用时空延伸的手法，拓展了"英雄情结"的内在张力，烘托、渲染和强化了"英雄将永远活在人们心中"的题旨。

《中国保尔·吴运铎》（简称《吴》）剧所采用的"片中片"套层结构，与以往有着相似结构的影视作品，如英国电影《法国中尉的女人》是有所不同的。后者根据约翰·福尔斯的同名小说改编，它将小说中的三种结局转换为一组人物、两个故事（演员演绎剧中人的故事和演员自身发生的故事）。一般来讲，在此类片中都明显地存在着一次主体（如演员）对客体

（如剧中人）的"误认"以及一种关于"我是谁"的困惑。《吴》剧在"洋为中用"时进行了大胆的创新。该剧开篇伊始，切入画面的就是体育学院的女大学生王倩来到一位垂危老年病人的床前，为他朗读《钢铁是怎样炼成的》这部小说，并为患病老人记录他对战友吴运铎的回忆。尽管《吴》剧中对王倩的经历交待不多，却能使观众深深地感受到保尔和吴运铎对她的影响始终存在；感受到王倩对保尔和吴运铎的认识，随着剧情的发展也由表及里地逐步得到深化。细加琢磨，我们不难看出王倩在剧中多少带有一点生硬的"符号"意味，但是，正是这个人物的存在，才增添了该剧的现代色彩，同时她对揭示和深化该剧的主题也不无裨益。①

就这部电视剧在总体叙事上的审美重构而言，编导者突破了通俗剧的常规叙事模式，而是锐意创新，采用更加接近电影思维的方式，以"套层结构"来展开故事情节。第一层是现实空间，写一位充满青春朝气的从事"攀岩"运动的女大学生王倩，她应聘为一个垂危的老人来读《钢铁是怎样炼成的》小说，并为老人做关于战火纷飞年代"回忆"的笔录；第二层是记忆中的另一种影像空间，也即苏联电影《钢铁是怎样炼成的》中的一些片段；第三层则是被赋予鲜活生命的历史岁月，即由病危的"张老"（其身份是当年吴运铎的战友小栓子）叙说、由王倩倾听并记录的关于吴运铎壮丽而灿烂的铁血生涯，这也正是本剧叙事的主体核心层面。在审美的意义上说，第一、二层属于叙事的"副部"，对于该剧"主部"（核心故事）的关系，既是一种"间离"和"陌生化"，又起到"对话"和烘云托月的艺术作用，并且，还在受众的观影心理上激发出更强的参与意识。②

作为艺术对历史的再发现，成与败往往取决于被莱辛所称道的"题材的个性化"和被赋予"历史的名字"的性格的重塑。这部电视剧借助于艺术的"套层结构"，呈现了现实对历史的质询，比较巧妙实现了题材的个性化。剧中所着力塑造的吴运铎的形象，恰恰正是这样一个被历史自身所锻

---

① 王啸文：《这就是中国的脊梁——看电视剧〈中国保尔·吴运铎〉感言》，《当代电视》2001年第12期。

② 黄式宪：《崇高着的精神魅力——谈电视剧〈中国保尔·吴运铎〉的审美重构》，《当代电视》2001年第11期。

铸的、无可替代的历史的名字。吴运铎并非天生的、叱咤风云的英雄，而是在革命战争铁与火的锤炼中一点点成长为无私无畏的钢铁战士的。编导者紧紧抓住了一点，就是在全剧叙事的"主部"，透过特定的人物关系和性格冲突，朴素地揭示了战争年代的诗意，并生动感人地再现出吴运铎性格成长的历程。

由叙事"副部"来建构一座艺术的"桥"，以体现现实与历史的对话，这一构思诚然是别具新意的，但这里重要而不可或缺的是艺术的"度"，如病危的"张老"的回述，在造型空间的构筑上，与"主部"缺少主观意绪、情像的必然契合点，因之力度有所不逮；而女大学生王倩重复而略显累赘的"攀岩"以及苏联影片《钢铁是怎样炼成的》的若干片段，由于穿插过多，不但影响了"主部"叙事的流畅和节奏，而且还带来了某种斧凿、比附的痕迹，流于席勒式观念的浅白了。①

这个剧在叙事置换中构筑了三层时空，现实时空里的王倩和张老，历史时空中的吴运铎和他的兵工厂，还有心理时空中的"保尔·柯察金"。虽然不同时空的转换，在一定程度上丰富了剧作的表现力，有助于深化剧的主题，但从艺术完成看，令人感到遗憾的是，现实与心理时空的插入相对说来还略显粗糙，一些地方未能进入情节链条并使之成为全剧的有机整体。因而与艺术所要求的整体和谐有所游离。②郑伯农也认为，电视剧采用三条线索交错叠映的手法，把历史和现实交融起来，既写过去的斗争，也写历史对于现实的启示，这是可取的。但他又认为，关于苏联保尔那条线可以全部删节，因为它无助于深化对当年修械所生活的认识，有时还会干扰故事的顺畅进行。剧中要表现保尔精神对吴运铎的影响，有王倩给小栓子读《钢铁是怎样炼成的》就可以了。革命历史题材的作品，不论采取什么视角，首先还是要把当年的斗争生活开掘深、描写好。③

---

　　① 黄式宪：《崇高着的精神魅力——谈电视剧〈中国保尔·吴运铎〉的审美重构》，《当代电视》2001年第11期。

　　② 刘扬体：《为了崇高的信念——看电视剧〈中国保尔·吴运铎〉有感》，《当代电视》2001年第11期。

　　③ 郑伯农：《好钢需要百炼——电视剧〈中国保尔·吴运铎〉观后》，《当代电视》2001年第12期。

（二）"主旋律"创作

越是反映主旋律的电视剧，越是要讲究作品的艺术性。电视剧《中国保尔·吴运铎》最着力描绘的无疑是吴运铎的英雄事迹。作为一种崭新样式的人物传记片，它撷取了吴运铎人生道路上的最耀眼的几个闪光点。集中表现了吴运铎在三次身负重伤和器材、原料和技术都严重短缺的条件下，坚忍不拔，舍生忘死，克服常人难以想象的各种困难，奇迹般地为前线将士提供了源源不断的武器弹药。在战火纷飞的年代，为了开创和建设我军的军工生产线，吴运铎炸瞎了左眼，失去了左手，一条腿也成了残废，周身伤痕累累，但是，他身残志坚，生命不息，奋斗不止。

同许多杰出的革命英雄一样，吴运铎之所以能从一名贫苦的矿工成长为英雄，除了他自身的意志和品格外，还离不开他成长的环境和战友们的影响和帮助。譬如在该剧第2集中，战友徐洪军为掩护吴运铎而被敌人抓获。徐洪军是烈士的子弟，曾经与吴运铎发生过龃龉，当他被敌人捆绑着吊起来时，他高声呐喊："娘，我要走了，我不会给你丢脸。"暗示吴运铎不要暴露自己，作无谓的牺牲。徐洪军壮烈就义的悲壮场面永远铭刻在吴运铎心中，也永远激励着他和战友们为革命前赴后继。在第5集中，孔部长领何守莉和小栓子等战士到敌后去购买雷汞，在通过敌人封锁线时被敌人发现。为了战友的安全，转移敌人的注意力，孔部长毅然引爆了手中的雷汞。在第8集中，党支部书记周炳武同志在一次试炮弹的事故中，为保住兵工厂的顶梁柱吴运铎，他不顾自己的安危扑在吴的身上，自己献出了年轻的生命。《吴》剧在塑造这些英雄群像时，注重刻画他们各自不同的鲜明性格，注重情节的铺垫和气氛的渲染，因而能使观众信服，给人震撼。值得一提的是，这些战友的牺牲精神和高尚人格，也正是吴运铎形成"把一切献给党"人生价值取向的极为重要的原因之一。①

寓崇高于平凡，难在写出精神的亮点、思想的风采。吴运铎文化程度不高，在土法上马研制枪榴弹以及后来试制大火力的平射炮的过程中，他

---

① 王啸文：《这就是中国的脊梁——看电视剧〈中国保尔·吴运铎〉感言》，《当代电视》2001年第12期。

靠什么一次次创造了奇迹呢?《中国保尔·吴运铎》这部作品，以艺术的力量雄辩地揭示，吴运铎与众不同的精神魅力体现在出于对党、对革命的忠诚，他的工作就是与枪弹、雷管、炸药打交道，换言之，就是与死神相遭遇、相拼搏，他舍生忘死、履险不惊，"奇迹"就是以他三次身负重伤、身残志坚、克服了常人难以想象的困难所换来的。在第4集里，他为了从雷管里挖出雷汞，不幸雷汞意外引爆，致使他左眼被炸瞎，左手腕炸断，右膝盖炸裂。其后，当他在师医院养伤时，突然得知，军工部孔部长率领战士深入敌后购买雷汞，在穿越日军封锁线时遇险，为掩护战友毅然引爆手中雷汞而英勇捐躯。这里，前后互为呼应地插入了两组"无声"(艺术地处理成"默片")的镜头:一是孔部长引爆雷汞的瞬间，何守莉、小栓子等刚刚越过敌人封锁线的战士，不约而同向孔部长发出无声的呼唤;二是从吴运铎主观视点观察的镜头:师医院，一身白衣的林院长(孔部长的妻子)正强忍悲痛、不显声色地坚持为一个个伤员换药治疗，但画面却寂静失声，此刻恰恰"于无声处"展现了吴运铎化悲痛为力量的内心波澜，并揭示出他受到精神的巨大激励而自此走向政治的成熟。[1]

这个剧出场人物不多，但每一个人都以这样那样的方式默默影响着吴运铎的成长，同时又都受到吴运铎英雄行为的深刻感染。比如，吴运铎入党，他不是一开始就有了我"先进"、我将代表大众利益的观念，而是受到修械所所长徐洪军——那个年轻的"老革命"用生命发出的巨大感召:徐洪军为了掩护吴运铎而被捕。在敌人严刑拷问下，他面对熊熊烈火视死如归，用自己的生命保护了党的利益，也保护了吴运铎。所以，吴运铎心中的共产主义信念，是和自己目睹战友的牺牲，亲耳听见战友牺牲前用双关语向他发出的庄严嘱托融化在一起的。自此以后，吴运铎意识到他生命里有烈士的血液在流淌，他有责任将战友的生命延续下去。而党在他眼里，就是徐洪军，就是排除哑炮时扑在他身上牺牲了的支部书记周炳武，就是

---

[1] 黄式宪:《崇高着的精神魅力——谈电视剧〈中国保尔·吴运铎〉的审美重构》,《当代电视》2001年第11期。

包括他自己在内的为人民利益而不惜牺牲生命的集合体。①

剧中女大学生、兵工厂技术员李蚝光受不白之冤、错误受审查的情节，就历史真实而言不但有特定的依据，在审美主题的完成上，更有进一步提出在逆境中如何坚持信念、党的领导工作如何汲取历史教训的含义，并且，因这一情节交织着不同人物内心的矛盾，而使人物个性得到进一步发展。随着剧情的推进，当我们看到以吴运铎为榜样、对革命忠贞不渝的李虹光，和曾经错误审查过她的冯部长都先后在战场上英勇牺牲时，我们自然会感到在那个血与火的年代，在表里如一的革命队伍里，凡是视理想如生命的人，即使有过这样那样的差池，犯过或大或小的错误，仍然有可能在为革命信念而奋斗的过程中，成为无愧于英雄时代的大写的人。

这部电视剧以新颖的笔触、独到的结构，散文诗般地将吴运铎的故事再现荧屏，无论是对追想历史、继承传统，还是着眼现实、启迪未来，都有发人深省的意义。一个病重垂危的老人——吴运铎生前的战友张老（小栓子），在生命的最后时刻，急于把一生难以忘怀的往事讲述出来；一个体育学院的女大学生王倩来到张老身边，担负起记录工作，她正在练习攀岩，经受着困难与一次次失败的砥砺，他们述与记的过程，始终又以朗读《钢铁是怎样炼成的》这部小说相伴随……电视连续剧以这种颇具匠心的人物设计和情节安排，把当代青年、吴运铎、保尔·柯察金的故事套接在一起，艺术地再现了一场惨烈、艰辛的战争年代的生活和发生在吴运铎及其战友们身上那可歌可泣的故事，完成了一次关于英雄人物的、完全属于当下的叙事和对英雄们所崇尚的理想、信念、价值选择等在当今的深刻解读。这一叙事和解读过程，没有刻意营造的大起大落的戏剧波澜和激昂慷慨的大段陈述，而是在犹如抒情诗的散淡，甚至是不经意中以其特有的艺术力量引人深思，并一次次地对人们的心灵进行追逼和叩问。

王倩的形象设计，尤其是在剧中反复出现的着一身红色运动服攀岩的镜头，具有某种符码的意义——她在艰难地向上攀登，她在寻找力量的源泉。这"攀登"既象征人生，也象征时代和我们的事业；没有力量的源泉，

---

① 刘扬体：《为了崇高的信念——看电视剧〈中国保尔·吴运铎〉有感》，《当代电视》2001年第11期。

是不能克服艰难险阻、登上顶峰的。电视剧中吴运铎感人肺腑的故事，包括保尔·柯察金的动人事迹，反反复复又步步深入地对这一切力量的源泉进行启人心智的演绎——这就是远大的理想和坚定的信念，它决定着事业的成败，决定着将度过怎样的人生。而张老一次又一次对王倩的"你会成功的"激励，表现了他对吴运铎包括保尔所崇尚的理想信念在当今的坚信不疑；完成了吴运铎为代表的老一辈共产党员所创造的宝贵传统与王倩等新一代社会主义事业的继续攀登之间的传接。尽管这部电视连续剧由于拍摄时间的仓促，还露出不少匆忙的痕迹和粗糙的地方，但这一叙事方式、角度的选择是成功的；一切意义又是在这叙事过程中自然而然地流露出来，因而又是艺术的。①

二、电影《吴运铎》

2011年6月27日，由电影艺术杂志社主办的"《吴运铎》观摩研讨会"在京举行，中国电影家协会分党组书记、副主席康健民、秘书长许柏林、副秘书长柳秀文和在京的十多位电影专家，以及该片总制片人、编剧丛者甲等主创一起参与了研讨，会议由《电影艺术》主编吴冠平主持。②

吴冠平首先发言：今年是中国共产党建党90周年，也是吴运铎先生逝世20周年，北京中视远图影视传媒有限公司在这有非常意义的时间点推出了《吴运铎》。导演安澜请了一些新生代偶像级的演员出演男女主角，体现了中视远图除了强调主旋律的意义之外，也强调了影片的可看性。在产业化和市场化迅猛发展的今天，像这样一部主旋律影片如何走进市场，如何让观众爱看是一个值得研讨的问题。这部影片的创作流露出很多的艺术倾向，如优秀革命历史人物的偶像化，革命故事的伦理化、人性化，革命故事的浪漫化，等等，这些倾向在创作中体现得好与坏、所具备的优点与不足，以及如何使之成为今后创作中有意义的经验，这是今天开研讨会重要

---

① 正忠：《完全属于当下的英雄叙事与解读——我看〈中国保尔·吴运铎〉》，《当代电视》2001年第12期。

② 闻过：《〈吴运铎〉观摩研讨会纪要》，《电影艺术》2011年第5期。以下据此文整理。

的原因。

饶曙光（中国电影资料馆副馆长、研究员）：这是一部高质量的影片，影片最成功的一点就是对人物性格的刻画，人物个性非常突出，人物关系也非常个性化。吴运铎的人物性格是在一个相对封闭的空间里刻画出来的，和以前的英雄人物不太一样，一系列非常具有个性化的语言和动作完成了对他的塑造，让我们既充满崇敬，又觉得很亲切。不仅吴运铎，他身边的几个人物都很有个性。面对市场，我们的创作往往容易陷入一种被动的状态，过多地考虑观众要求，而不是从艺术自身来考虑创作的完整性，而《吴运铎》对主流电影创作提供了一个非常成功的经验。

张卫（中国电影评论学会秘书长、《中国电影报道》制片人）：这部影片立住的关键就是"大爱"和"信仰"。这个信仰和80后、90后的观众怎么建立共鸣呢？电影里没有党旗下宣誓的镜头，但是在无数小细节当中，影片直观地呈现——他不仅制造武器，更是心地十分善良，这样把政治信仰切入就很自然，通过一些细节，整套故事铺陈完，人物信仰就建立起来了。这部电影在个体的个人性格和他对整体关系的处理方面做得是比较好的。再说演员，我发现是一水的80后和90后演员，特别吃惊，但是不管怎样，这些演员和现在的80后、90后是一个桥梁，把吴运铎这一代人和那一代人嫁接起来了，使影片有了和当下电影院观众年龄段接轨的可能性。这部影片是目前我看过的这28部影片中属于上乘制作的作品，如果想找到一个和当下观众接轨的途径，就得向这个方面靠近。

章柏青（中国电影评论学会会长、研究员）：影片有一种非常真实的历史风味。兵工厂的环境做得很细，场面虽然不多，但是效果很好，场面气氛的营造、画面的色彩给我们提供了一个可信的环境。吴运铎的性格很丰富，他有主导的性格，把一切献给党。他们之间的感情和爱情描述都非常动人。戏不多，但他的内心世界、美好的心灵都刻画出来了，有行动的思想基础和心理基础。战争中我方的牺牲让我们感觉到提供这个武器的重要性，这也是吴运铎献身精神意义之所在。另外一个思想基础就是和《钢铁是怎样炼成的》的勾连，这不仅包含了让他献身于革命的力量，也包括他自身的那种精神，这些都为叙事提供了可信的基础，处理得很不错。

康健民："吴运铎"是我们的童年记忆了，看了影片后很受震撼。这种感染力首先来自它很好的叙事，既关注了历史，又关注了如何将一个英雄的老故事和现代的观众产生共鸣。影片把他的精神层面写得非常到位，采取了一些很灵巧的办法，让观众聚精会神地看，为故事和人物命运一直揪心。其次，这些人物是由80后的演员来诠释的，不要说精准至少很到位，这得益于剧本基础非常扎实，现在写这种片子确实是有难度的，所以我对编剧表示敬意。第三点，就是武器与生命的对立思考了。生命的毁灭是日本侵略者强加给我们的，为了捍卫生命的尊严，一定要把武器制造出来，尽早结束这种毁灭。这点价值升华让我非常有感触。当然了，如果有一些不足的话，就是有几个人物的死显得铺垫不够。另外就是"钢铁是怎样炼成的"，用在关键的时候就可以了，有些地方用力稍微大了一点，但不影响这部影片的成功，不影响它的感染力。

许柏林：这部影片是一个独立的艺术家作品，再造了一个"吴运铎"，使历史上的"吴运铎"完成了一次蜕变。镜头带给我们的物像和信息一下子把我们拉到那个年代去了，让我们完成了在场感。对待红色资源，对待革命历史资源，艰辛的艺术创作使人物得以蜕变升华、让价值得以传承。这部影片是爱与恨的交响、情与战的变奏。牺牲的这些人都是"吴运铎"，《吴运铎》是一个集合，不是单纯的一个"吴运铎"。民族存亡的历史纠结完成了这个人物，我们看到了一种崇高和一种富有激情的美学呈现。

柳秀文：看了《吴运铎》后感到非常温暖，因为50年代吴运铎是我们那一代人的偶像。我们课本里有他《把一切献给党》的节选，我们那一代人特别喜欢俄罗斯的文选，宣传《钢铁是怎样炼成的》时说他是中国的保尔·柯察金，《吴运铎》确实把我们带回到了青春的时光。作为一个女性观众，我特别喜欢《吴运铎》里他柔情似水那一面的处理，这些柔情的处理很好地衬托了他作为男人的钢铁一面。最后那一句独白说明了他的内心：这些子弹是为了要和平，要保卫幸福的生活。这样一个反衬使得吴运铎的形象更加丰满、立体化。

胡克（中国传媒大学教授）：一旦主旋律电影注意到市场的时候，它会很积极吸收一些先进的理念。好莱坞电影很多影片是以塑造英雄为主的，只不过有时是个人的英雄主义。这里用得特别好的就是英雄主义，所有的细节，主要的一些镜头，一些叙事都是集中在英雄人物塑造上。好莱坞就是这样的，当认定这个人是英雄时，大量的镜头给他。影片剪辑节奏非常快，现在观众等不了那么多了，就是要看一件事完了又要看下一件事，节奏快符合现在的观影需求。虽然是战争片，但"为了和平才做这个"意义非常深远，不过这一句出来稍微晚了，应该在前面跟情节更多地融在一起。影片里的牺牲精神是很感人的，每一个人都争着要死，这体现了我们的精神，美国电影就很少见。但是唯一遗憾的就是多了一点，在高潮时出现即可。这些处理体现了我们在探索一些新的主流电影的表现形式，我们新的主流电影美学正在形成，这些不断的创作正在补充这个美学的完整。

钟大丰（北京电影学院教授）：这些年有很多作品不敢写崇高，不敢理直气壮写牺牲精神，因为许多人认为这个崇高是假的。就要理直气壮写崇高。你们是写献身精神，而且没有加非常个人化的合理性的铺垫，直接说是这代革命战士信仰的结果，但又不是用一个口号式的方式来写，它是这一批人建立在对人的热爱上面，这是那个时代的革命情感和激情，以及牺牲精神。

影片对那个时代战争生活的演绎和过去的表述有很多的不一样，这是现在对历史的一种重新认识，这种对历史的表现我们喜闻乐见。这些年写个人情感、写悲情、写苦孩子的时候敢煽情，写到了革命情感的时候不敢表现激情。在这里我觉得有一些，像辛束死了那场戏是真的把情感推上去了，就是敢理直气壮推这个，这个方面有很多的可取之处。

路海波（中央戏剧学院教授）：这部电影的人物命运和人物的可信度通过人物的个性魅力打动了观众。大学生辛束的确和五年级水平的吴运铎形成了强烈对比，但是为什么他可以成为国家兵工领域的开拓者？辛束的一句话让我们感觉吴运铎这个人其实很不简单，他通过辛束读了保尔的话，仅一遍，他就一字不差地讲出来了。当然吴运铎补充了一句，"其实这是我自己的想法"，这回答了吴运铎为什么可以成为兵工行业的开拓者——他善于学习，记忆力超强，善于吸取对专业有用的信息，这一点使这个人物解决了一个逻辑的问题。我觉得剧本不错，非常重要的逻辑问题解决了，性格逻辑、命运逻辑和科学逻辑，几个逻辑的问题解决了，才可以往下展开。

陈晓云（北京电影学院教授）：今年主旋律电影最多有100多个偶像，少的有二三个。在当初出现这个现象时，偶像跟他扮演角色之间存在分裂，比如说过于漂亮、过于干净。到《吴运铎》已很大程度改变了，虽然对这个帅哥外观上有一种评定，但仅仅在此，更多会沉浸在童年或者是少年的英雄的记忆中。这个手段可能未来还是可行的。这一两年的电影创作，我们发现革命历史上的英雄跟现在的偶像是有内在关系的。这客观上可能会形成对话的关系，可以成为未来一个创作的结合，在以后电影的营销当中可以大力宣传，可以告诉现在的年轻观众，偶像不是只有一种，也不是美国大片里面的偶像才是偶像，我们还有自己本土制造的。

陆绍阳（北京大学教授）：我们一贯倡导人的因素在战略上战术上战胜敌人，没有考虑其他影响战争的因素，其实武器是非常重要的。……影片后来说他们造武器不是为了杀人而是为了更早结束战争，从这个角度来讲，这个题材还是有很多的更深厚的东西可以挖，有可能做出更大气磅礴、更尊重历史的影片。

田卉群（北京师范大学副教授）：我们很难要求一个20多岁，80后、90后的孩子可以进入这样一个战争的叙事。这个故事我觉得在设计时忽略了一点，就是一直是面对炸弹这个死亡，但是面对那种人的活的威胁不够。其实在这里面是有的，日军扫荡要找兵工厂，所以我在想有没有可能对这个题材做一种全新的风格化处理？我们想象中，吴运铎的兵工厂像一个地下庞大的兵工城（虽然是个很小的工厂），地面有人追寻他们，就像侦探片一样，从地上炸药的痕迹去追踪地下庞大的工厂到底在什么地方。这些年轻人不是带着阳光灿烂简单诗意的方式跟吴运铎探讨"钢铁是怎样炼成的"，而是一来就投入到了一种紧张的武器设计、紧张逃跑、死亡威胁中。所以我们在处理《吴运铎》的时候，既然具备光明和黑暗、天使和魔鬼、心血和牺牲、死亡和崇高这些元素，我们不仅从表面台词和理念传达这些东西，还要通过一种相当时尚、哥特风格的一种影像来塑造和传递这些。

电影《吴运铎》的主创人员是以怎样的艺术手法带领观众一同步入"英

雄记忆"的呢？主要表现在三个方面。①一是刚柔相济。影片中，一边是与枪炮打交道，宁肯流血也不流泪的刚强铁汉，一边是话都说不流利的娇嫩孤儿小豆子。当吴运铎的手因研发炮弹而受伤时，小女孩奶声奶气的问话使残酷的环境陡然多了几分关爱的柔情："吴爸爸，你的手指头哪去了？""还能长出来吗？""那你怎么不小心啊？"稚嫩的问话充溢着"人之初，性本善"的天真。可是，凶残的日本鬼子却把小豆子杀害了。泪水携着复仇的决心在吴运铎的面颊上形成了一个大特写，它告诉我们：非正义战争的起因也许是贪婪，但正义战争的起因一定不仅仅是仇恨。制造武器是为了最终消灭武器；正义战争，就是为了最终消灭一切非正义战争。小顺子是影片中一位戏份不多的配角。当美国友军"送来"的八颗炸弹需要吴运铎们冒着危险一个个拆卸时，顺子也悄悄地走近了炸弹。为了救吴运铎，他身负重伤。临终前，躺在吴厂长的怀里，小顺子微笑着说："我也会拆炮弹了。"短短的七个字，充满了真挚的情感：这哪里是因为掌握了一门技术而喜悦，分明是因为掌握了一个可以替战友、替首长去冒险、去牺牲的本领，具备了一个可以有力打击侵略者的能力而欣慰。英雄的吴运铎，为祖国和人民带出了一个英雄的集体。这就是历史以理性撼动人心灵的力度。

二是虚实相生。影片中有一个似乎很"另类"的形象，即来自上海的女大学生辛束。从性格上看，外语专业，为她涂上了一层浪漫色彩；殷实的家境，又为她增添了几分自负和娇嫩。苏联小说《钢铁是怎样炼成的》激发了她的革命热情；身边的战友如吴运铎、秦克周、小顺子等，又坚定了她革命到底的信心。辛束的出现，使吴运铎的情感世界变得丰富起来：一边是子弹、炮弹、炸弹，一边是小说、口琴、歌声；一边是小河流水，一边是血雨腥风。吴运铎青春的血脉里，激荡着战斗的豪情，也涌动着温柔的爱情。可是，当日寇试图追缴兵工厂的时候，辛束被敌人抓获了。面对气急败坏的鬼子和熊熊烈焰，这位美丽的女战士毫无畏惧，誓死也不说出兵工厂的行踪。在生死关头，不远处的战友们竟然听到了她沉静、深情而优美的歌声。这歌声是唱给她自己的，是唱给心中的爱人吴运铎的，也

---

① 李树榕：《"英雄记忆"与文化自觉——评获奖影片〈吴运铎〉》，《内蒙古宣传思想文化工作》2012年第12期。

是唱给为之献身的反法西斯战争的。就在烈火无情吞噬她那美丽的身影时，一个深刻的哲学命题出现了："二律背反，即两个同样正确命题之间的矛盾。"保护兵工厂、保护战友是正确的，为了抗战自己得活着，也是正确的；如果二者不能兼得，辛束选择了舍己为人，就是唯一正确的。正义的战争，历来都是为了大爱，而不是大恨。情感的浪漫与生活的理性在这里交织，使我们有了回味的余地，以及驰骋想象的天空。这就是该片揭示社会发展规律的深度所在。

三是情理交融。毋庸讳言，今天现实中亟待解决的社会大问题就是信仰问题。而吴运铎和他的战友们是有信仰的。开阔的阵地上，日本鬼子一群一群压上来，八路军炮兵朝着敌群猛烈开火。孰料，射出去的炮弹竟然有几发没能炸响。猖獗的敌人更加嚣张，我们的军队大面积伤亡。镜头一转，刚从前线撤下来的吴运铎遭到了围攻，战友们怒不可遏地举着一枚哑弹质问："你们这是造的什么炮弹？你们是在给小鬼子开军械所！"此刻，只有小学五年级文化程度的吴运铎不想辩解。他深知，日本侵略者是不会等到中国人掌握了军事科学，掌握了兵工技术，掌握了战争本领，再发动侵略的。从此，子弹、炮弹、雷管、炸药，是他生活的常态；排除哑炮、拆卸炮弹、制造炮弹、修理炮弹，是他工作的常态；"明知山有虎，偏向虎山行"是他思想的常态。那枚浸着鲜血也浸着耻辱的哑弹天天挂在胸前，是鞭策，是砥砺，也是警醒。如果说，"对某人或某种主张、主义、宗教极度相信和尊重，并以此作为自己行动的榜样或指南"就是信仰，那么，一贯把党的军工事业看得重于生命的吴运铎就是有信仰的。因为他所践行的正是保尔的那句话："我活着，是为了让更多的人更好地活着"。这既是吴运铎的思想高度，也是影片直达社会理想高度的一个佐证。

三、话剧《把一切献给党》[①]

1951年底，吴运铎从中国兵工局副局长岗位上卸职，进入北京俄文专科学校学习，并被选为副班长。当时他已经35岁，身体又受过伤，面对学

---

① 赵长安:《无所畏惧 吴运铎人生传奇》,北京:中国工人出版社,2015年,第210—213页。

业、班务、党务、社会活动等多方面的负荷，压力很大，尤其是社会活动占用的时间和精力甚多。这是因为他在入学之前，《人民日报》《工人日报》介绍了他的英雄事迹，引发社会各界慕名而来，纷纷邀请这位红色兵工专家作报告。

校党委为了保证吴运铎的学习和健康，不得不出面"挡驾"。可是，人家自有办法，采取"绑架"对付"挡驾"。一到星期六下午，吴运铎就被外面的人接走。对方认为周末是休息时间，学校管不了。面对学校"挡驾"失效，吴运铎只得采用周末溜号、船里藏身的对策。好在学校离北海不远，他就悄悄登上游船、划到湖心，潜心记单词、背课文。

如何既能减轻他的负担，又可满足社会的需求呢？校党委研究出了一个好办法，那就是让吴运铎将自己的事迹写出来，交出版部门出书发行。吴运铎感激党组织的关怀和支持，在保证学习的同时，兼攻写作关。北海湖面上的小木船，成了他奋笔疾书的场所。

1953年秋天，吴运铎写的《把一切献给党》、这部30余万字的自传体小说完稿，工人出版社请著名美术家罗工柳配上插图，首次发行即产生轰动。随后，该书又相继被译成英、俄、日等7种文字，向世界传播。书中的部分章节还选编到小学和中学语文课本中。《把一切献给党》一书先后印刷出版了50次，发行量达700余万册。吴运铎将所得的稿费，全部用于社会公益事业。吴运铎这部著作的名称，正好浓缩了他的一生——把一切献给党。①

吴运铎写的《把一切献给党》跟《钢铁是怎样炼成的》一样，在社会上产生了强大的冲击波，使千百万读者激动不已。20世纪50年代初，中央实验话剧院导演孙维世、主演金山把《钢铁是怎样炼成的》自传体小说搬上北京的话剧舞台。1953年吴运铎的《把一切献给党》问世，书中主人公被《人民日报》称之为"中国的保尔·柯察金"，吴运铎的名字和事迹传遍全国各地。天津人艺导演沙惟看了《把一切献给党》一书后，感动得彻夜难寝。他很快地写了一个提纲，准备改编成同名多幕话剧搬上舞台。

1950年代中后期，沙惟赴北京学习，找到了吴运铎。沙惟给吴运铎看

---

① 《中国航空工业老照片》，北京：中国航空工业出版社，2011年，第74—75页。

了改编的提纲，吴运铎很不满意地说："你把我一个人演了两个小时，这不成了个人英雄主义了吗？哪一个困难都不是我一个人克服的；残疾了，也不是什么都残废了，头脑、肢体、手脚……能用的地方也还很多嘛！"沙惟问他："你说该怎么搞哪？"吴运铎沉思了一会儿，说："把每个人物都搞得很鲜活鲜活的，才能是一个可信的、真正有活力的、战斗的集体。"沙惟得到了吴运铎的指点和支持，思路拓宽了，怀着虔敬、炽热的感情，立刻投入改编工作。但因为"大跃进"，剧院只给他12天的时间。沙惟写了一半，感到时间不够用，就请示领导。经组织批准，又请赵大民与他合作，总算如期完成了任务。他们突破亚里士多德"三一律"的模式，把原作改编成同名十一场话剧。

院领导审查时，提出了三个大问题：第一，吴运铎下坑拆卸定时炸弹时，退回了几步。领导认为，吴运铎既然是英雄，就应一往无前，不能退；第二，吴运铎夫人陆平回"娘家"探望的那场戏，服装不合体。孟部长开她的玩笑，让她改装，是不严肃的；第三，党的小组会作出决定："以上不改就不能上演！"在20世纪50年代末那个社会思潮普遍"左"倾、"英雄完美论"盛行的年代，想在话剧舞台上真实可信地呈现吴运铎这样的英雄是很不容易的，围绕英雄在苦难的童年会不会和其他穷孩子一起争抢炭渣；在爆炸事故发生时会不会本能地退闪；为早日出院会不会对医生表现自己身体已好等问题都引起很大争议，使沙惟这个编剧兼导演处于很为难的境地。

事已至此，沙惟无奈，带着诸多的苦恼给吴运铎打长途电话，请教了他，看他有什么意见。吴运铎对上述三点具体意见回答说："对如上三点编导的处理，我认为真实有趣，挺好的。建议请示天津市委有关领导为好。"为此，天津人艺剧院请示了市委领导，也请示了辽宁省委、沈阳市委领导，都给开了绿灯。毫无疑问，吴运铎是支持沙惟的。在吴运铎无所畏惧的唯物主义立场感召下，更坚定了沙惟"真实才能感动人"的导演艺术观。

《把一切献给党》搬上话剧舞台后，获得了空前的成功。该剧于1959年春在东北一天演三场，共上演了200多场。观众夜间两点还在看话剧。后来，这个剧天津人艺演出400余场，受到了观众高度的赞扬。紧接着，

上海人艺、武汉人艺、四川人艺、重庆市话剧团等全国十几个专业院团都
上演了百场以上。中央戏剧学院除上演外，还把该剧列为教学剧目。

　　榜样的力量是无穷的。"中国的保尔"吴运铎的革命精神影响和教育了
千千万万干部群众。尤其让人感动得不能忘怀的是，该剧在北京天桥剧场
上演时，晚上10点钟散场，12点钟都过了，观众还是不走，把吴运铎簇拥
在中间，问长问短，签名留念……看得出来，吴运铎已经累坏了，可他被
群众狂热的情绪所感染，怎么也不离开，不愿上汽车。吴运铎被包围在人
山人海中，警察维持秩序都非常艰难。2001年，沙惟老人回忆说："我从
来没有经历过这样的场面，要知道剧场再加座也不过2000人。可剧场外，
大门外，黑压压的，只见人头攒动，灯光姗姗，人们都想看看中国的保
尔·柯察金——吴运铎同志。"①

　　沙惟与吴运铎共同经历过艰苦的战争年代，经历过改变《把一切献给
党》火爆全国的话剧那扣人心弦的场面，经历过谱写迎接解放战争大进军
歌曲的激动和欢欣鼓舞。沙惟老人深切体会到吴运铎精神蕴含的深邃思想，
于是，2001年6月，他为天津红桥区外语中学举办的"向党80周年献礼的
吴运铎生平事迹展"揭幕，并题词：中国保尔吴运铎的生平事迹是生命的
颂歌，灵魂的工程师，精神文明的财富，是大写的中国人，是共产党人的
楷模。

---

　　① 赵长安:《中国的保尔:吴运铎传》,北京:中国工人出版社,2002年,第228—229页。

第五章　弘扬劳模精神

新中国第一代劳模主要来源于基层，"一不怕苦、二不怕死"的硬骨头精神和"老黄牛"形象是他们的真实写照。全社会应大力弘扬"爱岗敬业、争创一流，艰苦奋斗、勇于创新，淡泊名利、甘于奉献"的劳模精神；唱响"劳动光荣、知识崇高、人才宝贵、创造伟大"的时代主旋律；营造"劳动最光荣、劳动最崇高、劳动最伟大、劳动最美丽"的浓厚氛围。劳动模范不仅是普通群众日常生活中的榜样，更是"革命、党性和胜利的一个能指"。

第一节　"梦桃精神"代代传

赵梦桃是新中国纺织战线上的一面旗帜，在平凡的岗位中谱写不平凡的人生乐章，为大家诠释了生命的价值和人生的意义。半个多世纪以来，"高标准、严要求、行动快、工作实、抢困难、送方便"的"梦桃精神"代代相传，成为新时代社会主义事业建设中永远的精神坐标和前行灯塔。2019年11月，习近平总书记给予"赵梦桃小组"亲切勉励，希望大家继续以赵梦桃同志为榜样，在工作上勇于创新、甘于奉献、精益求精，争做新时代的最美奋斗者，把"梦桃精神"一代一代传下去。

一、赵梦桃小组永葆先进本色

西北一棉纺织股份有限公司细纱车间乙班"赵梦桃小组"成立于1952年，是1963年被陕西省人民政府以全国劳模、第一任组长赵梦桃名字命名的生产小组。建组60年多年来，在各级领导的关怀和培养下，小组先后三十多次荣获全国、省、部级荣誉：1986年该小组被中华全国总工会、国家经委命名为"全国先进班组"；1991年被全国妇联评为"三八红旗集体"；1995年被评为全国纺织系统"先进标杆班组"；1997、1998年分别被陕西省总工会和全国总工会评为巾帼"创业明星"集体和"巾帼文明示范岗"；2000年荣获陕西省总工会"精品班组"称号；2001年分别获团中央、陕西省政府"全国青年文明号"和"青年文明号标兵"殊荣；2006经团中央复验后又被树为"青年文明号"，2008年被评为"全国工人先锋号"，2009年被全总授予"女职工建功立业标兵岗"。①

公司涌现出赵梦桃、吴桂贤、王西京、翟福兰、王广玲、张亚莉、韩玉梅、刘育玲、徐宝凤、周惠芝、刘小萍、王晓荣等十几位全国、省部级劳动模范，赵梦桃小组成为全国班组建设的先进典型。有6人分别出席党的全国代表大会、全国人民代表大会、参加国庆50周年观礼；19人获省、部级技术标兵、操作能手称号。多年来，小组继承发扬赵梦桃的主人翁精神和高尚风格，团结一心、敬业爱岗、科学管理、不断进取，始终保持着先进小组的荣誉，成为陕西省和全国纺织行业的一面旗帜。

吴桂贤是赵梦桃小组的第二位传人。1938年，吴桂贤出生在河南巩义县一个普通农民家庭，在吴桂贤很小的时候，一家人就逃荒到陕西咸阳。1951年，刚满13岁的吴桂贤成了西北国棉一厂第一批工人，并被分配到细纱车间当挡车工。她于1955年入团，1958年入党。入党转正的那天，领导找她谈话，郑重其事地告诉她，她被调到赵梦桃小组，担任赵梦桃所在小组的党小组长，赵梦桃任工会小组长。1963年4月27日，在陕西省委书记

---

① 朱定华、野畴：《中国纺织行业永不退色的旗帜：记全国劳动模范集体赵梦桃小组》，《现代企业》2012年第6期。

主持的命名仪式上，身为"赵梦桃小组"党小组长的吴桂贤代表小组当场发言宣誓。吴桂贤从1958年以后，年年被评为先进工作者、厂级标兵。1964年、1966年连续两次被评选去北京参加国庆观礼；1965年吴桂贤以个人和赵梦桃小组代表的名义，出席西北公交战线先进集体和先进工作者代表大会，并被评为全国纺织系统先进典型。吴桂贤吃苦耐劳，心地善良，待人热诚厚道，受到广大群众的拥护和爱戴。不久，她被推选为西北国棉一厂副厂长。①

周惠芝是赵梦桃小组第十任生产组长，2002年被评为陕西省劳动模范；2003年被选为十届全国人大代表；2004年被授予陕西省"五四"奖章；2005年被评为全国劳动模范；2006年被授予"全国知识型职工"称号。她先后二十多次在厂"梦桃杯"技术比武中夺魁，多次获得省纺系统青工操作尖子称号，并于1997年在省级技术比武中打破省级记录，又于2000年以细纱接头17.1秒的优异成绩，创下陕西省新纪录。作为赵梦桃小组接班人，如何扛好这面旗，周惠芝首先用自己的实际行动树起标杆。厂里有严格的接班上岗制度，要求每天提前15分钟上岗，她自己则坚持天天提前半小时进车间，仅此，她每年就比别人多干72个小时。自己树标杆的同时，周惠芝更用理念提升"梦桃精神"。在她的倡导下，小组提出了"提高学习能力，创建学习型班组，争当知识型职工"，为梦桃精神注入了新的内涵。周惠芝带领团队，紧密围绕生产、计划、节约、技术、质量等，通过组织开展形式多样的劳动竞赛，有效调动了全体组员的劳动热情和生产积极性，促进了小组劳动生产率的提高和各项生产计划的完成，小组综合计划年年保持车间第一。②

刘小萍是赵梦桃小组第十一任生产组长。在她的带领下，赵梦桃小组在新时期一系列严峻考验面前，队伍更加稳定，贡献更加突出，精神得以弘扬，生产指标年年领先，并获得陕西省"三秦巾帼十杰"；2008、2009

---

① 朱定华、野畴：《中国纺织行业永不退色的旗帜：记全国劳动模范集体赵梦桃小组》，《现代企业》2012年第6期。

② 朱定华、野畴：《中国纺织行业永不退色的旗帜：记全国劳动模范集体赵梦桃小组》，《现代企业》2012年第6期。

年全国总工会"全国工人先锋号"和"女职工建功立业先锋岗"荣誉称号。她自己连续多年荣获企业"优秀班组长""优秀党员"等称号。2004年被中华全国总工会授予"全国先进女职工"称号，2007年被授予陕西省"三八红旗手"，2007年获得"全国五一劳动奖章"荣誉称号。刘小萍从社会深刻变革的视角看待小组工作遇到的问题，在正确认识新一代组员的时代、社会、文化背景基础上，确立了"以人为本接班举旗，适应时代转变方法"的工作思路，提出了"一个围绕，三个坚持"的工作目标。即围绕新一代组员的思想特点、性格情趣与实际需要想问题、做工作；做到坚持以梦桃精神教育人、坚持以小组优良传统凝聚人、坚持以小组多年的好作风、好方法管理人；她组织开展了"构建三种环境，融入三大教育"等班组系列教育活动，即"构建温暖温馨生活环境，进行梦桃精神和优良传统教育"；"构建积极、规范的集体环境，进行企业文化教育"；"构建诚实劳动、岗位成才的职业环境，进行理想使命教育"。①

开展"三个教育"②：一是梦桃精神教育。把梦桃精神教育作为新时期小组建设的"必修课"，每逢组员进组，都要组织她们观看梦桃事迹展览，请老组员讲述小组历史，对新组员做到操作技术有人帮、思想波动有人管、遇到困难有人助，从思想、技术、工作和家庭生活进行全方位的关心与帮助，使小组优良传统得到传承。二是理想使命教育。以小组劳动模范的成长经历，引导年轻组员树立正确的人生价值观，立足本职，心系企业，敬业爱岗。同时积极为她们搭建岗位成才平台，使组员在本职岗位上实现个人理想。三是企业文化教育。组织报告会、演讲比赛、主题班会等富有特色的文化活动，培育组员对企业的认知感和归属感，提高职业素质和工作执行力。

保持"骨干带头、团结友爱，无私奉献"的组风。"不让一个伙伴掉队"的优良传统一直将组员凝聚在一起，成为一个具有凝聚力、充满活力的和谐团队。在日常生产工作中，小组"四长"作为骨干，一是带头学习，

---

① 朱定华、野畴：《中国纺织行业永不退色的旗帜：记全国劳动模范集体赵梦桃小组》，《现代企业》2012年第6期。

② 《传承梦桃精神，永葆先进本色》，《中国职工教育》2010年第11期。

钻研技术，计划完成走在前。二是带头扩锭扩台，争上困难岗，个人利益放在后。三是带头尽职尽责，上好岗交风格班，树立好形象，骨干的带头作用赢得了大家的信任，增强了小组的凝聚力。团结友爱暖人心。[①]刘小萍始终把"和谐班组"作为小组建设的重要目标，坚持以人为本的管理理念，传承和弘扬梦桃小组"五必访""六必谈""七知道"等人文关怀的优良传统，把思想政治工作贯穿到小组的日常管理中，做到小组姐妹的心坎上。

王晓荣是赵梦桃小组生产第十二任组长，2012年当选。2003年，她获得全国青年岗位能手称号；2010年获得全国纺织劳动模范称号。细纱"接头"是值车工最基本、最常用的技术动作，王晓荣每完成10个只需28秒，比企业规定的标准时间足足快了14秒。"同等条件下，做到最好"是王晓荣对自己的高标准、严要求。1992年，进厂还不到一年的她就参加了公司"梦桃杯"比武，并被评为"梦桃杯"操作技术比武新秀。2000年她在总结自己包卷粗纱经验的基础上，对原有包粗纱方法进行了改进，从而创新出一种高质量、高效率的包卷粗纱方法——单手分丝包卷粗纱法。该方法使包卷一个粗纱可以节约一秒左右的时间，而且包卷质量好，已被推广应用。2006年从事轮班教练以来，王晓荣全心全意帮教新工，先后培养出了多个技术尖子。自担任教练员以来，她始终把质量放在第一位，摸索分析各种纱疵的形成原因，对每项不标准操作可能产生的疵点，亲自试验跟踪分析，总结出精梳棉品种纱疵的形成与预防措施，被大家誉为"金牌"教练。

历届赵梦桃小组组长又是如何体悟和践行梦桃精神的呢？[②]赵梦桃小组第三任组长王西京，现年65岁，全国工交战线标兵。她说：我的人生经历能和赵梦桃这个响亮的名字结缘，是我毕生的荣幸。至今弘扬传承"梦桃精神"近半个世纪从未减退过，践行"梦桃精神"的意志也从未动摇过。我深深体会到，赵梦桃是全国纺织战线上的一面旗帜，"梦桃精神"是我们共产党人的精神财富。

赵梦桃小组第七任组长韩玉梅，现年62岁，全国劳模。她说：我是

---

① 《传承梦桃精神，永葆先进本色》，《中国职工教育》2010年第11期。

② 恒敏、西滨：《"最美职工"眼中的"梦桃精神"》，《陕西工人报》2019年10月29日。

1980年元月，由三原县一名插队知青考入西北一棉的。退休后，我们自发成立了"赵梦桃小组退休人员志愿者服务队"，由梦桃生前老姐妹、历任梦桃小组组长等17名成员组成。这种弘扬传承"高标准、严要求、行动快、工作实、抢困难、送方便"的"梦桃精神"，深深烙在我们纺织人心中。

赵梦桃小组第八任组长刘育玲，现年61岁，全国"五一劳动奖章"获得者。她说：我是从泾阳县一名插队知青考入西北一棉的。一进厂就被分在细纱车间乙班一组，并未在梦桃小组，由农民摇身变为工人，由"挣工分"变为"挣工资"，那年月，是知青的梦想，着实挺欣慰的。习近平总书记在党的十九大报告中指出，人民有信仰，国家有力量，民族有希望。今年国庆前夕，一代楷模——赵梦桃被评为全国"最美奋斗者"。喜讯传来，市总工会携手市电视台，欲拍摄专题片《梦桃精神代代传》，我接到通知，二话不说，会同梦桃生前老姐妹梁福云、郭淑贞等一同前往咸纺集团一分厂、赵梦桃纪念馆等地，忙活一天，顺利完成。桃花凋落、精神永存，梦桃精神、代代相传。

赵梦桃小组第九任组长徐宝凤，现年50岁，全国劳模。她说：人生第一份工作就与赵梦桃结缘。在这个光荣的集体，我深谙赵梦桃的事迹和英名，从身边无数个鲜活的梦桃传人身上，感悟到"高标准、严要求、行动快、工作实、抢困难、送方便"的"梦桃精神"。如今，我是民事科党支部书记，昔日面对是机声轰鸣的机台，今日面对是人声鼎沸的职工。作为"梦桃精神"的传人，我铭记于心且一路吟诵着、践行着、传唱着……

赵梦桃小组第十二任组长王晓荣，现年45岁，全国纺织系统劳模。她说：我是1991年考入西北一棉，2012年至2017年任赵梦桃小组组长。赵梦桃，是一个不朽的名字，她永远活在我们心中。就说我吧！虽然离开了生产一线，已到赵梦桃纪念馆工作，可以说，我与老组长的距离更近了，心儿贴得更紧了。每天讲解着赵梦桃的故事和"梦桃精神"。真的，我感到无上荣光和自豪。

赵梦桃小组第十三任组长何菲，现年32岁，第十三届全国人大代表、省劳模。她说：我是2005年5月，从咸阳纺校毕业后，进入西北一棉细纱乙班，2017年5月至今任赵梦桃小组第十三任组长。一路走来，我们这个团队"没有让一个姐妹掉队"并取得了辉煌业绩，我感到十分自豪和欣慰。赵梦桃小组命名56年来，是不忘初心、牢记使命的56年，是勇创一流、追求卓越的56年，是锤炼队伍、人才辈出的56年，亦是不懈奋斗、再造辉煌的56年。

曾任赵梦桃纪念馆馆长的李红云，叙述了她与赵梦桃小组组长和组员的打交道的过程，从中可以窥见梦桃精神对组员的影响。[①]2005年入职工会工作，她主要负责赵梦桃小组的组织建设及宣传工作，开启了与梦桃小组结交之缘，与梦桃小组一任又一任组长、组员结下了深情厚谊。

2016年8月，由李红云负责设计布展咸纺集团赵梦桃和梦桃小组展厅的全程中，为了搜集到赵梦桃及小组最多、最原始的资料和实物，她多次登门拜访了赵梦桃小组第四任组长翟福兰，她是与梦桃一起工作时间最长的一位组长。当听说要搞宣传弘扬梦桃精神的展厅，翟福兰忙里忙外、翻箱倒柜，把自己多年珍藏的所有与梦桃及梦桃小组有关的照片、物件找出来任李红云挑选。翟福兰年事已高，耳朵略背，听不清李红云询问的话题，她就让李给其写纸条，看后再给李写纸条回复。通过几天传纸条交流，翟为展厅提供了许多珍贵资料。

2018年4月，在咸阳市新兴纺织工业园举办纪念赵梦桃小组建组55周年活动时，邀请了国务院原副总理、梦桃小组党小组长吴桂贤出席。她一下飞机，听李红云说需要她给园区编撰的《梦桃精神代代相传》书籍画册签名，回到酒店顾不上休息就开始工作。80岁高龄的吴桂贤在台灯下一笔一划、一书一册签写了上百本。

特别是2017年6月，李红云负责设计布展咸阳市新兴纺织工业园精心筹建的赵梦桃纪念馆、梦桃公园时，为了再次广泛收集、征集有关资料、图片、实物，她多次电话联系、登门拜访每一位老组长和与梦桃一起工作过的几位耄耋之年的老组员，令她想不到的是，她们听到李的需求后，都只有一句话"凡是选中的，你都拿去"。

与赵梦桃并肩工作且同一寝室的梁福云、郭淑贞、李桂英等赵梦桃的生前老姐妹，给李红云口述了赵梦桃每天叫她们起床、给她们织毛衣等许

---

① 李红云：《烙在心灵深处的梦桃精神》，《陕西工人日报》2019年11月22日。

多生动感人的故事，还提供了大量的照片、文稿和手迹。第三任组长王西京把她珍藏47年的一幅毛主席、朱德等老一辈无产阶级革命家接见吴桂贤等劳模群体的合影连同原框捐赠给了纪念馆；第五任组长王广玲提供了各类参加国家重大会议的证件、函册等原件；第六任组长张亚莉虽身患重病，也通过家人发来电子资料；第七任组长韩玉梅提供了20世纪80年代收藏的报纸、书刊；第八任组长刘育玲则把自己珍藏了30余年的四五包有关资料、手稿、劳动工具全搬出来，供李挑选，整整忙活了近6个小时；第九任组长徐保凤和李红云同住一栋楼，李多次下班直奔她家找资料、问情况，她都鼎力支持；第十任组长周惠芝、十一任组长刘晓萍已调往西安工作，她俩皆在工作之余整理资料和实物后，利用双休日专程赶赴咸阳交付于李。

第十二任组长王晓荣与李红云同龄，是李联系和服务梦桃小组工作时间最长的一位组长。李红云目睹她带领小组历经企业搬迁入园、小组组员更迭、机器设备换新等挑战，不气馁、不放弃，手把手把小组的新一代青工帮教成才，把梦桃精神这面旗帜稳稳传递到现在第十三任组长何菲手中。第十三任组长何菲更是不负众望，年龄虽不大，已在小组工作14年，她善学肯钻、敢抓敢管、勇于创新、甘于奉献的工作作风，给梦桃小组和梦桃精神注入了新动能、新活力。

二、争做新时代的最美奋斗者

2019年8月16日，在新中国成立70周年前夕，赵梦桃小组组员怀着无比激动的心情给习近平总书记写信，并在信中附上了18名组员的亲笔签名。咸阳纺织集团赵梦桃小组全体成员向习近平总书记汇报了赵梦桃小组的发展历程和近年来的工作成绩，表达不忘初心、将"梦桃精神代代相传"的决心和扎实做好班组建设与生产工作的信心。2019年11月12日，习近平总书记亲切勉励赵梦桃小组全体同志："希望大家继续以赵梦桃同志为榜样，在工作上勇于创新、甘于奉献、精益求精，争做新时代的最美奋斗者，把梦桃精神一代一代传下去。"

11月14日，陕西省总工会召开学习习近平总书记勉励赵梦桃小组争做新时代的最美奋斗者精神座谈会，组织劳模工匠、省级产业工会主席等学习了习近平总书记给赵梦桃小组的亲切勉励和省委书记胡和平的讲话精神。省人大常委会副主任、省总工会主席郭大为强调，要贯彻落实好习近平总书记对赵梦桃小组及陕西广大职工的亲切勉励和省委书记胡和平就学习好、贯彻好勉励精神的指示要求，唱响"中国梦·劳动美"的主旋律，把思想和行动统一到习近平总书记的勉励精神上来，为推动陕西追赶超越凝聚力量。

陕西省总工会主席郭大为指出，梦桃精神是全国纺织战线的一面旗帜、令人骄傲的陕西产业工人品牌。56年来，几代赵梦桃小组组员传承"高标准、严要求、行动快、工作实、抢困难、送方便"的梦桃精神，在平凡的岗位上创造出不平凡的业绩，成为我国纺织行业永不褪色的旗帜。习近平总书记对赵梦桃小组的亲切勉励，是对陕西广大职工的厚爱和关怀，是精神激励和精神动力，字字饱含真情，句句感人心扉。全省广大职工特别是劳模工匠要以习近平总书记勉励精神为动力，大力弘扬梦桃精神，与践行社会主义核心价值观相结合，与"不忘初心、牢记使命"主题教育相结合，与学习贯彻习近平新时代中国特色社会主义思想和党的十九届四中全会精神相结合，用实实在在的行动把习近平总书记的勉励精神落实好。郭大为强调，新时代是奋斗者的时代，弘扬梦桃精神落点在建功立业新时代。广大劳模和工匠以及全省职工要不忘初心、牢记使命，立足岗位，练就过硬本领，积极投身于陕西现代化建设之中，埋头苦干，多做贡献，在助力陕西追赶超越中大显身手，在推进高质量发展中再立新功，在促进完成全省年度目标中竭尽全力。郭大为要求，各级工会组织要主动发声、积极作为，想职工之所想、急职工之所急、帮职工之所帮，把"替职工说话、为职工办事"作为天职，强化"为职工服务就是为发展服务"的意识，把"多干党委想干的事，多帮政府干好正在干的事"与"多做职工群众关心的事、操心的事、揪心的事"紧密结合起来，干到职工群众心坎上。要深入挖掘梦桃精神和赵梦桃小组先进事迹，结合明年全国劳模先进事迹巡回宣讲团组织全省宣讲。要落实万名职工提升技能、岗位成才奖励扶持政策，制作便携式劳模"荣誉证"，举办劳模（工匠）学历提升班，在全社会营造尊重劳模、关爱劳模、争当劳模的良好氛围。①

11月15日，陕西省总工会发出倡议：②一要深入学习领会落实习近平总书记的勉励精神。全省各级工会组织和广大职工要认真学习贯彻落实好习近平总书记的勉励精神，把思想和行动统一到习近平总书记的勉励精神上来，永远听党话、跟党走，唱响"中国梦·劳动美"的主旋律，为推动陕西追赶超越凝聚力量，用最美的奋斗姿态投身陕西发展实践。

二要传承好、发展好"梦桃精神"。榜样的力量是无穷的。广大职工特别是劳模工匠要以习近平总书记勉励精神为动力，大力弘扬"梦桃精神"，要与践行社会主义核心价值观相结合，与"不忘初心、牢记使命"主题教育相结合，与学习贯彻习近平新时代中国特色社会主义思想和党的十九届四中全会精神相结合，用实实在在的行动把习近平总书记的勉励精神落实好。要大力宣传挖掘"梦桃精神"和"赵梦桃小组"先进事迹，加深广大职工对职业理念、职业责任和职业使命的认知，用"梦桃精神"影响和带动更多的人，努力造就一支有理想守信念、懂技术会创新、敢担当讲奉献的产业工人队伍。

三要争做新时代建功立业的主力军。新时代，是奋斗者的时代。全省广大职工要不忘初心、牢记使命，立足本职，练就过硬本领，埋头苦干，多做贡献，在平凡的岗位上干出不平凡的业绩，在助力陕西追赶超越中大显身手，在推动高质量发展中再立新功，在促进完成全省年度目标任务中竭尽全力，奏响"劳动者最美"的时代最强音，体现"咱们工人有力量"。

四要在全社会努力营造关爱劳模工匠的浓厚氛围。各级工会组织要把"替职工说话、为职工干事"作为天职，任何时候都要替职工操心，为劳模工匠服务，让工会组织成为职工信得过、替职工说话办事的组织。要在全社会营造尊重劳模、关爱劳模、争当劳模的良好氛围，给社会树正气，凝聚正能量。

---

① 阎瑞先：《省总工会召开学习习近平总书记对赵梦桃小组亲切勉励精神座谈会》，http://www.shxgh.org/view/52949，2019年11月15日。

②《牢记总书记的勉励，大力弘扬"梦桃精神"，争做新时代的最美奋斗者：学习贯彻习近平总书记给予"赵梦桃小组"勉励精神的倡议书》。《陕西日报》2019年11月15日。

陕西省广大职工纷纷表示，要传承弘扬梦桃精神，强化质量意识，在勤学苦练中掌握技能，在潜心钻研中增长才干，真正做到干一行、钻一行、精一行，以优异的成绩助力陕西追赶超越，在"促发展稳增长"中彰显"咱们工人有力量"。①

赵梦桃小组第十三任组长何菲，组员赵菲菲、唐国燕等在座谈会上发言时表示，大家备感温暖、无比振奋，一定牢记习近平总书记的亲切勉励和谆谆教导，爱党信党跟党走，不忘初心、牢记使命，发扬梦桃精神，撸起袖子加油干，努力为祖国纺织工业振兴发展贡献力量。"不让一个伙伴掉队是梦桃精神的核心内容之一。"何菲说，"工作中，我要向老组长赵梦桃那样，和姐妹们一起好好干、下苦干、老实干，在平凡的岗位上创新创效、创先争优，干出不平凡的业绩。"

咸阳纺织集团有限公司党委书记、董事长范振华在座谈会上表示："习近平总书记的亲切勉励，字字暖心、催人奋进，既是谆谆教导也是殷切期望，是对我们纺织工人的亲切关怀，给予了我们极大鼓舞。我们将从习近平总书记的亲切勉励中汲取养分、激发干劲、凝聚力量，在打赢企业转型升级攻坚战、推进高质量发展的征程上砥砺奋进。"

咸阳市总工会副主席任恒敏在接受记者采访时说："习近平总书记的亲切勉励，充分体现了我们党全心全意依靠工人阶级的方针，也充分体现了总书记对劳模和纺织工人的亲切关怀和殷切期望。工会组织一定要学习好、领悟好总书记的勉励精神，团结动员广大职工，听党话、跟党走，传承梦桃精神，在各自的岗位上奋力拼搏、诚实劳动，为推动咸阳和陕西经济社会发展贡献工会的智慧和力量。"

部级劳动模范、三秦工匠、中国铁路西安局集团有限公司西安动车段动车组"董宏涛劳模工作室"负责人董宏涛说："今天有幸参加这个座谈会，深感激动和振奋！赵梦桃是陕西工人的骄傲，是我们一线产业工人的学习榜样。作为一名高铁检修人，一定要时刻牢记习总书记的亲切勉励和

① 阎瑞先：《学习梦桃精神，助力追赶超越：习近平总书记亲切勉励赵梦桃小组在我省工会干部和职工群众中引起强烈反响》，《陕西工人日报》2019年11月18日。下文何菲、范振华、任恒敏、董宏涛、徐立平等人发言均出自此文，略注。

谆谆教导，团结和引导身边的工友，不忘初心、牢记使命，学习和发扬梦桃精神，立足本职岗位，践行'认真、精细、高标准'的高铁从业理念，不断取得新进步、创造新业绩！"

全国五一劳动奖章获得者、大国工匠、中国航天科技集团公司第四研究院7416厂三车间整形组组长、省总工会副主席徐立平说："习近平总书记给赵梦桃小组的亲切勉励，不仅是对梦桃精神的肯定与弘扬，也是对广大职工特别是一线劳动者的关心厚爱。我们要把习近平总书记对赵梦桃小组的勉励，转化为攻坚克难、干事创业的行动，学习梦桃精神、弘扬航天精神、践行工匠精神，专注本职工作、持续创新提升，用严慎细实、拼搏实干，干好每一件事，保证每一件产品的质量，绝不辜负最美奋斗者的称号。"

参加全省新任工会主席培训班的学员纷纷表示："习近平总书记对赵梦桃小组的亲切勉励，赋予了梦桃精神新的时代内涵。要把此次学习培训的成果转化为推动工作的动力，认真学习贯彻党的十九届四中全会精神，深刻学习领会习近平总书记的亲切勉励精神，把梦桃精神一代一代传下去，团结带领广大职工广泛开展劳动和技能竞赛，发起年底最后冲刺，高标准谋划明年工作，全力促发展稳增长。"

陕西省干部职工认真学习习近平总书记对咸阳纺织集团有限公司赵梦桃小组的亲切勉励。大家纷纷表示，要大力弘扬劳模精神、劳动精神，唱响劳动最光荣、劳动最崇高、劳动最伟大、劳动最美丽的主旋律，在平凡的岗位上做出不平凡的业绩。要精益求精，积极践行工匠精神，强化质量意识，在勤学苦练中掌握技能，在潜心钻研中增长才干，真正做到干一行、钻一行、精一行，在新时代的长征路上再立新功。[①]

咸阳市委书记岳亮表示："习近平总书记对赵梦桃小组的亲切勉励，语重心长、充满感情，既是对赵梦桃小组的高度赞誉，更是殷切希望；既是对广大职工和劳动者的关心厚爱，更是对'高标准、严要求、行动快、工作实、抢困难、送方便'和'不让一个伙伴掉队'的梦桃精神的充分肯定，给了我们巨大鼓舞和深刻教育，为咸阳在新时代追赶超越增添了强大精神

---

① 郭军等：《传承弘扬梦桃精神，在新征程中奋力奔跑》，《陕西日报》2019年11月15日。

动力。下一步我们要把学习领会习近平总书记的亲切勉励作为当前全市上下的一项重大政治任务，迅速纳入'不忘初心、牢记使命'主题教育，准确、深入、全面领会亲切勉励的内涵要义，确保每一个党支部、每一名党员都受到亲切勉励的激励、鼓舞和鞭策。同时，教育引导党员干部在工作上勇于创新、甘于奉献、精益求精，牢记'幸福都是奋斗出来的'，以主人翁姿态不懈奋斗、艰苦奋斗、团结奋斗。"[①]

咸阳市委宣传部副部长相俊表示："习近平总书记对赵梦桃小组全体组员的亲切勉励，赋予了梦桃精神新的时代内涵，使我们备受鼓舞。我们要结合'不忘初心、牢记使命'主题教育，深刻学习领会习近平总书记的亲切勉励，传承和弘扬好梦桃精神，在各条战线、各个领域广泛宣讲，以身边事教育身边人，真正让梦桃精神深入人心。"

咸阳市科学技术协会调研员罗文斌说："习近平总书记对赵梦桃小组的亲切勉励，让我倍感振奋。作为一名基层党建负责人，我要学习梦桃精神，向榜样学习，向先进致敬，把梦桃精神融入科学普及与科技创新，为创新驱动发展服务、为提高全民科学素质服务，不断丰富创新载体，努力在新时代基层党建和科技创新工作中再立新功。"

杨凌示范区总工会经审委副主任张雨萍说："新时代呼唤使命和担当。习近平总书记对赵梦桃小组的亲切勉励，让我们基层工会工作者备受鼓舞。今后，我们将继续以饱满的热情、不懈的追求，积极践行工匠精神，推进杨凌产业工人队伍建设，培养更多技术精湛的工匠人才和创新团队，为企业发展和社会进步贡献力量。"

省国资委规划发展处四级调研员、全国抗震救灾模范王永平说："岁月变迁，不变的是精神传承。我曾有幸和赵梦桃小组第7任、第8任组长学习交流，从她们身上汲取了梦桃精神的养分和能量。在今后的工作中，我将继续学习发扬梦桃精神，在加快推动国资监管机构职能转变、优化国有资本布局等工作中担职尽责，为推进新时代陕西国资国企高质量发展再立新功。"

---

① 李艳等:《把梦桃精神传承发扬好》,《陕西日报》2019年11月13日。下文相俊、罗文斌、张雨萍等人发言均出自此文,略注。

省地方电力（集团）有限公司党委书记、董事长邹满绪说："习近平总书记对赵梦桃小组的亲切勉励，为陕西地电努力加快战略转型、建设一流现代化综合能源服务集团增添了强大的精神动力。我们将组织全体员工向赵梦桃小组学习，积极践行工匠精神，强化质量意识，勇于创新、甘于奉献、精益求精，在新的征程中奋力奔跑，为推动新时代陕西追赶超越贡献地电力量。"

延长石油集团科技部负责人王军峰说："赵梦桃是一个时代的精神坐标。习近平总书记对赵梦桃小组的亲切勉励，为我们科技创新工作者指明了奋斗方向，提供了强大精神动力。在今后的工作中，我们将发扬梦桃精神，勇于创新、甘于奉献、精益求精，用科技创新赋能企业转型升级。"

陕煤集团人力资源部部长、全国煤炭工业劳模李聪表示："赵梦桃是我们陕西产业工人的优秀代表和时代典范，是一线产业工人学习的榜样。我们要时刻牢记习近平总书记对赵梦桃小组的亲切勉励，将梦桃精神发扬光大，让每一名职工都成为梦桃精神的传承者，加快建设技术精湛、技艺高超、素质优良的'陕煤工匠'团队。"

陕西投资集团金融管理部副主任侯真表示："'高标准、严要求、行动快、工作实、抢困难、送方便'的梦桃精神，激励了一代又一代纺织工人，也激励着各行各业的人们埋头苦干、砥砺奋进。新时代，我们要继续传承和弘扬好梦桃精神，不忘初心、牢记使命，忠诚于党、实干报国，为把企业建成一流国有资本投资运营公司而努力，为助力全省'三个经济'而奋斗。"

陕西有色集团权属企业陕西铅硐山矿业有限公司党委书记、陕西有色系统劳模秦宁昌说："赵梦桃是新中国第一代产业工人的优秀代表和时代典范。梦桃精神激励了一代代劳动者，具有强大而持久的生命力。我们要从梦桃精神中汲取砥砺奋进的信心和力量，教育引导广大职工学榜样、做榜样，锐意进取、勇于创新，争做新时代的最美奋斗者。"

法士特集团齿联三车间一线员工张文赟说："赵梦桃同志是我们工人的学习榜样，也是我们工人的骄傲。我将牢记习近平总书记对赵梦桃小组的亲切勉励和谆谆教导，立足岗位，脚踏实地，发挥党员模范先锋作用，勇担当、敢奉献、努力干、求上进，争做新时代的最美奋斗者。"

全国道德模范、咸阳道北中学教师呼秀珍表示："习近平总书记对赵梦桃小组的亲切勉励，让我感到无比的喜悦和激动。作为一名教师，我要学习梦桃精神，在工作中勇于创新、甘于奉献、精益求精，以创新的思维、开阔的眼界和奉献的精神引领学生追梦、圆梦。赵梦桃是一个时代的精神坐标，梦桃精神将不断激励我不忘初心、砥砺前行，把一切奉献给我所热爱的教育事业，努力肩负起培养社会主义接班人的时代重任。"

11月13日，中国纺织工业联合会组织召开"发扬梦桃精神，争做新时代的最美奋斗者"——传达落实习近平总书记对赵梦桃小组的亲切勉励大会。中国纺织工业联合会领导班子成员、党委委员、纪委委员，各直属基层党组织书记，各部门、各单位主要负责人，中纺联工会委员、团委委员参加了会议。与会领导和同志认真学习了习近平总书记的亲切勉励，一致认为习近平总书记对梦桃小组的亲切勉励，也是对全国纺织行业产业工人的亲切勉励，激动之情溢于言表。[1]会上，中纺联全体参会同志观看了《梦桃精神代代相传》专题片。

中国纺织工业联合会会长孙瑞哲指出：习近平总书记对赵梦桃小组的亲切勉励不仅是对"梦桃精神"的充分肯定，也是对赵梦桃小组50多年来坚守传承和弘扬"梦桃精神"的高度赞扬；不仅是对赵梦桃小组的殷切期望，也是对我们纺织人更好地担负起新时代新使命寄予了厚望。认真学习和领会习近平总书记对赵梦桃小组的亲切勉励的深刻内涵，为我们更好地推动纺织行业的高质量发展意义重大。当前，我们的重要任务就是要把习近平总书记对赵梦桃小组的亲切勉励贯彻落实到大力弘扬新时代的纺织行业精神中去；要把习近平总书记对赵梦桃小组的亲切勉励贯彻落实到推动新时代纺织行业的高质量发展中去；要把习近平总书记对赵梦桃小组的亲切勉励贯彻落实到"科技、时尚、绿色"的产业新定位中去。孙瑞哲会长对广大纺织工作者提出殷切期待，他指出："新时代是奋斗者的时代。"实现纺织产业的新定位，归根结底还要靠我们每个纺织人坚定奋斗。要大力弘扬"幸福源自奋斗、成功在于奉献、平凡造就伟大"的价值理念，以赵

---

① 居新宇、牛方：《梦桃精神代代相传》，《中国纺织》2019年第12期。

梦桃同志为榜样，撸起袖子干、挥洒汗水拼，以梦桃精神不断激励我们不忘初心，砥砺前行，始终做新时代长征路上的不懈奋斗者。

中国纺织工业联合会高勇书记在会上表示，习近平总书记对赵梦桃小组的亲切勉励不仅是对赵梦桃小组，也是对全国纺织行业广大职工和劳动者，包括中纺联干部职工提出的殷切希望和极大的鼓舞，充分体现了习近平总书记和党中央对纺织行业广大劳动者的充分尊重和关心关怀，同时也向全行业传递了争做新时代最美奋斗者的明确号召，为我们推动新时代纺织行业高质量发展增添了强大精神动力。他指出：认真学习、深刻领会习近平总书记对赵梦桃小组亲切勉励精神是当前行业工作的一项重大政治任务。我们要把学习贯彻习近平总书记的亲切勉励与学习贯彻习近平新时代中国特色社会主义思想和党的十九届四中全会精神结合起来；要把学习贯彻习近平总书记的亲切勉励纳入当前党内正在开展的"不忘初心、牢记使命"主题教育活动之中，坚持以政治建设为统领，全面加强党的建设；要把学习贯彻习近平总书记的亲切勉励落实到建设知识型、技能型、创新型纺织职工队伍中去，为纺织行业转型发展、高质量发展培育高素质的人力资源基础。

高勇书记说：一个时代有一个时代的主题，一代人有一代人的使命，奋斗是我们克敌制胜的法宝。因奋斗，70年来，中国纺织工业以前所未有的速度破浪前行，走上了快速、持续发展的兴旺发达之路，取得了举世瞩目的历史性成就，成功实现了由小到大、由弱到强的历史大跨越，成为全世界产业体系最完备的纺织生产、出口和消费第一大国。"社会主义是干出来的，新时代也是干出来的。"广大干部职工要把习总书记勇于创新、甘于奉献、精益求精，争做新时代的最美奋斗者的亲切勉励化为实际行动，干一行、爱一行、钻一行，充分展示新时代奋斗者的精神面貌。

2019年10月24日，"最美奋斗者"进企业——赵梦桃先进事迹宣讲活动在咸阳纺织集团有限公司举行。活动现场，全体干部职工精神饱满、情绪高涨，认真聆听、学习了由集团公司一分厂"赵梦桃小组"现任组长何菲带来的题为《党的好女儿——赵梦桃》的专题报告。何菲用质朴的语言、生动的事例和真挚的情感，带大家回顾了赵梦桃短暂而光辉的一生。报告打动了现场的所有人，台下不时响起热烈的掌声。①

　　从何菲的讲述中，人们了解到赵梦桃在出色完成国家计划的背后，付出的艰辛努力：坐火车时，她用串糖葫芦的竹棍练"双手咬皮辊花"；外出开会时，她利用休息时间补习代数。赵梦桃忧国家之所忧，急国家之所急，她昼夜思考的是，如何节约成本办企业，如何团结同志、共同前进。

　　"在生活中，梦桃对同志们体贴入微，替这个分忧，为那个解愁，从不计较个人得失，确确实实用实际行动兑现了'不让一个伙伴掉队'的承诺。"讲到这里，何菲激动地说，"梦桃精神是一块宝贵的金子，我很荣幸能够作为金子拭去时光尘埃、不断增添光彩的人。我希望通过讲述梦桃故事，带动更多的人在纺织行业中做出更大贡献。"一番深情的讲述后，现场响起了热烈的掌声。大家纷纷表示，作为新时代的纺织青年，一定要学习赵梦桃任劳任怨、无私奉献、艰苦奋斗的精神，今后要更加立足岗位、做好本职工作，努力肩负起振兴咸阳纺织事业的使命，让梦桃精神在新时期更加光彩夺目。

　　11月5日上午，由咸阳市委宣传部、市总工会组织的"最美奋斗者——赵梦桃"巡回报告会在咸阳市天然气总公司举行。赵梦桃小组第十三任生产组长何菲做了一场题为《党的好女儿——赵梦桃》的报告。来自公司生产一线的50名干部职工代表聆听了报告会。②

　　党委副书记申震在报告会后要求，要以此次报告会为契机，大力弘扬梦桃精神，人人争先创优、人人争做梦桃式职工、人人争当"最美奋斗者"；要提高政治站位，勇于担当，特别是党员干部，要对标对表，在本职工作中要更加严格要求自己。特别是在我国能源结构调整、天然气供需矛盾日益突出、市场压力不断加大、工作要求越来越高的情况下，更加清醒认识自己的责任和使命担当，增强责任意识、使命意识和担当意识，坚守初心，勇担使命，努力在各自的岗位上作出无愧于党员称号、无愧于时代的工作业绩。通过学习赵梦桃的先进事迹，使大家受到了一次守初心、担使命、保持共产党员先进性的再教育；使大家的思想得到了洗礼，心灵得

---

① 张丹：《梦桃精神点亮奋进灯塔》，《陕西日报》2019年10月28日。

②《传承梦桃精神，践行初心使命》，http://www.xyngas.com/xwzx/gcxw/420.htm，2019年11月15日。

到了净化，从梦桃精神中再次汲取了奋斗的力量。

第二节　传承铁人精神

以"爱国、创业、求实、奉献"为主要内容的"铁人精神"，是王进喜的崇高人格的升华、钢铁意志的锤炼、奉献境界的彰显。在建党90周年前夕，《人民日报》将大庆精神和井冈山精神、长征精神、延安精神、"两弹一星"精神、雷锋精神、改革开放精神一起确定为中国共产党伟大精神。"铁人精神"是历久弥新、永不褪色的宝贵精神财富，是激励中华儿女拼搏奋进、担当作为、干事创业的强大精神动力。

一、铁人精神的当代意蕴

"铁人"王进喜是中国石油史上标杆式的人物。他带领着钻井队在极其艰苦的条件下拼搏奋斗，肩挑背扛，竖立起了几十吨重的钻井；寒冬中，他们用水盆、水壶从十几里外的湖中运来几十吨水，保证机器运转；即使脚扭伤了，他也坚决不休息；他跳进泥浆，拿自己的身体当搅拌机；他饿得两腿发软，还倾尽全力战斗在第一线……在松辽大地上，王进喜和他的钻井队竖立起了高大的钻井机，也为自己在历史上画下了浓墨重彩的一笔。

发轫于中国石油工业的"铁人精神"，传承着中华民族的精神文化基因。王进喜的名言"宁肯少活20年，拼命也要拿下大油田"，在当年的中国大地传诵一时。作为我国工业化的实践产物，"铁人精神"是一个时代的代表精神，反映了一个群体的社会生活，折射出一个时代的历史事件。"铁人"的创造力源于顽强、不懈的追求，源于对自身生命潜力的最大挖掘。有了这种能动性和创造力，任何困难都能溶化在"铁人"的钢铁意志中。正是这种意志，让王进喜从普通的石油工人逐渐成长为工人阶级的先进代表，从大字不识的苦命娃成长为具有科学管理理念的井队领导，他的聪明智慧因而得到了最充分的发挥。影片用"铁人精神"和老一辈石油工人为中国石油工业奋斗的生命历程，展示了中国石油工业的发展史，这是民族奋斗史中艰难而辉煌的华彩重章。①

　　伟大时代呼唤伟大精神，伟大事业更需榜样引领。今天，我们要守"铁人"忠魂，像"铁人"那样对党忠诚，坚定不移听党话、跟党走。认真学习践行铁人"五讲"的党性觉悟和辩证唯物主义历史观，始终把党放在心中最高的位置，把为党尽忠、为党尽责、为党分忧、为党争光作为一辈子的事，任何时候都对党忠诚老实、坚如磐石。今天，我们要立"铁人"意志，像"铁人"那样敢于担当，不畏一切困难和挑战。认真对照"铁人精神"反思，经常问一问自己是不是像"铁人"那样将个人命运与党和人民的事业紧密联系在一起；有没有"铁人""宁可少活20年，拼命也要拿下大油田"的敢死拼命精神；有没有"恨不能一拳头砸出一口油井来，把'贫油落后'的帽子甩到太平洋里去"的坚定决心？今天，我们要学"铁人"干事，像"铁人"那样奋斗不止，甩开膀子干事创业。牢记"幸福都是奋斗出来的"，深刻理解"铁人""干，才是马列主义；不干，半点马列主义也没有""井无压力不出油，人无压力轻飘飘"的丰富哲理，认真学习"铁人"一往无前、永争第一的创业激情和顽强斗志，切实将心思和精力用在干事创业、争创一流上。今天，我们要承"铁人"作风，像"铁人"那样实事求是，精益求精，联系群众，正人先正己。带头学习"铁人"重实际、办实事、求实效，在实践中学习进步、勇攀高峰，抓技术讲质量"为油田负责一辈子"，视工人生命重如山，对群众动真情，对自己严要求的优秀品质和优良作风。②

　　铁人精神是实现中华民族伟大复兴中国梦的内生动力。在实现中国梦的过程中，我们还将面临许多难以预料的困难，而这些困难的解决主要依靠中国人民自力更生和艰苦创业。铁人精神恰恰是中国人民艰苦奋斗、顽强拼搏精神的特定体现，是中国人民实现民族振兴、国家富强、人民幸福的真实写照。铁人精神是培育和践行社会主义核心价值观的丰厚资源。英雄人物、劳动模范是构建社会主义核心价值体系的一个重要途径和重要内

①　梁振华编：《光影中国梦，镜语中国卷》，合肥：安徽大学出版社，2014年，第167—168页。
②　燕胜三：《奋斗新时代还需"铁人精神"》，《中国党政干部论坛》第10期。

容。铁人精神是中国工人阶级伟大品格的具体体现，它同中国共产党伟大精神具有内在契合性。铁人精神是新形势下加强和规范党内政治生活的有益示范。铁人王进喜一生对党忠诚老实，光明磊落，说老实话、办老实事、做老实人。他说："我是共产党员，党的原则比我的生命还贵重，决不能拿原则送人情、做买卖。"[①]

二、电影《铁人》首映式及观感

2009年4月23日，电影《铁人》在北京举行首映式。中共中央政治局委员、全国人大常委会副委员长、中华全国总工会主席王兆国，全国人大常委会副委员长、民盟中央主席蒋树声，全国政协副主席、民建中央第一副主席张榕明，出席首映式，观看了影片，并在首映式开始之前会见了影片出品方、合作方和剧组主创人员代表。中华全国总工会副主席、书记处第一书记孙春兰参加了会见，并一同出席首映式和观看影片。

电影《铁人》由中华全国总工会、北京市委宣传部、北京紫禁城影业公司、上海电影集团公司、金桔海文化投资有限公司联合制作出品。影片采用时空转换的手法，通过讲述两代劳模为祖国能源事业的发展创业拼搏的故事，歌颂了以"铁人"王进喜为代表的中国工人阶级艰苦奋斗、无私奉献、忘我拼搏的崇高精神，展现了一代劳模为国家分忧、为民族争光的爱国情怀。该片集中了一批国内优秀主创人员，再加上5000万元的巨资投入，无论是人物、节奏还是影像，都堪称大片水平，其较高的思想性和艺术感染力在审查的过程中即获得了普遍好评，被中宣部列为庆祝新中国成立六十周年的献礼影片。

电影《铁人》将于"五一"期间正式登陆全国各大院线与观众见面，但影片的预告宣传已经引起了各省市的高度关注，据了解，将有20多个省市在"五一"前夕举办当地的电影《铁人》首映仪式。中组部、中宣部、国家广电总局、国资委、全国总工会和共青团中央等六部门联合下发了《关于组织观看电影〈铁人〉的通知》，全国总工会还将首映式活动纳入今

---

① 陈立勇：《铁人精神：一面高扬的民族精神旗帜》，《奋斗》2016年第12期。

年庆祝"五一"系列活动的重要内容，以切实做好这部电影的宣传推广工作，更好地弘扬"铁人"精神、"大庆精神"，在全社会掀起一轮学习劳模、争当劳模的热潮。①

首映式中，来自各个行业的劳模代表和首都各界职工群众代表共1200人观看了影片，许多人流下激动的泪水。他们纷纷表示，《铁人》确实是一部融思想性、艺术性和观赏性为一体的优秀影片，通过对"铁人"等劳模形象栩栩如生的重现，使大家在享受艺术美的同时，心灵也得到洗礼和升华。一名50多岁的老师傅则显得有些激动，"终于有一部属于工人的电影了，那时候，谁不知道王进喜，大庆和王进喜是全工业战线一等一的标杆。"劳动关系学院大三学生唐丹认为，影片中的王进喜身体搅拌泥浆这个情节是最震撼自己的地方。"以前是在书本上看过王进喜的事迹，但自己了解得不是很详细，这个电影给了我最直观的感受，我很钦佩那一辈人的干劲和奉献。"全国劳动模范苗晓光对记者表示："铁人精神永远不会过时，也许现代人不会像王进喜那样跳进泥浆池用身体搅拌泥浆，但是王进喜身上那种勤奋奉献精神永远不会褪色。"编剧刘恒说："我最应该表示致敬的就是王铁人先生以及逝去的那一辈人，他们身上的精神给了我们太多感动。"青年演员刘烨饰演的是一名年轻的石油工人，在众多粉丝的尖叫声中，他诚恳地说："我从王进喜那一代人身上学到的是奉献精神和使命感，不管70后还是80后的年轻人都应记住他们，向他们学习。"从当天首映过程中观众的反映看，人们对于铁人精神的价值认同并没有改变。当影片中出现王进喜在万人群众大会上喊出那些著名的铁人语录，如"宁可少活二十年，也要拿下大油田""有条件要上，没有条件创造条件也要上"的时候，场下响起了热烈的掌声。②

在电影《铁人》全国首映式上，来自北京市职工影评中心的10位职工影评员，在电影结束的第一时间里纷纷说出自己的观感。③一是《铁人》宣示了一种精神。北京职工文学创作工作室杜芳伦说：视觉震撼，心灵洗礼，

①《电影〈铁人〉全国首映式在京举行》，《工人日报》2009年4月24日。

② 车辉：《向光荣与梦想致敬——电影〈铁人〉首映式纪实》，《工人日报》2009年4月24日。

③ 张楠：《铁人精神传千古——职工影评员第一时间谈观感》，《工人日报》2009年4月24日。

铁骨丹心，壮哉进喜！《铁人》与《张思德》可谓一脉相承，宣示了一种精神，这种精神就是"忘我""无我""燃烧我照亮世界"。中国科技会堂宋宝杰说：一个在20世纪60年代家喻户晓的人，今天再一次呈现在我们的大银幕上。那时的艰难困苦环境是今天的人难以复制和再现的，一切都已经成为过去……然而，唯有一种精神是永恒的，那就是铁人的奉献精神。

二是影片还原了真实的铁人。北京建材培训中心刘杰说：前一阵子，为了在一份教材上用"三老四严、四个一样"，结果内容想不全了，问了不少同龄人，才凑齐。看了《铁人》后，我才知道铁人和他的工人兄弟都因为是老实人，才当了铁人。我盼望大庆精神继续弘扬，希望老实人不被贬为窝囊人，也希望老实人越来越多。北京兴东方实业有限公司陈之喆说：铁人曾经是一个时代的符号，影片把王进喜还原成一个人。影片里的王进喜让我感受到铁人是一个朴实、执着、诙谐、幽默的普通西北汉子。在关键时刻舍得自己，挺身而出，用现在时下流行的话来说，是个纯爷们。

三是电影反映出工人阶级优秀品质。中国铁道饭店韩之勤说：在国家最困难的时候，铁人用生命的血汗开出一条血路，为我们展现了中国工人的伟大胸怀。片中通过刘思成一代人的成长，写出了工人阶级优秀品质的传承，不但可信，而且可亲，是很好的创作思路。自由职业者郝洪才说：看完《铁人》，我想用我即兴创作的一首诗表达——"可歌可泣石油路，如火如荼英雄谱；为国奉献传人在，铁人精神传千古。"《中国烹饪》杂志社孙春明说：人心其实都是肉长的，铁不铁在于精神，这种精神过去需要，今天更需要。《北京通信》杂志社殷京生说：《铁人》中展现的铁人精神是连接两代石油工人的精神纽带。影片表达了在铁人精神的滋养下，两代石油工人的喜怒哀乐、理想追求。

四是影片刻画非常有力度。华夏出版社高苏说：《铁人》如此大手笔使用黑白与彩色混合的手法，在我的记忆里不多，用黑白和彩色混合的手法更深刻地表达了"今天"和"昨天"的内涵，传达出很强的历史感和现代感。《中国老年》杂志社祁建说：《铁人》这部电影场面宏大，故事精彩，而且非常注重细节，我感觉这些细节的刻画非常有力度。

2009年4月30日，电影《铁人》上海首映式在上海影城举行。来自上海各行各业的劳动模范、工会干部和职工群众1100人观看了影片。在随后召开的电影《铁人》座谈会上，杨富珍、杨怀远、马桂宁、徐小平、王震等著名劳模和职工影评人与主创人员一起畅谈体会，表达了忆"铁人"、学"铁人"，弘扬"铁人"精神的真挚情怀。4月28日下午，电影《铁人》广东首映式在广州工人文化宫榕泉电影院隆重举行。省、市总工会机关干部以及来自各企业的劳模代表、工会干部、职工代表共700多人出席了首映式，观看了《铁人》电影。劳模代表王红梅在首映式上发言，表示要学习铁人"宁可少活20年，拼命也要拿下大油田"的忘我拼搏精神和"有条件要上，没有条件创造条件也要上"的艰苦奋斗精神，不断提高自身学习能力、创新能力、竞争能力和创业能力，争做知识型、技能型、创新型职工。

按照六部门联合下发的《关于组织观看电影〈铁人〉的通知》，各级工会积极组织，广泛宣传铁人精神。电影《铁人》在全国各级工会的有序组织安排下，不仅赢得了好的口碑，还取得了良好的票房成绩。据了解，各省、市、自治区工会组织都制定了具体的观影措施和计划，伴随着措施和计划的积极推进，电影《铁人》会更加深入人心。在北京，为使更多的职工观看到影片，北京市总工会出资购买了17万张《铁人》电影票，送给基层职工。截止到2009年6月11日，北京至少有15万工会会员观看过电影《铁人》。

上海市总工会也同样高度重视影片的组织发行工作。市总工会成立了由分管主席汪兰洁负责，宣教文体部牵头，办公室、经济工作部、财务部、新闻办公室等组成的临时工作机构，并积极与文广集团、上影集团沟通协调，共同做好电影发行宣传工作。同时，市总工会还采取各种措施把票送到职工手中，一是买通票给宝钢等大型企业；二是分别组织农民工专场、白领专场和劳模专场等集体包场观看。上海市其他各级工会也积极响应。徐汇区总工会在全区进行广泛动员，4000套购票券在一天之内即被认购一空。该区总工会还在衡山影院包场组织职工观看影片。上海航天局工会为系统职工购买了5000张电影票，19家基层单位开展了"看影片、评影片、写感想"活动。该局800所职工以班组为单位进行观后感征文活动，805所职工观看一结束便自发组织召开座谈会，同时向工会投稿，并将稿件张贴在所内局域网上。普陀区总工会在3天内把8000张电影票下发到职工手中，每次放映都达到高上座率。同时还开辟了宣传专栏、影评和观后感等活动，以铁人精神激励和推动广大职工投入到"光荣劳动者、建功世博会、展现新普陀"活动中。

作为拥有不少边远老区的江西省来说，观影活动照样井然有序依次展开。江西省工会在组织观影的工作中，积极主动，采取有力措施，把观影作为一项重要任务从上到下层层落实。省总工会副主席柯进水连续半个月投入到组织观影的工作中，力争促使江西省7%的职工观看《铁人》。6月2日，在赣州市上映电影《铁人》当天，市总工会组织驻市有关单位和学校1000余人观看。在当天的活动中，共放映了6场。从6月3日起至6月10日，派出电影队到市18个县（市、区）的矿山、企业、学校、社区巡回放映，观看人数近5万余人。

震灾后的四川省，影片的放映活动在一定程度上受到了限制，但是四川省总工会为推进影片的宣传放映，制定了可操作性强的详细措施。对没有影院的区（市）县，组织放映队和委托电影院线公司深入乡镇企业、灾区安置点放映。四川省各级工会同步积极组织策划观影活动。6月20日和21日，自贡市总工会送电影《铁人》到荣县、富顺等边远区县为广大职工专场放映，近万名职工踊跃观片，反响热烈。绵阳市总工会以劳模专场、职工专场、农民工专场等形式进行影片宣传和推广工作。资阳市总工会坚持做到让电影一进机关，二进农村，三进社区，四进企业。《铁人》在全国各地的热映及其在广大职工中引起的强烈反响，与各级工会组织的努力紧密相关。全国各地工会高度重视对电影《铁人》的宣传，为组织职工观看影片做了大量卓有成效的工作。①

---

① 张宪：《让"铁人精神"之花开遍神州大地》，《工人日报》2009年7月3日。

三、看《铁人》，说铁人，学铁人

（一）《铁人》感动大庆人①

影片让在场的老会战者回想起许多往事。铁人王进喜的徒弟、大庆油田退休老职工许万明，1960年跟铁人从玉门到大庆参加石油大会战，曾和铁人一同跳进泥浆池搅拌泥浆，为油田奉献了一辈子。他摸了摸斑白的头发，深情地说："铁人的形象一出现在荧幕上，我心里的热火马上就燃烧起来了！看到老队长跳进泥浆池，我仿佛回到了上世纪60年代。那时的苦和累，现在的人不能理解，但是，这部影片让年轻人拥有了一份记忆，教导人们要牢记历史，牢记那个年代，既然在艰苦的条件下，我们能开发出大油田，那么，以现在的条件，我相信新一代石油人一定能够凭借大庆精神、铁人精神，凭借科技力量，打好井，多产油，建设一个更为美丽富饶的百年油田！"

在观看影片《铁人》后，铁人王进喜的孙子、文化集团副总经理王洪波的心情久久难以平静，他说："影片还原出新中国成立初期，石油工人艰苦奋斗、无私奉献的铁人群像，为观众提供了大庆精神、铁人精神再学习再教育的文化盛宴，让我们仿佛置身于那个火热的年代，我也仿佛感到爷爷和他的战友们就站在自己的身边，这让我更加坚定一种信念，那就是要继承爷爷的遗志，高举大庆红旗，传承铁人精神，锤炼过硬作风，勤勉敬业，奋发有为，为原油4000万吨持续稳产，为创建百年油田做出更大的贡献。"

铁人生前带过的队伍——钢铁1205钻井队队长胡志强说："这部电影再现了铁人老队长豪迈而光辉的一生，让我们重温了老一代石油工人艰苦创业、无私奉献的历程，观看的过程中，我无比激动。1205钻井队是铁人带过的队伍，接过这一光荣的接力棒，我们历任队干部就要秉承'让铁人

---

① 王志田、窦丽娟：《〈铁人〉感动大庆人》，《中国石油报》2009年7月6日；向爱静、曹宝丰：《看〈铁人〉，忆铁人，学铁人》，《大庆油田报》2009年4月30日。

精神代代相传，让铁人红旗高高飘扬'的崇高使命，带领员工继承铁人遗志，传承铁人精神，有第一就争，见红旗就扛，当先锋、打头阵。我们要像铁人老队长那样，始终高唱'我为祖国献石油'的主旋律，加强科学管理，打造核心技术，赶超国际水平，把队伍建设成作风过硬、管理科学、技术领先、国内第一、国际一流的钻井队。"胡志强强调，电影《铁人》点燃了19万名油田干部员工的激情，油田上下迅速掀起了学做铁人的热潮。钻井二公司的员工把"有条件要上，没有条件创造条件也要上"的精神转化为多打井、打好井的实际行动。2009年6月，在出现连续降雨和雷电交加的天气下，10515钻井队员工不畏井场泥泞，严密组织，优质施工，6月17日创出了日进尺1014米的最好成绩。1205钻井队发挥钻井火车头的作用，安全高效完钻8口定向井，井深优质率、合格率都是100%。

"五两三餐保会战，为国夺油心欢畅。"大庆油田采油系统干部员工再次唱响"我为祖国献石油"主旋律。"要像铁人那样，地层再硬也要把油啃出来，再苦再难也要把产量拿出来。"2008年大庆油田十大杰出青年刘备战信心满满地说："《铁人》让我们重温了铁人精神，这激励着我们新一代石油工人以更为出色的行动，去完成为祖国奉献能源的光荣使命。今后我们一定要继承发扬大庆精神、铁人精神，践行新时期'好工人'精神，珍惜荣誉，戒骄戒躁，发扬成绩，再接再厉。"

采油三厂一矿党员干部深入泥泞的生产、维修一线，扑下身子靠前指挥，上半年实现了时间任务双过半的目标。与此同时，外围采油厂吹响了持续稳产的号角，力争全年实现产量不降。电影《铁人》公映后，大庆建设、电力、物资集团、矿区事业部及科研等单位，以此作为进行大庆精神、铁人精神再教育的良好契机，为保障原油4000万吨持续稳产、创建百年油田做出积极贡献。

采油一厂中十六联合站是油田的老典型，他们始终以"永远做油田精品"为理念，取得了令人瞩目的成绩。看完电影《铁人》，这个站的党支部书记王雪莹说："王进喜能够在极其困难的情况下出色地完成任务，是因为他有坚定的信念和顽强的意志。铁人从不计较个人得失，在他看来，国家如果摆脱不了贫油的现状，那些'先进''标兵''劳模'的称号对他来说简直就是讽刺。这不正是我们需要的精神吗？王进喜是我们大庆石油人的骄傲。我们要在今后的工作中，发扬大庆精神铁人精神，一步一个脚印地把本职工作做好。"

采油六厂基建工程管理中心党总支书记蒋成龙感慨地说："今天非常荣幸参加了《铁人》首映式，观看影片以后深受感动。我是上世纪70年代参加工作的，虽然没有赶上会战，却从影片中感受到老一辈石油工人战天斗地的精神，这给我们以精神上的鼓舞。在新时期高科技新会战的征程中，有铁人精神作为我们的指引，我们有信心取得更好的成绩，让铁人放心，让油田放心，让祖国放心。"建设集团化建公司作业处书记苏龙说："影片让我备受鼓舞，在感慨老一辈石油人创业艰辛的同时，也再次激发了我们的工作热情。作为第二代石油工人，我们会以老一代石油工人的精神为支撑，打好大庆油田原油4000万吨持续稳产的攻坚战。"

化工集团轻烃分馏分公司动力维修车间关俊武班班长关俊武说："看过这部影片，我又一次被铁人那种无私奉献的精神深深感动，电影中的画面让我真切地体会到会战时期的艰辛与火热。今非昔比，我们拥有了现代化机械生产的条件，拥有了一大批致力于科研的科技工作者，拥有了强大的物质基础和保障，作为基层员工，我们应该怀着一颗感恩的心，干好本职工作，发挥自己的光和热。"

（二）《铁人》感动石油人

《铁人》震撼故乡人。[①]2009年7月1日，在中国共产党成立88周年之际，玉门油田老君庙作业区组织部分党员来到铁人故居，学习铁人事迹，重温入党誓词。这是自6月中旬电影《铁人》放映以来，在玉门油田掀起铁人热的又一个缩影。玉门油田作为铁人王进喜的故乡和铁人精神的摇篮，玉门石油人感到无比光荣和骄傲。电影《铁人》在玉门油田放映后，玉门油田迅速掀起"铁人故乡学铁人，石油摇篮立新功"热潮，并将学习铁人精神与实际工作结合起来，创新工作思路，转变发展方式，破解发展难题，提出了"深度调整、强基蓄势、优化运行、降本控费"的十六字工作方针。

---

① 石军：《〈铁人〉震撼故乡人》，《中国石油报》2009年7月6日。

作为开发了70年的老油田，老君庙油田在学习铁人过程中，落实铁人那种创造性开展工作的精神，针对地质特点和油田开发实际，改变过去"人海会战、加密井网"的思维方式，开展老井测井资料精细再解释，抓好二次三维地震资料采集与前期资料解释，进行新一轮精细油藏描述和重新加深油藏研究，对油区内所有老井测试资料进行精细再解释。玉门油田作业公司发扬铁人"有条件要上，没有条件创造条件也要上"的精神，充分发挥集采油工艺技术研究与施工作业于一体的优势，进一步深化酸化、压裂工艺技术研究，针对老君庙、鸭儿峡、青西、酒东的储层特性，形成了6套压裂液体系和5种油层改造技术，为不同类型油井的储层改造提供了技术储备。

中国石油华北销售公司广大职工热议《铁人》，观影受到心灵洗礼。[①]据了解，中国石油华北销售公司大部分职工分散在华北地区各个加油站，为了让基层每位员工都有机会观看《铁人》，该公司积极组织职工观影活动，并把观看影片与学习实践科学发展观活动结合起来，组织职工开展讨论、撰写影评、观后感等活动，使铁人精神更加深入人心。公司机关200余名职工分三场观看了《铁人》，北京、天津、河北等分公司分别组织了近9000名员工观看影片。影片所彰显的坚韧拼搏的时代精神，使众多奋斗在自己工作岗位上的普通职工有了深刻的思索与感悟。"《铁人》为我们展现了一个立体的、有血有肉的人物形象。从王进喜的身上，我们看到了他作为一名石油工人无私奉献的精神。"中国石油华北销售公司河北分公司职工张萍在看了电影《铁人》后动情地说，"铁人精神反映了一个时代的价值观。新时代来临了，但老一代的精神不能忘。在形形色色的利益冲突中，作为新一代的石油人，我们应该继承发扬铁人精神，开启新的历史篇章。"该公司职工徐玉霞说，看完《铁人》后，常问自己三个问题：为什么忘记？为什么感动？为什么活着？她说："电影感动得我一次又一次地流泪。真实的故事、真诚的情感以及对祖国和人民的一腔真情真爱是打动人心的法宝。铁人王进喜用他47岁的短暂人生创造了一个不死的神话，他的精神将永远

---

① 张宪：《让"铁人精神"之花开遍神州大地：电影〈铁人〉在各地热映》，《工人日报》2009年7月3日。

激励着我们石油人不断创造新的辉煌。"

　　石油工人看后深受感动。[①]大连石化公司工程预决算处董玉洁说，学习铁人精神必须贯彻到工作中，落实到行动上。向铁人学习就应该有一股认真负责、不怕困难的劲头，工作中不是等着一切条件都具备了才干，而是应当想办法克服困难，创造条件完成任务。东方地球物理公司党群工作部朱晔说，以铁人精神为支柱，他们征服了浩瀚无垠的死亡之海，跨越了刀劈斧削的南天山，创造了自己的 GeoEast 物探一体化争气软件，闯出了全球化的发展之路。铁人精神将激励他们怀揣忠诚、勇担重任，在找油找气的伟大事业中勇站前沿，永做尖兵，切实起到石油工业的先行官、找油找气的主力军的作用。鸭儿峡油田作业区采油一站何跃璠说，与铁人所处的年代相比，现在生产生活条件发生了巨变；但作为新一代石油人，他们要继承和发扬大庆精神、铁人精神、玉门精神，珍惜岗位，感恩油田，回报企业，全力做好原油生产工作，为企业发展做出应有的贡献。大庆油田采油三厂三矿崔英春说，原以为这部电影是一部"高大全"式的电影，没想到观后内心受到如此大的震撼。这种感动要保持温度，认清形势，承担起使命。他们的任务就是接过旗帜，进行二次创业，创建百年油田。大连石化公司退休职工穆胜传认为，铁人精神是中国石油工业的传家宝，也是应对金融危机、增强企业竞争力的精神支柱，不论什么时候都不能忘、不能丢。

（四）《铁人》感动新时代劳模

　　2009 年 5 月 1 日，近千名来自北京市各行业的劳动模范，以观看电影《铁人》的方式，欢度"五一"国际劳动节。不少劳模在观影后流下热泪，表示要在实际工作中发扬艰苦创业、忘我劳动和无私奉献的"铁人精神"。全国"五一"奖章获得者、北京市崇文区环卫服务中心的关阔山说："我来自时传祥生前工作过的环卫队，我从小就知道王进喜、时传祥无私奉献的光荣事迹。今天重温耳熟能详的故事，我很激动。'铁人精神''时传祥精神'什么时候都不过时，现在我们更需要这样的精神，去为社会做更多贡献。""80 后"劳模李晨波在北京奥运会期间曾负责指挥北京市西城区的职

---

　　① 《〈铁人〉激励我们学铁人》，《中国石油报》2009 年 7 月 6 日。

工拉拉队，他说："当年的大庆油田建设为王进喜们提供了奉献的舞台，2008 年的奥运会给了我一个发挥所长的机会。我觉得应当把工作当成事业去奋斗、去付出，才能无愧于时代。这是'铁人'给我的启示。"①

电影中蕴含的"铁人"精神更是对优秀劳动者们的激励和鞭策，让先进的"领跑者"努力发挥先锋作用。湖北省五一劳动奖章获得者、东风股份铸造分公司工程师魏江华说："作为一名劳动模范，我要继承发扬铁人无私奉献的精神，认真做好每一件事，为企业的生存发展贡献力量。"②全国劳动模范、昆明力神重工有限公司车工耿家盛在看完影片后表示，自己是一名劳模，更要不断督促自己，在企业遇到困难时，要勇挑重担，敢打硬仗，为企业发展作贡献。③在观看《铁人》后，商用车车架厂号召全体职工发扬铁人精神，克服一切困难，确保各项目标任务的完成。全国"工人先锋号"——重型车厂国华班的班长孙艳新说："我们要像铁人那样，树立战胜一切困难的信念，为公司发展承担更大的压力。"④

观众李奉明说，我们当下的生活"不差钱"，而是"差灵魂"。影片中黄渤扮演的赵一林代表着物质的一面，而刘思成则是精神的象征。他们两人亦友亦敌、既爱又恨的争吵，是把人的内心剖开了来演，现实生活中的我们何尝不是如此呢？在面对升学就业不顺、事业遭遇瓶颈、物质诱惑之时，是屈从于现实的困难，还是挺直不屈的灵魂？我想，无论何时，作为人最单纯最善意最激昂的一面都不应该被磨灭。我们崇尚灵魂，尊崇生命，追寻爱和生命的意义，所有这些在《铁人》这部电影里，均能找到它们的影子。⑤

发生井喷算不算安全事故？跳进池中用身体充当搅拌机是不是违反操作规程？在这样一个盛行"解构崇高"的年代，看完《铁人》之后，年轻人会提出这样的疑问，一点也不让人觉得奇怪。观众关明说，他理解的铁

---

① 《"铁人精神"感动新时代劳模》，《工人日报》2009 年 5 月 3 日。

② 邹明强：《电影〈铁人〉在东汽公司反响强烈》，《工人日报》2009 年 7 月 3 日。

③ 张宪：《让"铁人精神"之花开遍神州大地：电影〈铁人〉在各地热映》，《工人日报》2009 年 7 月 3 日。

④ 邹明强：《电影〈铁人〉在东汽公司反响强烈》，《工人日报》2009 年 7 月 3 日。

⑤ 李奉明：《人活着不能"差灵魂"——电影〈铁人〉观后感》，《工人日报》2009 年 6 月 5 日。

人，其言行应该是自然的，铁人的内心是充实的。大部分英烈产生于刹那之间，所有的崇高都无需刻意塑造。我们完全有理由相信，铁人在跳进泥浆池的那一刻，根本没有想过自己会一跳成名；他在说出"宁可少活二十年，也要拿下大油田"的时候，也没有想过一言而名动天下。铁人所想的，是中国工人对自己国家的使命感、责任感；他所做的，是作为国家主人翁对"自家"应尽的义务。铁人唯一的动机，应出自当时境况下"国家的领导阶级"与"国家"的血脉相连。鲁迅先生已经把话说到极致了：我们自古以来，就有埋头苦干的人，有拼命硬干的人，有舍身求法的人，有为民请命的人。他们是中国的脊梁。[①]

（三）《铁人》感动群众演员[②]

在位于大庆油田采油九厂附近的拍摄现场，一个个场景使员工们感到既陌生又亲切——老式的井架、老式的"解放"汽车、干打垒、泥浆池、"铁牛"拖拉机、万人誓师大会主席台、"有条件要上、没有条件创造条件也要上"等各种标语、铝盔、转业军人的黄军大衣、杠杠工服……这些只能在铁人纪念馆中看到的物品，却一下子展现在了大家的眼前。面对这些道具，年龄大的员工们感到亲切，因为有些东西是他们用过的、熟悉的，好像又回到了那个艰苦创业的年代，回到了当年漫天风雪战荒原的年代。而这些道具在年轻员工眼里却格外新鲜。以前只在图片中、故事里看到过这些东西，近距离的接触，更增加了他们对参加石油大会战的先辈们的深深敬意。

大庆油田钻探工程公司钻井二公司装备资产部韩明彦说："参与拍摄是上了一堂传统教育课。我每一次来到拍摄现场，都能使我的心灵受到一次新的震撼，仿佛又看到了1960年的大庆石油工人的辛勤工作场面，看到了当年铁人王进喜的'有条件要上，没有条件创造条件也要上''宁可少活二十年、拼命也要拿下大油田''人就是要有一股气，对一个国家来讲，就是要有民气；对一个集体来讲，就是要有士气；对一个人来讲，就是要有志

---

① 关明：《当时只道是寻常：我们今天如何理解铁人》，《工人日报》2009年4月23日。

② 曹宝丰等：《难忘的经历——电影〈铁人〉群众演员说感受》，《工人日报》2009年4月24日。

气'的大无畏精神。印象最深的就是拍摄'万人誓师大会'的场面，铁人王进喜在台上讲话的时候，我感受到了大庆精神、铁人精神的震撼。参与《铁人》的拍摄，更加坚定了我热爱本职工作岗位、为石油事业贡献一切力量的信心。"

"这是一生中的光荣"。在电影《铁人》的拍摄过程中，大庆油田的许多参与者虽然只是成千上万人中的一名群众演员，只有一个远远的镜头，甚至没有镜头，但是，他们把这次参与当作一生的光荣，难忘的经历。大庆油田矿区服务事业部物业管理二公司员工张正前说："作为一名石油工人，能够参加《铁人》的拍摄，这是一生中的光荣，我感到非常自豪，因为铁人王进喜是中国工人阶级的光辉形象，是石油工人的骄傲。每次不管是试拍还是实拍，我一想到自己是在衬托'铁人'这一光辉形象，心情就非常激动，所以，不管现场天气多冷，我都能坚持。""说也怪，当会战时的'杠杠服'和狗皮帽子往身上一穿戴，精气神就来了，自己立马就进入演出状态了。"

大庆油田建设集团化建公司的倪保平说："参加《铁人》拍摄是件非常光荣的事，不管啥时候说起来心里都特别自豪。在《铁人》中我感受到了会战时的气氛，剧情让我和身边同事很感动。拍摄中，有时在零下20多摄氏度的严寒中，我们在雪地上一坐就是四五个小时，可没有人抱怨，因为大家都知道，我们是在演铁人，在演我们的前辈、父辈，我们要演出他们的豪迈、演出他们的精气神！"

做有名有姓演员"运气真好"。对于作为群众演员的油田员工来说，能够在《铁人》中饰演一个有名有姓、多次出镜的角色，似乎是一种奢望，但生活总是给人们带来很多惊喜。建设集团员工李海波就获得了这份意外的惊喜，他和另外4名员工被导演相中，在万人誓师大会的主席台上扮演了3天的"领导"角色。这着实让他和同事感到意外的惊喜。然而，惊喜之余却是意想不到的挑战。由于他们都要出演上镜率高的几个角色，虽然基本没有台词，但还是要求他们要具备一定的"演技"，一个表情、一个眼神、一个动作都要求做到自然。这可难坏了这5位工人师傅，李海波愁眉不展地说："如果让我们做电焊、操作大吊车，都样样儿在行，但做些复杂的神态表情，我们真是一窍不通啊！"时间不等人，5个人很快就意识到：自己耽误一分钟，电影拍摄就得推迟一分钟，决不能因为自己的原因而影响拍摄进度。于是，他们5人在零下20多摄氏度的大冷天里，对着镜子练表情，一练就是1个多钟头，冻得下巴都不灵活了，最终他们的表演达到了导演的要求。李海波说，他们始终用铁人精神鼓励自己完成任务，感到无上光荣。

大庆钻探钻井五公司15106钻井队28岁的井架工刘海涛，也是一位"幸运者"。有一天，剧组拍摄放井架的场面，有一个镜头拍"大绳入槽"。因为井架太高，动作也太专业，剧组里的演员无法上井架完成，所以，临时决定让在现场协助拍摄的刘海涛参加演出。拍摄时，在十五六米高的半空中，小刘一蹲就是半个多小时，天冷风大，下来时，人都冻得不会走道了。但他无怨无悔，因为他敬畏铁人，要学习铁人精神。

四、《铁人王进喜》"一直没有离去"

继北京大学开幕式首场播映后，电影《铁人王进喜》先后走进北京大学、中央音乐学院、北京交通大学、北京邮电大学、北京联合大学、北京体育大学、北方工业大学、华北电力大学等首都高校。影片长90分钟，广大师生被铁人心系祖国、艰苦创业、攻坚克难的硬汉形象所震撼，也为铁人真挚的情感所感动，很多学生流下了眼泪。影片结束时，学生们情不自禁起立、鼓掌。地质工程大三学生杨新宇激动地说："刚入校时，我参演的第一部话剧就是《王进喜》。我很敬仰铁人，他是我们石油人的骄傲，我们要永远传承这种精神。"石油工程大一学生曹立虎说："铁人不怕苦、不怕累，脚踏实地的工作态度，非常值得我们'90后'青年学习。"教师刘天表示，电影《铁人王进喜》走进高校非常有必要，这是教育大学生热爱祖国、热爱人民、不怕困难、乐于奉献的好机会，希望大庆有更多更好的文化产品走进高校。首都高校的学生们普遍表示，大庆精神、铁人精神是中华民族的精神脊梁，大学生一定要传承好这种精神，未来在各自工作岗位上做一个真正的"铁人"。①

在电影《铁人王进喜》中，始终充盈着一种精神，它时时在感动着观众，有时甚至使人不由得热泪盈眶。这到底是一种什么精神呢？陈宝光认为，这是一种"位卑未敢忘忧国"的主人翁精神。铁人仅仅是个普通的钻井队队长，可是，他却把整个国家缺石油的重担压在自己的心上，拼出老命为国家找油。这是一种"泰山压顶不弯腰"的硬骨头精神。在三年困难时期，这一精神成了激励铁人奋斗的动力。在"万事不如人"的条件下，要打破美国王牌钻井队和苏联功勋钻井队创下的世界纪录，岂非梦呓？但是，铁人们做到了。影片告诉我们，这也是一种尊重客观规律的科学精神。否则，光靠一厢情愿，肯定创造不出奇迹。这就是铁人精神，是鲁迅所说的"中国的脊梁"。凭着这种精神，一切大风大浪我们的国家都闯过来了，迎来了今天"风景这边独好"的好日子。②

"铁人回来了，他一直没有离去"。③一是铁人的责任感与爱国精神没有离去。电影中，铁人说那些受不了苦的逃兵，"他们将来会后悔的"。说这话的时候，铁人一定望到了五十年后的大庆。因为，他那刚毅的眼光中，透露出发自心底的责任和信任。责任，是王进喜"恨不得一拳下去，把地球砸出个窟窿"，让原油流淌成金河；是他"宁可少活20年，拼命也要拿下大油田"，缓解新中国贫油的尴尬。而信任，则是王进喜始终对党和国家充满深情厚爱。正如他在给徒弟操办婚礼时，向着东方引吭高歌，"高楼万丈平地起，边区的太阳红又红，咱们的领袖毛泽东呀毛泽东"。演员张志忠握紧铁打的拳头，提神振气的秦腔一喊起来，喊出了中国人的骨气。他真是把铁人演活了、演绝了。影片中的那两段秦腔真是提气，仿佛穿越时空一般，对如今徘徊在现实与理想中的年轻人，真如当头棒喝。难怪前排那名东北石油大学的女生，不时地抹眼泪。石油大会战需要铁人，这个时代更需要铁人，而铁人并没有走远，他又回来了。

---

①《电影〈铁人王进喜〉北京高校百场展映好评如潮》，《大庆日报》2012年4月18日。

②陈宝光：《又见铁人——评电影〈铁人王进喜〉》，《文艺报》2012年3月22日。

③李东泽：《铁人回来了他一直没有离去——电影〈铁人王进喜〉观后》，《大庆日报》2011年7月1日。

　　二是王进喜这个人一直没有离去。尾声，周恩来总理到医院去探望铁人，消瘦的铁人沙哑着嗓子，流着不服输的眼泪说："我想回大庆。"总理流泪了："等你病好了，我和你一起回大庆。"他俩都清楚，大庆不能垮，大庆是国家的大庆，是全国人民的大庆。因此，可以说这部电影的公映，相当于把我们的铁人送回了大庆。铁人的老战友许万明说："我跟老队长人拉肩扛，破冰取水，跳泥浆池，我在他身上学到了很多东西。我今天71岁了，还活着，可是我们的老队长，岂止是少活了20年啊……"老人语音哽咽，老泪纵横。其实铁人并不是今天才回来的，实际上他一直都没有离去，一直都在守望着1205队，守望着油田，守望着大庆，守望着千千万万的城市建设者，守望着前仆后继的铁人。而这，才更应该是这部电影对现实的警示意义。

　　三是铁人关心部下和家人之心值得学习。影片中还有一个场景，是铁人的徒弟被砸伤了，发烧想吃冰，铁人听说后到齐齐哈尔给他背回来一块冰，徒弟吃着吃着就哽咽了。他在影片中哽咽，观众们在影片外哽咽。为了徒弟的小小心愿，铁人宁愿不辞辛苦，这是对部下的拳拳之爱。像铁人这样才能带好一个人，带好一个队，带好一个项目，带好一个县区，甚至是带好一座城。也只有这样的领导，才值得你一生去追随，并乐于奉献。"苟利国家生死以，岂因祸福避趋之。"铁人即使在"文革"中也对党和民族满怀赤诚，忍着胃痛也要坚持生产，最终倒在井架下。去北京前，他知道自己可能要永别了，他用大手抚摸儿女们熟睡的脸庞，又给妻子洗了一次脚。他说："平时都是你给我洗，这次你听我的。"说这话的时候，他的心底升起的，应该是对家庭的愧疚。看到这个场景，听了这些话后，我们有没有意识到，因为各种各样的工作，我们忽视了对爱人和孩子的关爱。

第三节　学习"西沟精神"

　　"西沟精神"是以申纪兰、李顺达等为代表的新中国第一代劳模精神和共产党员的优秀品质，他们理想信念坚定，对党和人民无限忠诚；心系人民群众，服务于人民群众；廉洁奉公，大公无私；艰苦朴素，勤俭节约；淡泊名利，无私奉献。习近平指出："西沟是社会主义革命、建设和改革开放的缩影，特别是李顺达、申纪兰为代表的西沟精神，需要深入研究、不断地继承和发扬光大。"[①]

一、开展农业增产竞赛运动

新中国成立初期，百废待兴，急需发展生产解决人民温饱问题和巩固新生政权稳定，党和政府提倡和发动了爱国增产竞赛运动，这对推动农业生产、促进粮食丰收起到积极作用。

（一）李顺达互助组首发抗美援朝、爱国捐献倡议

1951年，全国规模的爱国增产竞赛运动开始。1月24日，中共中央转发华东局的《发展农业生产十大政策》，其中就规定了"奖励劳动，发展生产""奖励劳动模范""奖励发明创造"等条文，表示政府提倡和奖励增产竞赛。同年2月13日，政务院发布了《关于1951年农林生产的决定》。决定中也有不少关于奖励生产、奖励劳动模范的条文。如，"产量显著超过当地一般生产水平经过民主评议为众所公认者，人民政府得给物质的或名誉的奖励。""开展群众性的劳模运动和群众性的生产竞赛。""所有干部领导生产有显著成绩者亦应给以奖励。"[②]中央农业部召开的全国第二届农业工作会议，根据政务院的上述决定正式发出了"在全国范围内开展爱国主义丰产运动"的号召。[③]在中国人民抗美援朝血与火的年代，中国农民掀起了一场轰轰烈烈的捐献"新中国农民号""爱国丰产号"飞机的活动。这一活动的发起者便是山西省平顺县西沟村的李顺达互助组。

1950年6月25日，朝鲜内战爆发。1951年1月6日，李顺达互助组组织学习《山西日报》刊载的中国人民志愿军赴朝英勇作战，祖国人民全力

---

①《总书记这样点赞：纪兰精神代代相传》，《求是》，2020年6月30日。

②《建国以来重要文献选编》（第2册），北京：中央文献出版社，1992年，第29—30页。

③ 苏星、杨秋宝：《新中国经济史资料选编》，北京：中共中央党校出版社，2000年，第231页。

支援的报道。李顺达心情激动，动员互助组成员捐粮捐款。他带头捐款1万元（旧币，下同），他三弟李贵达、妻子吕桂兰捐款1.3万元。在他的带动下，互助组共捐款4.3万元，小米1斗5升。李顺达及其互助组走在了抗美援朝、爱国捐献的前列。①

1951年2月19日，李顺达互助组向全省劳模及农民提出以爱国为主题的农业生产竞赛挑战。3月9日，《人民日报》发表《李顺达互助组向全国发起爱国增产竞赛的倡议》。中央人民政府农业部负责人就此发表谈话，指出：“各地领导机关对于李顺达的生产倡议，应当引起高度重视，大力动员和组织当地农业劳动模范奋起响应，以便形成一个全国性的爱国主义生产竞赛热潮。”李顺达互助组的竞赛倡议发表后，全国各地有1938个互助组和1681名劳模应战。据1951年年底统计，在30个省、区内向李顺达互助组应战的共有12000多个农业互助组、2700多位劳动模范。全国参加彼此挑战应战竞赛的仅互助组就有100万个左右。②一场轰轰烈烈的爱国主义竞赛热潮在全国各地掀起，推动了全国的农业生产，有力地支援了抗美援朝战争。

1951年6月1日，中国人民抗美援朝总会向全国各族各界人民发出《关于推行爱国公约，捐献飞机大炮和优待烈军属的号召》；6月7日，发出《关于捐献武器支援中国人民志愿军的具体办法的通知》。李顺达从收音机里听到这一消息，立即召开互助组全体成员会议进行专题讨论，制订了半年增产增收捐献计划。在搞好农业生产的同时，发展副业生产、采挖药材、联合养猪、脚力运输、纺花织布等，千方百计增加收入。在半年内，全组计划捐款50万元。李顺达拿出全部积蓄7万元当场捐献，全组26户共捐款26万元，交付抗美援朝分会。在这次会议上，李顺达互助组经过讨论，修订了爱国公约，并向全省农民发出了捐献“爱国丰产号”“新中国农民号”飞机的建议，建议书中说：“全省农民兄弟们共同携起手来，热烈展开捐献‘爱国丰产号’和‘新中国农民号’飞机的竞赛运动，这些送给志愿军同志们，好以小的代价消灭更多的敌人，保卫咱们的美好光景和早日求得抗美

---

① 《李顺达互助组发起捐献“中国农民号”、“爱国丰产号”飞机始末》，《文史月刊》2010年第8期。

② 苏星、杨秋宝：《新中国经济史资料选编》，北京：中共中央党校出版社，2000年，第231页。

战争的最后胜利。"李顺达互助组的建议书，6月10日新华社向全国发了通电，推动了抗美援朝、爱国捐献活动的广泛开展。

1951年6月12日，《人民日报》第一版发表《李顺达建议山西农民捐献飞机两架》的消息。6月13日，《山西日报》第一版在"大家都来努力增加生产，踊跃捐献飞机大炮"的通栏标题下，刊发李顺达的爱国捐献竞赛倡议——新华社太原10日电讯《李顺达互助组建议全省农民捐献"爱国丰产号""新中国农民号"飞机》。之后，国内诸多媒体也刊（播）发了李顺达互助组的倡议。一场轰轰烈烈的努力增加生产、爱国捐献竞赛活动在中国农民中开展起来。李顺达及其领导的西沟互助组再一次走在时代前列，成为中国农民爱国增产、抗美援朝的领跑者。

李顺达互助组的建议书发表后，《山西日报》刊发了《李顺达是劳动模范，又是爱国模范》的社论，在平顺县引起了极大反响。全县有527个互助组积极应战，有328个互助组除其中一部分向李顺达互助组应战外，同时向本区的互助组提出挑战竞赛，努力增加生产，踊跃解囊捐献。1951年6月19日，平顺县召开各村抗美援朝代表会议，会议历时两天，到会各界人民、各团体共123人，就本县抗美援朝分会捐献飞机大炮的实施计划、爱国公约的修订、增加生产等进行了讨论研究，积极向李顺达互助组应战。会议期间，共收到捐款135.71万元。

李顺达互助组全体组员认真落实建议书中的爱国增产计划，以增产增收保证捐献，以捐献促进增产增收。在搞好粮食生产的同时，他们拓展增收渠道，在互助组内成立粉坊（粉条生产），组织纺织小组纺花织布，联户喂养生猪，农事稍闲组织组员搞脚力运输，组织老弱病残者上山采药材、拣拾山桃核等，力保捐献计划的完成。到9月底，李顺达再次捐款8万元，李顺达互助组从余粮、羊毛、杏、桃仁等收入中抽出25.2万元捐款。全组捐献总值达当年生产总值的60%。

在李顺达互助组的倡议带动下，平顺农民、山西农民、全国农民慷慨捐献，为中国人民志愿军购买了战机，有力支援了中国人民志愿军在朝作战。时至今日，辽宁省丹东市抗美援朝纪念馆还展出着李顺达互助组倡议捐献的"新中国农民号""爱国丰产号"飞机的照片和李顺达在爱国增产竞赛中开展副业生产的照片。

这种全国范围的农业增产运动被称为"爱国主义丰产运动",具有明显的政治鼓动性,略带有政治运动的某些色彩。[1]运动中提出"前方打仗,后方生产""爱国发家,多种棉花""爱国多增产,抗美援朝鲜"等针对性很强的爱国口号,并以增产粮棉、支援抗美援朝和国家建设为主要目的,号召农民把个人利益和国家利益结合起来,掀起真正爱国主义的生产热潮。

(二)李顺达等劳模联名倡议农业增产竞赛[2]

1956年1月,山西省全国农业劳动模范李顺达、郭玉恩、申纪兰和武侯梨,联名向全国的农业生产合作社、互助组和农民,提出了为提早和超额完成五年计划开展农业增产竞赛的倡议。他们发出的倡议书如下。

我们学习了毛主席"关于农业合作化问题"的报告和《人民日报》元旦社论,这对我们鼓舞很大。我们"金星""五一""红星"三个高级农业生产合作社,最近在提前完成第一个五年计划后制定了1956年继续超额增产的指标。我们并联名倡议,开展一个全国规模的增产竞赛。

我们的条件是:

一、农业、林业、畜牧业和副业的生产总值:"金星"社比去年增加百分之七十,完成第一个五年计划指标的百分之一百五十六点九;"五一"社比去年增加百分之八十,完成第一个五年计划指标的百分之一百六十二;"红星"社比去年增加百分之五十九,完成第一个五年计划指标的百分之一百五十四。

二、每亩耕地的粮食产量要比去年增加一百到一百二十六斤,超过五年计划指标的百分之十一到百分之二十三。其中"金星"社每亩平均达到四百八十斤,"五一"社达到四百八十斤,"红星"社达到四百九十斤。

三、每个社要有一百亩以上的每亩产千斤玉米的高额丰产田。

四、保证完成国家农产品的采购计划。

---

[1] 唐正芒:《建国初的农业增产竞赛运动述评》,《党史研究与教学》2010年第1期。

[2] 《李顺达等劳模联名倡议开展全国规模的农业增产竞赛》,《浙江日报》1956年1月18日。

我们三个社所在的地方都是山多地少，土地质量很薄；缺乏水源，并且常有旱、风、虫灾威胁。但是我们转建高级社后也具备了许多有利条件。我们计划充分发挥高级社的优越条件采取以下基本措施：

一、三个社社员劳动利用率将比去年提高百分之四十到百分之五十。利用这些劳动潜在力进行大规模的农田基本建设，修河滩，梯田加边垒岸，里切外垫，做到共增加耕地面积四百亩。

二、全部粮食作物地每亩施肥一百到一百十五担，比去年增加百分之三十到百分之五十。

三、打破常规、实行低产变高产、单作变间作和扩大复种。三个社玉米、山药蛋等高产作物播种面积占秋田总播种面积的百分之五十六，比去年增加一千二百九十五亩；可以实行间作的三千七百七十亩耕地全部间作；扩大复种二百五十五亩。

四、根据山区水源缺乏的情况，三个社今年要开旱渠四百九十五条，打旱井一百三十眼和蓄水池二十五个，做到山洪浇地面积达到秋田的百分之五十五。

五、普及优良品种。三个社今年播种"金皇后"玉米和"母鸡嘴"谷等要达到粮食作物的百分之九十；并继续推广行之有效的合理密植、玉米人工授粉、玉米药剂灌心、毒饵杀虫等。消灭作物害虫和鼠雀。

六、能用双铧犁和山地犁进行深耕的耕地全部深耕。

最后，我们愿意和全国农民一道，在毛主席和上级党委领导下，继续勤俭办社，按照又多、又快、又好、又省的精神，艰苦奋斗，继续争取更大的超额增产成绩。

山西省平顺县西沟乡"金星"农林牧合作社主任李顺达 副主任申纪兰

平顺县川底乡"五一"农业合作社主任郭玉恩

平顺县羊井底乡"红星"农林牧合作社主任武侯梨

1956年1月13日

1956年6月，山西省平顺县金星农林牧生产合作社召开管理委员会议，讨论和修订了1956年的生产计划。粮食作物单位面积产量由四百八十斤修改为四百五十斤；农业、林业、畜牧业和副业的生产总值超过去年的比例由原计划的百分之七十改为百分之五十五。社主任李顺达向新华社记者说：这次是根据执行原计划遇到的实际问题和重新分析各种增产因素以后修改的。李顺达、申纪兰、郭玉恩和武侯梨在1956年1月间联名倡议开展全国农业增产竞赛的时候，金星社确定每亩耕地平均产量要达到四百八十斤，办法主要是依靠减少低产作物谷子的（每亩产三百八十斤）种植面积，扩大种植玉米（每亩可产五百七十四斤）等高产作物。春播前社员们才考虑到减少谷子的种植面积的结果，1956年就需要购买四千元的饲草，种玉米多需要增加一万斤颗粒肥料的投资，得不偿失。加之种玉米的耕地多年没有轮作，增产没有把握。为了避免因盲目投资减少社员的实际收入，并且把增产计划建立在先进而又可能实现的基础上，金星社在春播中重新调整了各种作物种植面积的比例，随后又修改了当年的生产计划。按修改后的生产计划，社员的实际收入可由原来占全社总收入的百分之六十增至六十九。为了实现修订后的计划，金星社还压缩了一些非紧迫需要的基本建设工程，用节省出的九千多个人工，兴修洪水渠扩大浇地五百亩，进行扩大复种面积、秋田加工加肥、副业生产等工作。①

1956年1月20日，中共山西省委员会向全省农民发出了关于响应李顺达等人的联名倡议，开展农业竞赛的号召。号召要求全省所有的农业生产合作社及社外农民积极响应李顺达等人的倡议，开展大面积丰产竞赛运动。要求全省200万亩玉米每亩产量达到千斤，50万亩谷子亩产量500斤，40万亩马铃薯每亩产量4000斤，150万亩棉花亩产皮棉100斤。号召还提出了保证完成这些增产指标的各项措施。要求全省所有的农业生产合作社都根据提早和超额完成第一个五年计划的要求，制定今年的增产计划，大力开展水利建设和水土保持工作，保证全省增加灌溉面积1000万亩，控制水土流失面积2000万亩，达到每人平均有1亩3分水地。积极开辟肥料来源，增施肥料，推广间作和密植等有效增产措施。各地农业生产合作社还必须开展队与队、组与组、社员与社员之间的劳动竞赛。社与社间要互相参观，互相学习，及时地交流和推广先进经验。

①《实事求是地修订了今年的生产计划》，《浙江日报》1956年6月5日。

（三）全国各地合作社的应战

1.《新疆五星农业合作社响应李顺达等人的倡议》①

新疆维吾尔自治区的模范农业生产合作社吐鲁番县五星农业生产合作社，响应全国著名的农业劳动模范李顺达、郭玉恩、武侯梨、申纪兰联名提出的开展农业增产竞赛的倡议，并向全新疆的农业生产合作社、互助组和农民提出开展农业增产友谊竞赛的倡议。

五星农业生产合作社在响应书和倡议书中提出，1956年生产合作社的棉花产量要达到每亩产皮棉134斤，比去年增加20斤，超过五年计划指标的51.7%，并将全部棉花预售给国家。葡萄每亩平均产葡萄干260斤，比去年增加143斤，超过五年计划指标的73.3%。全社粮食作物的产量将超过五年计划指标的13.5%。

1956年2月18日，《新疆日报》发表了社论，号召全自治区的农业生产合作社、互助组和农民响应五星农业生产合作社的倡议，热烈展开增产竞赛。

2.浙江省农业社应战②

荣获浙江省1955年度农业丰产模范称号的鄞县石山弄农业社、诸暨西江农业社和慈溪五洞闸农业社，在全省第四届农林渔牧业劳动模范代表大会上，联名向全国农业劳动模范李顺达等应战，并向全省农林渔牧业生产合作社、互助组、农民倡议开展一个全省规模的增产竞赛。倡议书的全文如下。

我们学习了毛主席"关于农业合作化问题"的报告和中共中央政治局提出的"1956年到1967年全国农业发展纲要"（草案）以后，明确认识到在农业合作化的高潮蓬勃发展的形势下，农业生产发展的远景和我们的奋斗目标，受到了很大的鼓舞；我们又在报纸上看到了全国农业劳动模范李顺达、申纪兰、郭玉恩、武侯梨提出的开展农业增产竞赛的倡议，大家认

---

① 《新疆五星农业合作社响应李顺达等人的倡议》，《新华日报》1956年2月21日。

② 《向李顺达等应战，并倡议开展全省增产竞赛》，《浙江日报》1956年3月6日。

为这是十分必要和适时的，我们热烈支持和响应这个倡议。最近我们参加了全省第四届农林渔牧业劳动模范代表大会，被评选为浙江省1955年度丰产模范，得到了省人民委员会的奖励，这使我们更加增强了继续争取更大面积的增产，不断提高单位面积产量的信心和决心。现在我们联名向全国农业劳动模范李顺达等应战，并向全省农林渔牧业生产合作社、互助组、农民倡议开展一个全省规模的增产竞赛，争取提前、超额、全面地完成本省第一个五年计划的农业生产计划。

我们的条件是：

一、1956年的生产指标和增产的基本措施。

石山弄社：水稻一千七百四十二亩三分九厘，平均每亩产量一千零三十三斤，比1955年新老社员平均每亩产量增加二百零六斤，增产百分之二十五。种植油茶一百亩，桑树二千株，水果二千四百株，封山育林四百亩。养猪三百六十头，平均每户养猪一点二头。

水稻增产的基本措施是：（一）扩种连作稻。在1955年四百八十七亩的基础上扩大到一千三百十二亩三分九厘；（二）增施肥料。水稻基肥比1955年增加百分之三十。早稻每亩平均施河泥七十五担（现在每亩已积六十四担）、草子三千斤，追肥每亩用肥田粉五斤；晚稻每亩施猪牛栏粪、堆肥等三千斤作基肥，追肥每亩用肥田粉十斤，人粪尿五担，户户设"千斤坑"，积制堆肥；（三）改良土壤，兴修水利。二百三十八亩烂田、冷水田已全部开沟排水进行改良，已修水沟十五条，筑积水库二只，开始兴修渠道十六条。山田抗旱能力比1955年提高二十天；（四）改用良种。早稻采用"南特号""五〇三""早火稻"品种；晚稻采用"一〇五〇九""红须粳""黄光头"等品种，用种子田选育的良种，消灭劣种；（五）改进栽培技术，提高水稻密植程度。在1955年行株距六寸五分乘七寸五分的基础上缩小到五寸乘六寸。早稻每丛插六到八根，晚稻每丛插八到十二根；（六）使用新式农具。用双轮双铧犁耕作，用打稻机脱粒，用抽水机灌溉，减轻体力劳动，提高劳动效率；（七）防治病虫害。喷撒"六六六"药粉防治螟虫，采用"西力生"浸种和撒施稻苗，防治稻热病。

西江社：水稻一万一千三百四十三亩，平均每亩产量九百斤，比1955

年新老社员平均每亩产量增加二百十斤，增产百分之三十点四。养猪一千一百七十四头，平均每户养猪一点五头。

水稻增产的基本措施是：（一）改变耕作制度，增加复种面积。双季稻种植面积比1955年增加百分之四十六，其中连作稻七千六百五十一亩，比1955年增加五千八百亩，改八百亩二熟田为三熟田，并扩大耕地面积三百八十九亩；（二）改良土壤，增积土肥。用挑塘泥、捻河泥、挑沙墩、挑江滩泥等办法来改良土壤八千六百亩。养猪积肥，种好草子，户户设"千斤坑"，积制堆肥，平均每亩施猪牛栏粪、堆肥等土肥二十担，现在每亩已积六担；（三）选用良种，消灭劣种。连作早稻采用"早三倍""南特号"等品种，晚稻采用"猪毛簇""黄光头"等品种，现已备足；（四）兴修水利。造闸四个（已完成三个），沥水十八条（已开十四条），圩子五个（已造四个），小型水库一个（已完成百分之八十），全部在春耕前修好。培埂三万二千五百工（已完成二万工），贮备防洪器材，建立防洪组织，做好防洪工作；（五）防治病虫害。春花、草子种田的稻根已全部掘毁。撒施"六六六"药粉和烟末防治螟害，采用"西力生"浸种防治水稻钻心虫和稻热病。

五洞闸社：棉花一万一千零六十一亩，平均每亩收籽棉三百八十斤，比1955年新老社员平均每亩产量增加九十五斤，增产百分之三十三。养猪三千头，平均每户养猪二头。

棉花增产的基本措施是：（一）推广先进经验，改进栽培技术。实行冬耕覆土，在1955年深耕三寸的基础上提高到深耕五寸，现已完成百分之八十。育苗移栽一千亩。棉花在立夏前五天播种，比1955年提早两天。普遍培土两次，全面除草；（二）增积土肥，改进施肥方法。每亩施用土肥三百担（已积好百分之八十），比1955年每亩增加一百担。草子每亩产量要求达到一千六百斤，并实行草子翻耕。适当增施商品肥料，每亩施化肥十八斤，饼肥二十八斤；（三）全面采用药剂治虫，消灭棉蚜、红蜘蛛等主要虫害；（四）1956年机耕面积达到一千亩。

二、进一步改善合作社的经营管理，实行计划生产，推行包工包产和按件计酬办法，建立生产责任制，加强财务管理工作，执行财务收支计划，贯彻勤俭办社，提高劳动力的利用率和劳动生产率。石山弄社平均每个男子全劳动力全年做三百个工作日，比1955年提高百分之三十六；发动百分之八十以上的妇女参加田间生产，平均每个女子全劳动力全年做一百个工作日，比1955年提高百分之八十。西江社平均每个男子全劳动力全年做三百个工作日；发动百分之九十以上的妇女参加田间生产，平均每个女子全劳动力全年做一百三十个工作日。五洞闸社平均每个男子全劳动力全年做三百个工作日，比1955年提高百分之二十；平均每个女子全劳动力全年做一百六十个工作日，比1955年提高百分之十四。平均每亩棉地用工由1955年的二十六工提高到1956年的三十七工。

　　三、保证完成国家农产品的采购计划。

　　我们愿意和全省农民一道，在党和人民政府的领导下，充分运用农业生产合作社的优越条件，挖掘生产潜力，按照又多、又快、又好、又省的精神，艰苦奋斗，争取超额完成1956年的生产指标。

鄞县涵玉乡石山弄农业生产合作社

诸暨县西江乡西江农业生产合作社

慈溪县歧山乡五洞闸农业生产合作社

　　这种农业增产竞赛运动提高了农业技术水平。要高产就得讲究农业技术，在竞赛中各级农业部门都十分重视总结和推广农民的生产经验和先进技术。在推广先进经验的工作中，各地普遍采用了组织田间参观评比和召开小型座谈会等切实有效的方式，以使先进耕作技术及时推广。通过增产竞赛，使政府提出的普遍提高单位面积产量的方针变成了广大农民的实际行动，破除了农民的"增产到顶"的思想。由于农民学习农业技术的兴趣提高，粮食产量也跟着提高。这次增产竞赛运动涌现了一批高额丰产的典型，他们激励着广大农民精耕细作，勇攀粮产高峰。

二、开展"学纪兰，转作风"活动

2007年3月22日，中共山西省委作出《关于开展向申纪兰同志学习活动，加强党员干部作风建设的决定》，号召全省的党员干部向申纪兰学习，以申纪兰为榜样，进行对照检查。通过学习申纪兰的活动，使广大党员干部特别是领导干部牢固树立马克思主义的世界观、人生观、价值观；坚持正确的权力观、地位观、利益观；切实做到权为民所用、情为民所系、利为民所谋；切实加强党员干部作风建设，进一步密切党群干群关系，大力弘扬艰苦奋斗、联系群众、廉洁奉公的作风；自觉弘扬新风正气，抵制歪风邪气，用自己的模范行动影响和带动广大群众，加快全面建设小康社会步伐，推进全省经济社会各项事业又好又快发展。

2007 年 4 月 11 日，山西省交通厅的党员干部赴平顺县西沟村，零距离、面对面地感受申纪兰精神。这是配合山西省委省政府开展的向申纪兰学习活动，进一步加强作风建设。在平顺西沟展览馆前，山西省交通厅组织召开了学习申纪兰精神报告会，聆听全国劳动模范申纪兰以亲身经历讲述的感人事迹。在会后的总结讲话中，山西省交通厅副厅长张润要求全系统干部职工要以申纪兰为榜样，学习她坚定的政治立场、心系群众的公仆情怀、廉洁奉公的优良品质、奋力开拓的创新精神、淡泊名利的奉献意识。①

2007 年 4 月 12 日，全国劳模申纪兰在省委党校为全省纪检监察系统加强领导干部作风建设专题研究班的全体学员作报告。省中青年干部培训班学员与省纪委、监委机关、各事业单位的全体党员干部等 400 余人听取了报告。"合格的共产党员就是要听党话、跟党走，党叫干啥就干啥。""不管什么情况下，党支部为人民服务的宗旨不能变。"句句朴实的话语打动着台下每一个听众，掌声此起彼伏。听完报告后，纪检监察系统专题研究班的全体人员进行了分组讨论。大家表示，申纪兰就是共产党的优秀代表，是每一个党员干部学习的榜样。②

2007 年 4 月 25 日，山西省高级人民法院能容纳 600 多人的大法庭内座无虚席，全国劳模申纪兰应邀在这里作报告，她用朴实的语言、真诚的感受，通过个人的发展、西沟村的变化、山西的崛起、国家的富强以及中国

① 石中生：《山西省交通厅举办学习申纪兰精神报告会》，《中国交通报》2007 年 5 月 11 日。
② 刘宇、张永林：《申纪兰为纪检监察干部作报告》，《山西日报》2007 年 4 月 13 日。

促进世界和谐，多方面多角度向与会人员证明一个道理：每一个共产党员必须要听党的话跟党走；作为一名党员，必须吃苦在前享受在后，努力实现党的宗旨。广大法官、检察官纷纷表示："申纪兰给我们上了一堂生动的政治课。我们要结合本职工作，积极实践'公正执法，一心为民'的司法理念，自觉做到司法为民、司法便民、司法护民，为构建社会主义和谐社会和我省经济社会又好又快发展做出更大的贡献。"①

2007年3月28日，长治市委理论学习中心组（扩大）成员专程赴平顺，走近申纪兰，在西沟村集体学习中共山西省委的《决定》。申纪兰在会上作了发言，她充满激情地回忆自己从一个普通的农家妇女成长为全国劳模、一至十届全国人大代表的难忘经历，回忆了自己与西沟群众艰苦奋斗几十年的辉煌历程。她深情地说，没有共产党就没有西沟，没有西沟就没有申纪兰。一个共产党员，只要听党的话，跟党走，心里时刻装着群众，就能做到立党为公，执政为民，就不会以权谋私，就能把党的事业干好。中心组成员结合自己的工作实际分别谈了学习体会。他们表示，申纪兰是我们身边的典型，她的事迹和精神对我们具有更加强大的感染力和感召力。学习申纪兰，就要从自身做起，进一步转变工作作风，狠抓工作落实，以对党和人民高度负责的精神，兢兢业业把长治的各项事业干好。②

2007年4月，长治市委理论中心组在西沟召开学习申纪兰专题学习会之后，平顺县委县政府热烈响应省委省政府的《决定》，在全县开展了"全省、全市学纪兰，平顺怎么办？"大讨论；学纪兰，变作风，重实干，谋跨越，全县掀起了学习申纪兰精神的热潮。一是在学习中升华。县委、县政府主要领导多次到西沟村看望申纪兰，了解西沟艰苦奋斗的历程，感受纪兰精神的不竭动力，听取她对平顺发展的建议。县委理论中心组多次召开集体学习会，学习《信念的力量——著名劳模、全国人大代表申纪兰访谈实录》等关于申纪兰的文章，重温党的宗旨，感受纪兰精神。二是在学习中落实。以与时俱进、艰苦奋斗的纪兰精神为动力，全力实施"发展攻坚年"；以廉洁自律、无私奉献的纪兰精神为表率，大力开展"作风建设

---

① 陈伟：《山西法检邀请全国人大代表申纪兰作报告》，《人民法院报》2007年4月28日。
② 杨连芳、路建新：《学习申纪兰，建设新长治》，长治市新闻中心，2007年3月29日。

年"；以艰苦朴素、密切联系群众的纪兰精神为榜样，扎实推进"和谐构建年"。三是在学习中立行。一批批广大群众关心的热点、难点问题正在加紧落实。①

"学纪兰、转作风"活动开展以来，长治市各级各部门按照市委、市政府的要求和部署，大力学习和弘扬纪兰精神，深入基层，深入群众，用最直接、最真诚的方式温暖群众、解决问题、推动发展，让群众真切地感受到党就在身边、干部就是亲人。比如，襄垣县700多个基层党组织、1.5万名共产党员充分发挥"党员引领"作用，走出机关、下乡进村联户结对帮扶，吃农家饭，说农家事，解农家忧，使老百姓打心眼里感激。

长治市各级各部门"学纪兰、转作风"的主要做法：②一是在"学"上下工夫：观廉展、赏廉戏、听报告、唱廉曲，主动接受廉政教育，深入领会纪兰精神的实质内涵。"学纪兰、转作风"活动开展以来，上党落子戏《申纪兰》在潞安剧院连续演出多场，全市广大党员干部集体观看，深入领会申纪兰艰苦奋斗、无私奉献、清正廉洁的精神实质。高新区、平顺县、黎城县、市交通运输局、市煤炭工业局、市出入境检验检疫局、壶关县工商局等单位，还积极组织广大党员干部、入党积极分子到全国廉政教育基地西沟展览馆参观，聆听全国人大代表、老劳模申纪兰讲党课，重温入党誓言，亲身体验西沟艰苦创业的历程，接受生动、形象的传统廉政教育。在组织党员干部观看警示教育片的同时，城区、沁县、屯留等县区，还开展了"学习申纪兰，我该怎么办"等主题大讨论活动，举办了《中国共产党章程》《中国共产党纪律处分条例》等廉政知识考试，撰写学习心得体会，在民主生活会上交流，进一步激发大家见贤思齐的积极性和自觉性，集聚转型跨越发展的正能量，形成转作风共识，让纪兰精神在学习中得以升华。

二是在"转"上求实效：下基层、接地气、访民情、办实事，勤廉务实的干部多起来了，党员干部和群众的心更近了。市委、市人大、市政府、

---

① 杨学明、杨爱松：《平顺掀起学习申纪兰热潮》，《长治日报》2007年4月1日。

② 原腊苗：《见贤思齐，争做申纪兰式优秀干部：我市各级各部门扎实开展"学纪兰、转作风"活动综述》，《长治日报》2013年11月3日。

市政协等领导班子成员率先垂范，深入煤矿、企业和项目建设一线，调研安全生产、重点项目推进情况，推动转型发展；包项目、包村到户，开展定点帮扶。各级各部门主要领导以身作则、身先士卒，重大事情、重大问题靠前指挥、亲力亲为，一级做给一级看，一级带着一级干。在各级领导带动下，市科技、卫生、农委、计生等部门党员干部，带着感情、带着责任、带着点子、带着资金、带着技术进村入户，深入到广大群众中倾听民情、化解民忧，为民办实事、做好事。市国土、工商、环保、质监等部门干部，主动上门提供服务，推进项目攻坚、产业提升、民生改善，解决群众反映强烈的突出问题。

三是在"干"中聚合力：带头干、带领干、带动干，在实干中锤炼干部队伍，以大干凝聚发展合力、推动转型跨越。全市各级党员干部把解决问题、推动工作、促进发展作为作风建设的根本，踏实苦干，真抓实干，以扎扎实实的工作成效取信于社会，取信于群众。高新区深入推进"一个项目、一个企业、一位领导、一套班子、一抓到底"的工作机制。按照"一事一议，一企一策，特事特办，急事急办"的原则，及时解决项目建设各环节中存在的问题。平顺县县直机关干部深入穷村、示范村、偏村、远村、乱村、弱村，开展"六联六包"活动，确保农民收入翻番、"一村一品"产业发展、民生问题有效解决、农民素质全面提升、乡风文明和谐稳定。

三、廉政教育、党性教育和爱国主义教育

西沟展览馆始建于1968年，2000年修复重建，2005年扩建并重新改陈布展。现展馆占地面积6200平方米，建筑面积1200平方米。展览馆分三个展厅，珍藏有600余幅珍贵照片和100多件实物，包括毛泽东、刘少奇、周恩来、江泽民、胡锦涛等亲切接见全国劳模李顺达、申纪兰的珍贵照片；系统地展示了李顺达、申纪兰带领西沟人艰苦奋斗、廉洁奉公、建设山区的创业历史，全面反映了中国农村、中国农业和中国农民走社会主义道路的光辉历程和改革开放、建设社会主义新农村、全面建设小康社会的辉煌

业绩。展馆集声、光、电为一体，基本实现了动态静态相结合，平面立体相结合，图片实物相结合，参与性教育性相结合，营造了较好的教育氛围，增强了外在吸引力和内在感染力。

西沟展览馆1995年被省委省政府命名为山西省爱国主义教育基地，2001年被市委市政府确定为长治市党员干部廉洁从政教育基地。2005年被省委省政府命名为山西省爱国主义教育示范基地，2007年被确定为长治市百个社会主义核心价值体系教育实践基地之一。2009年5月21日，被中宣部公布为第四批全国爱国主义教育示范基地。2010年被中纪委、监察部命名为全国廉政教育基地。2011年被中宣部、国家发改委、财政部、国家旅游局确定为全国红色旅游经典景区。

西沟展览馆创新思路，不断探索开展爱国主义教育的新理念和新形式，重点推出了"六个程序教育法"。一是参观西沟展览馆等教育基地，了解西沟不同历史时期的发展变化，感悟一代劳模李顺达、申纪兰的风范人生。二是观看《本色》《人民代表申纪兰》《西沟之路》《西沟大姐申纪兰》等反映李顺达、申纪兰带领西沟人民艰苦创业、创新发展的先进事迹专题教育片，了解西沟人战天斗地、改造山河的英雄气概。三是听革命传统教育或廉政党课。邀请著名全国劳模申纪兰以及西沟村的老党员、老干部为前来受教育者讲解西沟的创业史、奋斗史、发展史和改革开放史。四是重温入党誓词或举行廉政宣誓。五是参加义务劳动，亲身体验劳动艰辛，永葆艰苦奋斗本色。六是撰写心得体会。形成了听、看、讲、说、做、行全方位联动，立体化教育的爱国主义教育新理念和新形式。

西沟廉政教育基地以大力弘扬"纪兰精神"为依托，始终坚持艰苦奋斗、廉洁从政教育理念，推行了"十个一"程序廉政教育法，即：参观一次展览馆，观看一部廉政教育片，听全国劳模申纪兰讲一堂廉政党课，举行一次廉政宣誓，在"西沟党员干部廉政教育植树基地"参加一次义务劳动，撰写一篇心得体会，书写一份廉政承诺，观看一次廉政文艺演出，进行一次诺廉拒腐签名，通过听、看、讲、说、做、行立体化、全方位联动，对党员干部大力加强廉政勤政教育。

给党政干部上课是申纪兰生前最主要的日常工作。平时，申纪兰吃住都在乡政府。她的装束没变，依然是大家在电视、广播中看到的，上身穿一件泛黄的白衬衫，下身穿一条深蓝色长裤，脚上依旧是一双帆布鞋。申纪兰每天早上五点钟起床到村里散步锻炼身体，早饭过后，去上党课，即到各个受邀单位或企业讲党课，也有一些单位组织党员到西沟村听她讲党课。她上党课主要内容是讲述自己如何被评为全国劳模，以及毛主席、周恩来等国家领导人接见她的亲身经历，最后点出要保持艰苦奋斗、廉政建设的精神不能丢。一些省直、市级、县级的行政事业单位邀请申纪兰参加一些党员教育学习大会，形式上也属于给各级干部上党课。申纪兰讲的党课内容基本定型，内容早已熟记于心，讲起来朗朗上口，有时候兴致来了，在餐桌上都可以给大家讲好久。申纪兰每次在外上完党课，无论多晚都要赶回西沟，除极为特殊情况例外。她外出有专车接送，乡政府大院里停放着一辆高级黑色小轿车和一辆小型工具车，都是专为她配备的。下午没事时，她经常和村委会的干事集体娱乐一下，晚上吃过饭后，在乡政府门口和大家聊聊天。

2011年8月30日，高平市组织党员干部130余人到平顺县西沟村召开党性教育报告会，由全国著名劳模申纪兰为大家上党性修养课。申纪兰饱含着对党和人民的深厚感情，结合自己半个多世纪的奋斗历程，做了生动感人的事迹报告。她用朴实的语言和丰富的情感，讲述了自己在党的关怀下的成长历程，回忆了自己与西沟群众几十年如一日艰苦奋斗的难忘岁月。她的事迹情真意切，感人至深，发人深省，催人奋进，集中体现了共产党人立党为公、执政为民的优秀品质，生动反映了基层干部矢志不移、服务群众的崇高追求，集中展示了太行儿女与时俱进、开拓创新的时代风貌，具有很强的感染力、影响力和示范导向作用。在短短的一个半小时内，与会人员多次热烈鼓掌，被她的事迹感动，被她的精神感染，更让大家敬佩和学习。①

2012年2月19日，山西省潞安集团常村煤矿40余名新任科、队级干部专门深入全国爱国主义教育示范基地、全国廉政教育基地——平顺县西沟村，接受革命传统洗礼和反腐倡廉教育，进行廉政宣誓，参观西沟展览馆，

---

① 李争光、张姣：《申纪兰为我市党员干部做党性教育报告会》，《高平日报》，2011年8月31日。

并聆听全国劳模申纪兰讲述廉政党课。新提拔任用的科、队级干部表示，将以此次活动为契机，认真遵守廉洁自律各项规定，抓好廉政建设工作，更加严格要求自己，以更加务实的工作作风、干一番经得起时间检验、对得起道德良心的一流业绩，真正做一个爱国爱企廉政的好干部。①

2017年6月27日，平顺县公安局交警大队党支部班子成员到西沟参观学习。老劳模申纪兰结合中国共产党艰苦奋斗、不忘初心，带领全国人民从一个胜利走向一个胜利的光辉历程，以及她自身几十年来的亲自经历，为大家上了一堂生动的党课，大家听得认真、记得仔细。交警大队党支部书记燕振玉说："申主任讲的党课是我入党以来所听到的一堂最为深刻的党课，这堂课也是我受教育最深的一堂课，大道理不讲，申纪兰主任自身的经历就是一本厚重的大书，透过这本书，我不但学到了很多党的历史知识，更使我真正懂得了如何做一个新时期的优秀共产党员。"大家纷纷表示：一定要以老劳模申纪兰为模样，坚决在思想上、行动上自觉同党中央保持高度一致，充分发扬"顽强拼搏、开拓创新、廉洁高效、忠诚奉献"的平顺交警精神，用优异的成绩为党旗添彩，向党的十九大献礼。

2019年1月8日，由中宣部、教育部、团中央主办，省委宣传部、省教育厅、共青团山西省委共同承办的"改革先锋进校园"宣讲报告在长治学院举行，被中共中央、国务院授予"改革先锋"称号的申纪兰应邀为600余名师生代表作了题为《发扬太行精神 永葆劳模本色》的精彩报告。报告会上，申纪兰以与祖国同命运、与时代共发展、与人民同奋进的切身经历和改革开放40年来平顺县西沟村发生的翻天覆地的变化为主题的报告，赢得了现场阵阵掌声。

四、公民道德和政治思想教育

有人说"申纪兰是中国民主政治建设进程的见证人"，有人说"申纪兰是研究中国现代史的'活化石'"，有人说申纪兰是"劳动人民忠实纯朴的

---

① 李秀文等：《潞安集团40余名新任科技干部西沟村聆听申纪兰同志讲述廉政党课》，《山西日报》2012年2月22日。

典型代表"。其实，申纪兰就是当代中国劳动人民的杰出代表，是中华民族传统美德与党的性质宗旨、理想追求完美统一的标杆；作为共产党人崇高形象的楷模，她是每一个共产党员、领导干部学习的榜样。①

（一）子女教育②

申纪兰共有三个孩子，均是抱养的。儿子张江平说，母亲身上那种特有的勤劳简朴、无私奉献精神；那种实事求是、廉洁奉公的高尚品格；那种尊老爱幼、孝敬公婆的传统美德，一直在潜移默化地影响和教育着他们兄妹三人。

申纪兰教育孩子们多吃苦、少索取。小时候，申纪兰教育孩子最多的三句话就是：一要吃苦，二要关心集体，三要认真工作。申纪兰从来不找熟人打招呼，给她的孩子们安排个好单位、找个好工作，或者要求领导照顾孩子一下，她甚至不知道孩子单位在什么地方。

申纪兰总是把温暖和关怀送给别人，对自己孩子关照较少。申纪兰严于律己，对家人要求严格，但对邻里乡亲却宽厚大量，乐于助人。在她心中，乡亲们的事就是自己的事。张江平说："为了百姓的事，母亲贴上钱搭上时间跑；为了百姓的事，母亲顾不上吃饭，顾不上睡觉；母亲就是这样，几十年如一日，一心为群众。"

艰苦奋斗、不搞特权是申纪兰的本色。申纪兰始终不脱离农村，不脱离农民，不脱离劳动；始终保持自力更生、艰苦奋斗、勤俭节约的光荣传统。申纪兰仍然耕种着自己的责任田，仍然起早搭黑下地劳动，仍然积极参加村里开展的植树造林、修路垫地等集体活动。她要求孩子们必须过好劳动关。她教育子女："我们是农民的子女，劳动人民勤俭朴实、吃苦耐劳的本色千万不能丢。"张江平记得，他们三个穿的衣服都是补了穿、穿了补，直到实在穿不出去，母亲才给他们换新的。申纪兰家里的摆设没有一件现代化的新式家具和高档电器。申纪兰对自己吝啬，对子女抠门，但村里的乡亲们找她借钱，只要有，她总是解囊相助。有还钱的，她就收下；

---

① 王国红、张松斌：《论申纪兰崇高的精神风范》，《前进》2013年第7期。
② 张江平：《我的母亲申纪兰》，《先锋队》2005年第2期。

不还的，她也从未要过。

申纪兰教育子女无私才能无畏。申纪兰要求孩子们不以权谋私，不搞特殊。"无论走到哪里，不要喝酒，不要拿人家的土特产，不要搞权钱交易，更不准装人家的一分钱。"在儿女们看来，最让他们敬佩的就是申纪兰的大公无私、公而忘私精神。申纪兰在当省妇联主任（1973—1983年）和市人大副主任（1987—2020年）时，单位都要给她分配一套住房，她均拒绝了，一家人蜗居在丈夫办公室7年。申纪兰让孩子知道无私才能无畏，才能有所作为。

申纪兰是尊老爱幼的典范，是孝敬公婆的榜样。从前申纪兰家生活困难，能吃上窝窝头就算好饭了，而申纪兰总是让公公婆婆和孩子们吃，她自己则喝稀的。尽管申纪兰在外工作繁忙，但一回到家就抢着干活，做饭、洗衣、收拾房间，见什么干什么。为了照顾年迈的婆婆，申纪兰同她吃住在一块，精心侍候。婆婆患青光眼双目失明，生活不能自理，申纪兰就一直坚持为她梳头、洗脸、洗脚、洗身，婆婆活到93岁，是村里年龄最大的老人。

（二）妇女干部

1953年6月，申纪兰出席在丹麦首都哥本哈根召开的第三届世界妇女代表大会，7月，她出国访问归来，这无疑是当时山西省的最大新闻。长治地区组织申纪兰巡回作报告，她胸佩奖章，金光闪闪，每到一地都受到人们异常热烈的欢迎。申纪兰在阳城县作报告时，欢迎人群中有一个身穿白衬衣、蓝裤子的女学生。这个女学生被申纪兰的事迹深深地感动，当天晚上，她在油灯下写了第一份入党申请书。那年，她18岁。这位女学生就是后来在20世纪90年代感动了中国、获得中国第一枚"白求恩奖章"的长治市人民医院副院长赵雪芳。[1]

从20世纪60年代开始，闻喜县的孙自姣就在关村岭村当干部，由妇女队长到妇女主任，由村委主任到党支部书记。2005年起，她担任村党支部书记兼村委主任。她带领乡亲们把一个贫穷落后的小山村变成了富裕文明

---

[1] 刘重阳：《申纪兰》，长春：吉林文史出版社，2012年，第41页。

的社会主义新农村，被人们称为"闻喜的申纪兰"。关村岭村原来有四难：出行难、吃水难、安全隐患难、娶媳妇难。1979年，孙自姣多方筹措资金为村里打下了第一眼深井，第二年开春又完成了电力设施等配套工程，结束了吃水靠肩挑、牲口拉石磨、点煤油灯的历史。2002年，她又设法筹措资金12万余元，为村里打成了第二眼深井，彻底解决村民饮水问题。为了改变家乡一穷二白的落后，她带领村民整体搬迁，1986年关村岭村被授予"闻喜县村镇规划先进村"称号。她组织群众投资26万余元，完成了3.5公里的出村水泥路和主巷道硬化工程。她还发动和组织村民大力开展多种经营和劳务输出，多方增加农民收入。长期忘我地工作，使孙自姣得了严重的腰椎间盘突出症和腰肌劳损病，腰疼得都翻不过身。村民梁青兰、张玉兰说："孙书记就是我们村的'申纪兰'，照这样发展下去，用不了几年，我们村一定会赶上西沟村。"孙自姣说："我上学时就知道了申纪兰，当了村干部后一直把她作为我学习的榜样。""申纪兰比我大12岁，虽然没有见过她，但这么多年我一直关注着她。有机会，我一定要到西沟去，和她交流搞好农村工作的做法，把家乡建设得更加美好。"①

（三）大学生

全国劳动模范申纪兰被太原理工大学聘为"德育导师"，并将申纪兰所在的平顺县西沟村确立为"太原理工大学德育示范基地"，让每届学生到基地接受教育，使西沟成为学校党建工作、廉政建设、德育教育和艰苦创业的典范性样板。2008年7月，申纪兰为太原理工大学几千名师生作了题为"做合格共产党员，做合格领导干部"的报告。申纪兰以朴实的语言和丰富的情感讲述了自己在党的关怀下的成长历程，回忆了自己几十年来为彻底改变西沟村贫穷面貌、尽快实现小康，把一个昔日贫穷落后的山沟，初步建设成为一个农、林、牧、工、商全面发展的社会主义新农村的经历。报告在师生中引起强烈反响，矿业工程学院测绘工程专业学生党员马晋虎说，申纪兰几十年如一日，始终保持共产党人的政治本色，以高度的责任感和

---

① 黄立会：《"闻喜的申纪兰"：记闻喜县关村岭村党支部书记兼村委会主任孙自姣》，《运城日报》2010年12月29日。

强烈的事业心，脚踏实地，勤奋工作，充分体现了共产党员的先进性，为广大党员干部树立了榜样。我们要像她那样始终怀有感恩之心、平常人之心和积极进取之心，从自己做起，在学习和生活各方面发挥党员的先锋模范作用。[①]

申纪兰重视对大学生村官的言传、身教和帮带。[②]一是言传。申纪兰不顾自己年事已高，挤占休息时间，常常在餐桌上、树荫下、田地间、西沟展览馆小广场、乡政府机关党员活动室，耐心地与大学生村官交流谈心，给他们讲党课。她说："你们要正确认识大学生村官这一岗位。农村是大家学习锻炼的好地方，要倍加珍惜这段时间。"她教育大学生村官早起、多干、勤锻炼。她对大学生村官说："要想比人强，就得比人忙；要想比人好，就得比人早。党员干部要学会吃亏，才能当好干部；学会吃苦，才能适应社会；学会艰苦奋斗，才能干好事情，创出业绩，只有这样，才能顺民意得民心，把工作干好。"她还鼓励大学生村官要多联系实际："有理论要多深入，多了解，有实践要多理解，只有多了解、多理解才能更好地理论联系实际。"她经常告诫大学生村官，要听党的话，把党的政策理解全、分析透；要听村民的话，把情况和问题看清看准，处理问题时要出于公心，做到公平、公正、公道。饭桌上，老人家给大学生村官们讲过去讲历史，教育他们："当年，我们早上吃疙瘩地蔓，中午吃南瓜捞饭，晚上吃酸菜豆面。家有黄金万贯，也要补丁一半，新三年旧三年，缝缝补补又三年。""大家现在的生活年代多好呀！吃得好，穿得好，住得好，用得好，玩得好，但一定要严格要求自己，保持艰苦奋斗的作风，从小事做起，努力做一名为民办事、廉洁自律的好党员、好干部。"

二是身教。身教重于言教。八十多岁高龄的申纪兰，身体力行，为大学生村官树立榜样。她特别爱惜粮食，从不浪费，每次吃完饭，碗里从不留一粒米、一根面、一口汤；她时常拿着锄头到地里育苗、除草、施肥，精心管护地里的每株禾苗和每棵白菜；她热情、认真地对待村里找她反映

---

① 高耀彬：《申纪兰被聘为大学德育导师》，《中国教育报》2008年7月19日。

② 平顺县委组织部：《言传、身教、帮带：老劳模申纪兰对大学生村官的教育培养记》，《村委主任》2012年第7期。

情况的每位村民，村民找她办事，她从不推脱，总要问清楚事情原委，尽自己最大的努力帮助他们解决。有时候，她一天参加几个会议，接待一批批的领导和村民，却从不喊苦叫累，而是很耐心地介绍平顺、介绍西沟、介绍自己。每天的来信来函，她都要认真阅读，并一封封回复。有时候因为会议急，她顾不上吃饭就赶往市里县里。点点滴滴的小事，大学生村官们看在眼里，记在心里，都在默默地学习并践行。在她的影响下，大学生村官们仔细认真地答复村民们提出的问题，热情接待来访的村民，树立良好形象。申纪兰高兴地说："你们这些年轻人，工作态度温和，办事认真。"

三是帮带。帮带培养是促进大学生村官快速、健康成长的重要路径。老劳模申纪兰坚持对大学生村官生活上的帮助和工作上的指导。大学生村官刚到村时，她总要去喊他们吃饭、起床；遇到风寒感冒，她提醒要及时吃药、多喝水、加强锻炼。她还带着大学生村官进村入户，教他们如何和村民交流、谈心，怎样更好地了解村民的所想所盼，怎样帮助他们解决各种困难。为了增强大学生村官的市场知识和技能，她带着他们到西沟饮料厂，了解生产、包装及销售等环节。在她的帮带下，全县大学生村官共办好事2000余件，看望、慰问党员、村民600余次，写信息300余篇。

当有人问申纪兰为什么一直兼任西沟村党支部副书记时，她说是为了"培养下一代接班人"。她要求大学生村官要融入农民，了解农村，她说："农民的本色是朴实、勤劳，不脱离农村，不脱离土地，做村官要先做好农民；然后，不怕困难，与党保持一致，带领群众奔小康，这就是做村官的本色。"①

（四）《西沟女儿》创作人员和观众

评论家、剧作家高度赞扬《西沟女儿》的现实价值，认为申纪兰精神永放异彩。很多没看过《西沟女儿》的人，会简单认为这是一部"政治戏"，没有多大现实意义。但山西省著名文学评论家傅书华认为，《西沟女儿》是对红色文化资源的深度挖掘，申纪兰身上的精神，正是当今社会价

---

① 张建美：《老村官指点迷津，申纪兰寄语新人》，《村委主任》2009年第9期。

值观构建中所缺少的，足以引起狂热追逐金钱权力的人群的反思，具有极强的典型性和教育意义，"这在今天显得尤为重要！"①

在剧作者张宝祥看来，《西沟女儿》虽以申纪兰个人为题材，但其背后却表现出一个优秀的共产党员所具备的伟大品质。"在那个英雄辈出的时代，全国各条战线都涌现出了许多先进模范人物，他们积极响应党的号召，艰苦奋斗，辛劳工作，在平凡的岗位，干出了非凡的事业，成为深受人民爱戴的时代楷模。这些先锋人物，大都在艰困的条件下带领群众干出了成绩，创造了奇迹，为党旗增添了光彩。申纪兰就是这样一位长年扎根山村、扎根基层的农民带头人，她的事迹应该被更多人了解和传诵。"张宝祥说，"剧本成形后仍然在不断改动和完善，其中几次改动还都是申纪兰本人的意见，她总是坚持不要把自己拔得太高，因为自己就是个普通的农村妇女。这种朴实、本分的品质，却是现在很多人所欠缺的。申纪兰对于那些为了名利不惜代价、不择手段的人，应该是一剂良药。"②

著名剧作家郭仲甫表示，现在人们在享受和体验新生活的同时，其思想观念、人生价值观也在面临着新的考验。全新的生活体验、多元的文化冲击、各种思潮的泛起，让人们感到迷茫与无助。思想的浮躁、名利的诱惑、人生价值观的震荡，是人们面临的新问题。如何直面这样的社会现实，怎样克服这些前进中的问题？《西沟女儿》一剧，为人们做出了回答——在新的历史时期，人们如何选择生活，如何以社会主义的核心价值观重塑人生。申纪兰精神令人感佩、催人向上、激人清醒、让人奋发，让人们更为清楚地看到：支撑中国人民精神家园大厦的灵魂与筋骨，正是以申纪兰为代表的众多劳动模范与优秀的共产党员。他们虽然平凡，但平凡中孕育着伟大；他们虽然普通，但普通中彰显出不凡。郭仲甫说："《西沟女儿》一剧犹如进军的战鼓，让我们振聋发聩；犹如一曲催征的号角，让我们热血沸腾。在新时代的征途中，我们需要这样的戏剧；在踏浪前行的跋涉中，我们需要这样的戏剧；在面临物欲与金钱诱惑的时候，我们需要这样的戏剧；在重塑我们道德操守的时候，我们需要这样的戏剧。实践证明，在我

① 张宝祥、张华：《〈西沟女儿〉诠释一种精神，塑造一个传奇》，《太行日报》2012年4月27日。
② 张宝祥、张华：《〈西沟女儿〉诠释一种精神，塑造一个传奇》，《太行日报》2012年4月27日。

们的党和国家构建社会公信力的时候，各条战线的英雄劳模的榜样作用是何等的重要，众多的优秀共产党员的模范带头作用是何等的重要。"①

申纪兰的扮演者陈素琴认为当今社会更需要像申纪兰这样的人，更需要纪兰精神，她说："通过《西沟女儿》的排演，我更加感到申纪兰的淳朴和高大。在这样一个价值观多元化的年代，申纪兰还在一心一意地为老百姓做事，为老百姓的切身利益考虑，永远把个人利益放在最后，这就是纪兰精神，也是当今社会最迫切需要的精神。"为了演好这部真人真戏，陈素琴多次拜访申纪兰，仔细研究她的讲话、语言和举动。通过与申纪兰的不断接触，陈素琴全面把握到了人物特点，也让她在精神上得到了一次升华和洗礼。陈素琴说："每次和申纪兰对话，我都会被感动，都会被她所表现出的伟大品质深深折服。整个创作过程，就是我对申纪兰重新认识的过程，这也帮助我将申纪兰表现得更真实，更生动。正是这一次次的感动，才让我们克服一切困难。我们是在用纪兰精神来饰演申纪兰。"②

2012年3月20日和21日，上党梆子现代戏《西沟女儿》登上山西省廉政文化精品剧目展演舞台，连续演出两场。"看完这部戏，我才了解了申纪兰。申纪兰是一名好党员，是一名好代表！"太原市一名观众对记者说，"我认为怀疑申纪兰的人，都应该看看这部戏，这才是真正的申纪兰。"省委领导也认为《西沟女儿》真实地反映了申纪兰的事迹和精神，"为我们上了一堂生动的党性教育课，从中我们深刻地感受到，纪兰精神就在我们身边，就在我们生活当中，这是最现实、最感人、最深刻的学习榜样。"③

第四节　"把一切献给党"

"我整个的生命和全部的精力，都已献给了世界上最壮丽的事业——为

---

① 张宝祥、张华：《〈西沟女儿〉诠释一种精神，塑造一个传奇》，《太行日报》2012年4月27日。

② 李光翰：《用纪兰精神演纪兰：专访申纪兰扮演者、高平市人民剧团团长陈素琴》，《太行日报》2012年4月27日。

③ 张宝祥、张华：《〈西沟女儿〉诠释一种精神，塑造一个传奇》，《太行日报》2012年4月27日。

人类的解放而斗争。"这是苏联奥斯特洛夫斯基的自传体小说《钢铁是怎样炼成的》中主人公保尔·柯察金的名言,曾经激励了几代中国人,为民族独立、人民解放、祖国富强而抛头颅、洒热血、献终生。在中国共产党的历史上,也有这样一位同志,他为研制炮弹多次负伤,九死一生,落下终身残疾。但他无怨无悔,以超乎常人的坚忍不拔的毅力继续战斗在军工事业第一线。他就是"中国的保尔"——吴运铎。

一、"中国的保尔·柯察金"

1951年10月5日,《人民日报》刊登《钢铁是这样炼成的——介绍中国的保尔·柯察金兵工功臣吴运铎》一文,称吴运铎是一位在抗日战争和解放战争中功勋卓著的人民功臣。"他在过去十几年的兵工生产中,曾负伤一百余处,手足残废,但仍坚持为革命事业英勇奋斗,因而被称为中国的保尔·柯察金。"《人民日报》连续四天发表此文,吴运铎成了当时青年学习的榜样,读者白峰说:"凡是人民需要我去做的事,毫不考虑个人利益,全心全意地去干。这样的生命才是美丽的、有意义的。"①读者林景明决心以吴运铎的为党、为国的大公无私精神及其奋斗精神要求自己,在工作学习中克服缺点,争取做一个光荣的共产党员。②

1991年5月2日,吴运铎逝世,《人民日报》高度评价他是"我军兵工事业的开拓者""新中国第一代工人作家",也是"一位意志坚强、无私无畏的革命战士"。"吴运铎同志忠于党、忠于人民、忠于无产阶级革命事业,无论遇到什么政治风浪,他都始终不渝地坚持共产党人的政治方向和共产主义信仰,从未动摇过对党、对社会主义事业的信念。他为人刚直坦率、光明磊落、廉洁奉公、艰苦朴素。他一贯严格要求自己及其子女,从不谋取个人私利,对党内不正之风嫉恶如仇,始终保持了工人阶级先锋队

---

① 白峰:《中国的"保尔·柯察金"吴运铎是青年们工作学习的好榜样》,《人民日报》1951年10月15日。

② 林景明:《我要学习吴运铎顽强的精神,克服在工作中强调困难的缺点》,《人民日报》1951年10月17日。

的本色。"①

　　杨联康曾在中学阶段听过吴运铎的报告《把一切献给党》，并在瘫痪时得到吴运铎的看望和留言鼓励："即使自己变成了一撮泥土，只要它是铺在通往真理的大道上，让自己的同志大踏步地冲过去，也是最大的幸福。"他在悼念吴运铎的文章中写道："他坚毅、勇敢、热情，把为真理而斗争看作人生最大的幸福。他的高尚品德已成为我们宝贵的精神财富，将永远激励着中国人民尤其是中国青年为祖国的繁荣昌盛而奋进！"②

　　在吴运铎诞辰100周年之际，中国兵器工业集团公司党组书记、董事长尹家绪撰文《把一切献给党》。他指出，吴运铎是新四军兵工事业的创建者和新中国兵器工业的开拓者，一生为国为民、鞠躬尽瘁，是兵工人世代敬仰和学习的楷模。吴运铎"把一切献给党"的赤子之心，将永远闪烁着灿烂的光辉，成为兵器工业薪火相传的"根"和"魂"。在新时期，他要求军工人仍要学习和传承吴运铎对党绝对忠诚、理想信念坚定的政治品格，不怕牺牲、甘于奉献的献身精神，自强不息、顽强拼搏的实干精神，为党的事业奉献终身。③中国兵器工业集团有限公司以弘扬人民兵工精神为主线，把人民兵工精神作为兵器企业文化的底色，让人民兵工精神"红"起来，先后投资兴建了吴运铎纪念馆、吴运铎文化广场，拍摄电影《吴运铎》，出版《吴运铎画传》，军企联手打造海军"吴运铎"号综合试验舰特色教育基地，宣传展示吴运铎事迹和人民兵工精神，深刻缅怀兵工英雄。

　　从《把一切献给党》书中，我们看到了一个共产党员所展现出来的优秀品质：④一是崇高的共产主义信念。吴运铎从参加革命起，就立志要成为一个合格的共产主义战士。特别是入党前党组织征求他意见时，他说："我认识到，为人类最美好的理想——共产主义事业而斗争，就是终身最大的幸福。""成为工人阶级先锋队的一员，这就是最大的幸福，最大的快乐。我必须不辱没共产党员这崇高的称号"。这些真诚的话语，成了他在长

---

①《中国的"保尔"吴运铎同志逝世》，《人民日报》1991年5月19日。

②杨联康：《甘当铺路的泥土——悼念吴运铎同志》，《人民日报》1991年5月28日。

③尹家绪：《把一切献给党——纪念吴运铎同志诞辰100周年》，《求是》2017年第14期。

④王建成：《共产党人的楷模——重读吴运铎同志的〈把一切献给党〉》，《中国职工教育》2011年第2期。

期的革命事业中的奋斗准则，也成了他为我党军工产业发展努力工作的无穷动力和精神支柱。

二是艰苦创业的精神。参加革命后他服从安排做军工，可是战争年代没有机器，没有厂房，没有技术，条件简陋。他和战友不畏困苦创建了我军的一个兵工厂，用手工做出各种工具。从修理枪炮，到设法造出枪支弹药。为前方的武器需求提供了保证。当时著名的外国女记者史沫莱特来工厂参观，看见这么简陋的军工厂房设备，却能制造出战斗需要的各种武器，感到不可思议。

三是忘我的奉献精神。他凭着对党和革命事业的忠诚，在从事军工工作达到了舍身忘我的地步。他拖着伤残的病躯仍以顽强的精神努力工作和钻研。没有任何优惠的条件，没有特殊的待遇，仍是一心奉献。

四是良好的学习精神。只读过小学的吴云铎，参加革命以来一直搞军工。这个他没有接触过的行业主要是靠自己实践摸索和科学试验研究。他干一行钻一行，长期坚持不懈的努力，就是受伤躺在病床上也仍是天天看书学习，使自己成为既有理论又有实践的军工专家。

《把一切献给党》激励着牛润科的一生。作为一名报效祖国的热血青年，他上班后的第三天，便如饥似渴地读完了这本小说，还激动地写下了读书笔记。尤其吴运铎的那句名言"只要我活着一天，我一定为党为人民工作一天"，不但成为牛润科在党旗下的誓言，而且激励着他把自己的青春和终身献给了为之热爱的军工事业，并且无怨无悔。牛润科还把吴运铎的故事讲给军工第三代听，让他们一代接一代地传承和发扬这种战无不胜的精神。①

《中国纪检监察报》刊文指出，"把一切献给党"就要对党绝对忠诚。对党绝对忠诚不是一句口号，要求每一名共产党员都必须牢固树立共产主义理想信念，随时准备为党和人民利益牺牲一切。吴运铎正是用一生的行动诠释了对党的绝对忠诚。他说，"只要我活着一天，我一定为党为人民工作一天。""虽九死其犹未悔"，可以视为对吴运铎这位优秀的无产阶级战士最好的注脚。在党和人民面前，他早已抛却个人生死，将生命的分分秒

① 牛润科：《"中国的保尔"吴运铎激励我一生》，《太原日报》2016年11月15日。

秒，熔进革命的火炉，融入建设的大潮。战争年代，他舍生忘死，为国铸剑。和平年代，他夙夜在公，为党尽心。在从普通工人成长为兵工事业开拓者的道路上，吴运铎始终秉持求实态度，不断锤炼过硬本领。保持共产党员的廉洁本色，是吴运铎始终信奉的人生信条。①

1957年，一名小学生曾写下这样的读后感："吴运铎是我的学习榜样，我要像他一样长大后努力工作，把一切献给党。"这名小学生最终履行了自己的誓言，他就是雷锋。1983年，张海迪坐在轮椅上与吴运铎会面，她激动地握住吴运铎的手，说出埋藏在心底许久的话："这些年，我非常感谢您，是您的《把一切献给党》那本书给了我很大的力量。"②张海迪为影片《吴运铎》题词："吴运铎同志的事迹还应该再一次宣传，他是一个真正把自己的一切献给党的人。要下功夫塑造一个中国人自己的英雄。"③

坐落在武汉市蔡甸区野战国防园的一座吴运铎纪念馆内，干部群众、青年学生络绎不绝，他们来向被誉为"中国的保尔·柯察金"的吴运铎致敬。蔡甸区野战国防园负责人王文贵说，现在每年都有数万名干部群众来吴运铎纪念馆参观，接受爱国主义教育，吴运铎同志无私奉献、舍生忘死、从不动摇的精神，激励我们勇往直前。④吴运铎纪念馆面积500平方米，位于武汉野战国防园国防教育馆三楼，2017年12月开馆。以吴运铎的革命生涯为主线，以所处不同历史阶段为分期，全馆由平凡人生觉悟之路、硝烟岁月辛勤耕耘、坚定信仰继续前行、精神永存昭示流芳四个部分组成，共陈列文献、报刊、图片、实物、画作、模型和影视作品等数千余件。

二、影视剧观后感

电影《吴运铎》讲述了抗战时期，兵工专家吴运铎和勇敢智慧的兵工人员为解放事业英勇献身的故事。《吴运铎》采取了大事不虚、小事不拘的

---

① 《吴运铎："把一切献给党"》，《中国纪检监察报》2019年9月4日。

② 邢哲、刘含钰、汪乔勇：《吴运铎："中国保尔"》，《解放军报》2019年11月1日。

③ 赵长安：《无所畏惧 吴运铎人生传奇》，北京：中国工人出版社，2015年，第420页。

④ 《吴运铎："中国的保尔·柯察金"》，《北京日报》2019年10月14日。

手法，在真实与虚构的结合上做得恰到好处。影片在对吴运铎的个性塑造上力求与当代青年观众实现更为广泛的心灵沟通，除了对他性格中最主要的勇敢无畏、不怕牺牲作浓墨重彩的表现外，还着重写了他的信仰与人格魅力。

《吴运铎》影片在包头拍摄了许多外景。因为吴运铎曾经长时间在包头工作和生活，他是北方重工集团（原内蒙古第二机械制造总厂）第一任总工程师。吴运铎无数次参加这里青少年学生的革命传统教育活动，为包头市民所熟悉。在2011年6月18日包头首映式上，自治区和包头市各界代表、部分主创人员和吴运铎家属及生前工作过的单位代表、电影网络征名获奖者共600人参加观看。包头市观众为这位家乡的英雄感到骄傲，倍感亲切，纷纷表示要学习英雄的事迹，传承英雄精神。①

吴运铎的子女代表母亲讲话，感谢这部电影和演员的艺术创作，对吴运铎扮演者的表演给予很高的评价，对影迷的支持和热情表示感谢，赢得了在场所有人热烈的掌声。吴运铎的二儿子说，影片是"上世纪五十年代以来，所有以父亲的故事为题材创作的话剧、电影、电视剧中最好的一部"，影片还原了历史真实，再现了共和国创建者们在那个年代战斗生活的情景和可亲可敬的形象。

电影由八一电影制片厂副厂长、国家一级导演安澜执导。安澜说：在我眼里，吴运铎是中华民族精神的缩影，以吴运铎为代表的英雄形象，展示了兵工战线的英模们的生命价值、献身精神和不朽的人格魅力。我们电影人有责任艺术地塑造好吴运铎这个为人们所熟悉的有理想、有献身精神、有血有肉、有情有义的真实的共产党人形象。

编剧杨俊彦、丛者甲说，是作品描述的那个时代和那个时代的人打动了我们，让我们产生了一种强烈的创作冲动。在创作过程中，我们始终怀着对历史的敬畏和对人物的虔诚，尝试用观众喜闻乐见的方式传播主流价值、弘扬时代精神，让革命与历史题材作品表现出中国人奋发向前、自强不息的民族气概，达到一种精神和情操的高度。

---

①《〈吴运铎〉：深情演绎把一切献给党的故事》，《内蒙古日报》1011年6月28日。

　　主演于晓光为在剧中展现吴运铎工作和生活的艰苦环境和剧情需要，在寒冬腊月赤膊上阵、往身上浇凉水，在面部化上浓重的爆炸流血妆，还缠上绷带。他说，拍摄中自己时时被人物所感动，希望呈现给观众的不仅是视觉震撼，更有心灵上的触动。"80后甚至90后不可能体会那个年代的情怀和举动，但我希望这部影片最终带来的就是让我们一起感悟英雄信仰，学习英雄精神。"

　　饰演吴运铎贤妻子陆平的是王艺禅。拍摄隆冬时节戏时，王艺禅必须趴到地上，自己设计了光脚在泥中和冰雨中奔跑的镜头。拍摄结束，王艺禅冻得脚都失去了知觉，晚上发高烧，然而第二天她坚持到片场拍摄。她演绎的英雄令观众感动流泪，她自己则被吴运铎精神感动。在包头首映式上，王艺禅深受包头粉丝的称赞。

　　剧中吴运铎的红颜知己辛束由华谊新人王晓晨扮演。王晓晨感慨地说，参加这次拍摄是一次精神洗礼，仿佛自己处在国家的危难之中、在战火硝烟中挺身而出。"以前那些遥不可及的英雄故事变得亲切了，当自己置身当时的情境中，忽然发现那些英雄的伟大牺牲在当时的状况下，是多么的合乎逻辑。"

　　"吴运铎精神在今天依然是我党光荣传统教育的生动教材。"首映式上一些观众激动地告诉媒体记者，从学生时代就在教科书上学习过吴运铎的感人事迹，他的献身精神和不朽的人格魅力始终激励着我们的工作和生活。

　　华东野战军代司令粟裕说："淮海战役的胜利，离不开山东人民的小推车和大连生产的大炮弹"，这些大炮弹生产的最大功臣就是吴运铎。大连523厂在3年解放战争时期一共生产了53万多发大炮弹。它的两名厂长吴屏周和吴运铎在试验炮弹时，遇到哑炮，结果一死一伤……这是另一种的董存瑞，也是后来的邓稼先抢先抱回有核辐射的核装置之先河。[①]

　　八集电视连续剧《中国保尔·吴运铎》讲述吴运铎的经历，他是一个从小受党教育并在革命中成长起来的有高度觉悟的工人典型。他童年时在安源煤矿，就从李立三、刘少奇领导的工运中了解到共产党是工人的救星。

---

　　① 李解：《观电影〈吴运铎〉有感》，《包头日报》2011年12月20日。

此后，他刻苦钻研技术，并服务于党的军工事业。他以感人至深的事迹，实践了自己的誓言："把我们的力量、我们的智慧、我们的生命，我们的一切，都交给祖国，交给人民，交给党！"

是什么力量使吴运铎从普普通通的工人成为功绩卓著的军械专家，成为全国青年敬仰的英雄呢？这部电视剧用审美方式所作的回答，浓缩为一句话：他有坚定的革命信念。这信念不是写在纸上喊在嘴上，而是体现在吴运铎和他的战友们切切实实的行动上。①

2011年，电视剧《中国保尔·吴运铎》在全国热播，剧中扮演吴运铎的年轻演员李梦男，每次拍摄时他的左眼都要用胶封上，左手用胶糊住，还要做出瘸腿状。几场戏下来，他泪流不止，手上的汗毛都被拔光了。李梦男深有感触地说："通过拍这部剧，使我认识了什么是真正的英雄，也更深刻地体会到什么是真正的理想和人生。"②

"吴运铎"是一个为了崇高的共产主义信念，身残志坚一往无前的典型形象，因而也是一本能够让人心灵震动的生活教科书。《中国保尔·吴运铎》的成功播出，不仅可以使我们在思想上受到深刻的教育，在精神上得到鼓舞与力量，还会在艺术上获得审美的感应与启示。③

中国艺术研究院正忠说，吴运铎的故事，他们那一代人耳熟能详。当年他读《把一切献给党》时热血沸腾，许多人都"把一切献给党"作为人生信条；在那个崇尚英雄主义的年代，吴运铎成了一代人心中的偶像。在市场经济体制下，有些人把"追求利益最大化"作为人生理想信条，人生观、价值观出现倾斜。这部电视剧以艺术方式向人们的心灵发出追逼和叩问，从将有中国特色社会主义事业进行到底的层面看，该剧有着更为深刻和恒久的价值。④

《中国保尔·吴运铎》是一部使人感奋和鼓舞的优秀作品。它唤起了人们对历史斗争的景仰和对现实奋斗的信心，它真实地表现了吴运铎的英雄

---

① 刘扬体：《为了崇高的信念》，《当代电视》2001年第11期。

② 邢哲、刘含钰、汪乔勇：《吴运铎："中国保尔"》，《解放军报》2019年11月1日。

③ 黄会林：《感应与启示——评说〈中国保尔吴运铎〉》，《当代电视》2001年第8期。

④ 正忠：《完全属于当下的英雄叙事与解读——我看〈中国保尔吴运铎〉》，《当代电视》2001年第12期。

业绩，更表现了他作为一种精神传统的象征，以强大的感召力与当代青年的现实追求紧紧联结在一起。①

在这部电视剧里，吴运铎这个形象是历史的也是现实的，是崇高的也是亲切的。尽管吴运铎的时代已经过去了半个多世纪，尽管中国社会已经发生了巨大的变化，但是吴运铎的形象并没有暗淡，他和新的一代人依然保持着精神生命的联系。这部电视剧的最突出的艺术特点就在于它不仅仅为着回顾历史，而是着眼于现实，关注当代人；它也不仅仅再现吴运铎当年的业绩，而是着力揭示吴运铎的当代价值，突出吴运铎形象蕴含的历史内容，将之升华为一种永恒性的精神生命力，在新一代人的身上重放光彩。因而这部电视剧虽然篇幅不长、情节单纯，却拥有丰厚的思想内涵，令观众共鸣和激动。

电视剧以诗化的艺术形式和情感化的叙事风格，把三个不同时空的内容组合为一个艺术整体：一位新四军老战士栓子在生命的最后时刻对吴运铎的亲切回忆，一位女青年王倩坐在他的病床旁通过为他朗读《钢铁是怎样炼成的》再现出的保尔形象，以及王倩在吴运铎的感召下获得力量使她最后攀岩成功。观众随着电视画面的变换，深深地感受到历史和现实、今天和明天、死去的革命英雄和青春焕发的当代青年都融进了吴运铎的感人肺腑的故事里，由衷地接受了革命精神之火永不熄灭代代传承的真理。

这部电视剧使观众看到了一个个真实的人，人的品质和人的情感。除了有血有肉地刻画了吴运铎的性格，描述了他在严酷的斗争中成长的过程，还塑造了对他的成长有着重要影响的徐洪军、孔部长、周炳武、林院长，以及他的亲密战友李虹光、何守莉、小栓子等，这是一群个性鲜明、真实感人的人物形象。观众正是通过这些活生生的带有鲜明历史特点的人物来认识那个历史时代的，也正是通过老年栓子和王倩的情感交流和对话来深刻认识吴运铎的当代价值的。以人为中心，电视剧的艺术力量正在这里。②

影片《吴运铎》具有很强的针对性，不仅唤起了人们对英雄吴运铎的记忆，而且还将观众带到了抗日战争和解放战争时期——用革命信仰造就

① 杜高：《吴运铎的当代价值》，《文艺理论与批评》2001年第6期。
② 杜高：《吴运铎的当代价值》，《文艺理论与批评》2001年第6期。

英雄的年代。它将全社会的"英雄记忆"与民族的文化自觉融为一体，并以此为基，重塑中华民族的文化自信和文化自强。影片中质朴沉着、坚韧果断、善于学习、勤于钻研、志向高远的吴运铎，在各种武器的研发和制造中失去了一只眼睛、一条腿，继而又失去一只胳膊，他执着而坚定地为军工事业不懈奋斗、刻苦探索、不倦努力的精神，深深地震撼了我。瞬间，我悟出一个道理：凡是远离生活真实、远离社会理想的艺术，如那些"大话""戏说""穿越"的作品，也许具有很强的娱乐性，但观众笑过之后，除了滑稽的人物、滑稽的台词、滑稽的动作，很难给人以心灵的启迪。艺术的力度、深度、高度，不仅仅在于主创们编出一些悬念叠生的故事吸引人，或借助大腕明星的招牌和演技感染人，最重要的是深入生活，从文化资源中寻找厚重的人生，挖掘厚重的历史，揭示厚重的思想，正如影片《吴运铎》这样。因为，只有源自客观生活的真实、源自主人公性格和命运的真实，以及创作者情感的真实和社会理想的真实，才能够使作品具有撼动心灵的力度、揭示规律的深度、直达社会理想的高度。①

---

① 李树榕：《"英雄记忆"与文化自觉——评获奖影片〈吴运铎〉》，《内蒙古宣传思想文化工作》2012年第12期。

第六章　劳模精神的多维透视

从生命历程理论看，申纪兰根据时代变迁而与时俱进，从争取男女同工同酬到兴办工业、发展红色旅游业，但不变的是她作为劳动模范的初心——热爱劳动，勤俭奋斗，忠诚于党。从典型人物塑造角度看，王进喜是一不怕苦二不怕死的铁人，他为革命鞠躬尽瘁，奋战终生。从革命意识形态需要看，电影《黄宝妹》利用劳模形象的规范作用和劳模精神的感召力宣教主流意识形态。"铁姑娘"话语模式包括话语主体、话语对象、社会影响等。劳模精神再生产机制使劳模精神在日常工作生活中得到加强建构和再生产。

第一节　劳动模范的生命历程

生命历程理论有北美艾尔德（Glen H.Elder）范式和欧洲科利（Martin Kohli）范式。艾尔德范式倾向于从中观或微观的层面关注特殊社会事件给生命历程造成的转折及后续影响，该范式关注整个生命历程中年龄的社会意义，研究社会模式的代际传递，将社会历史和社会结构联系起来阐述人类生活。科利范式以"生命历程的制度化"理论为主轴，强调生命历程在社会制度的形塑下成为一种结构的整体。基于此理论，科利范式发展出两大研究层面：制度分析层面和生平规划分析层面。

一、生命历程理论的北美艾尔德范式和欧洲科利范式

生命历程研究（life course research）对象主要涉及生命过程中的一些事件和角色（地位）及其先后顺序和转换过程。北美艾尔德将生命历程定义为"在人的一生中通过年龄分化而体现的生活道路"[①]。为了阐明变动的环境是怎样影响人们的生活和发展轨迹的，艾尔德归纳了以下四个在生命历程研究范式中最核心的原理（principle）：[②]

其一，一定时空中的生活（lives in time and place）。当社会变化对一代又一代的同龄群体产生了不同影响时，生命轨迹的历史效应就会以同龄群体效应（cohort effect）表现出来；当社会变化对接连几代人的影响大致相同时，社会对生命轨迹的历史影响就会以时期效应（period effect）的形式表现出来。"一定时空中的生活"原理告诉我们，人在哪一年出生和人属于哪一个同龄群体基本上将人与某种历史力量联系起来，它是进行生命历程范式分析的重要组成部分。

其二，个人能动性（human agency）。人总是在一定社会建制之中有计划、有选择地推进自己的生命历程，人在社会中所作出的选择除了受到情景定义的影响之外，还要受到个人的经历和个人性格特征的影响。个体差异和环境之间的互动产生出个体的行为表现，所以人的能动作用和自我选择过程对于理解生命历程具有重要的意义。

其三，相互联系的生活（linked lives）。"相互联系的生活"原理告诉我们，每一代人注定了要受到在别人的生命历程中所发生的生活事件的巨大影响。在更一般的意义上，"相互联系的生活"原理指的就是互动着的社会生活，就是人在一生中所建立的各种社会关系网。互动世界和社会关系网将个人与发生在社会中更广阔的社会变化联系起来。

---

① Elder, Glen H Jr. 1985,/Perspectives on the Life Course0,In Life Course Dynamics: Trajectories and Transitions,1968–1980,ed. GH Elder. Ithaca, NY: Cornell Univ. Press.

② Elder, Glen H Jr. 1991,/Making the Best of Life: Perspectives on Lives, Times, and Aging0,Generations,15, 1, winter, 12–17. 转自李强等：《社会变迁与个人发展：生命历程研究的范式与方法》，《社会学研究》1999年第6期。

其四，生活的时间性（the timing of lives）。生活的时间性指的是在生命历程中变迁所发生的社会性时间（social timing），它还指个体与个体之间生命历程的协调发展。生活的时间性原理认为，某一生活事件在何时发生甚至比这一事件本身更具意义。社会性时间（social timing）指的是角色的发生、延续和后果，以及相关的年龄期望和信念。除此之外，社会性时间还可用于规划多个生命轨迹之间的协调发展。虽然社会性时间指明了某些生活事件、某类社会角色应发生的恰当时期，是社会所普遍赞许的年龄规范，但是社会性时间仍有可能受到战争、经济危机等突如其来的外界因素的干扰，在生命历程分析中，这种意外事件对社会性的时间干扰也是研究者的兴趣所在。

综上所述，艾尔德的生命历程理论的分析框架包括三个方面的内容：第一，关注整个生命历程中年龄的社会意义；第二，研究社会模式的代际传递；第三，宏观事件和结构特征对个人生活史的影响。它要求必须在多重时间维度内来研究个人生活，尤其要关注年龄效应、同龄群体效应、历史环境和年龄级变迁的效应。简言之，就是要将社会历史和社会结构联系起来阐述人类生活。

1985 年，科利发表《生命历程的制度化》一文，发展出独特的理论方向。科利提出了"生命历程的制度化"概念："指在过去两个世纪以来人生渐渐发展出来的一种编排模式，这种编排模式同时既调控了角色位置的顺序，也调控了将人们的体验与人生计划加以组织起来的一套生平规划方针"[1]。对此，科利提出了五个基本命题，以阐释生命历程在现代社会得以制度化的要素。[2]

一是生命的时间化（Verzeitlichung des Lebens）。科利指出，在前现代社会中，时间是在生命之外的一个永恒，生命是作为与死亡相区别的一组概念而被标示出来。不过在现代化过程中，人类的预期寿命不断提升。此

---

① Kohli，Martin. 2007，"The Institutionalization of the Life Course：Looking Back to Look Ahead．"Research in Human Development 4. pp.25.

② 郑作彧、胡珊：《生命历程的制度化：欧陆生命历程研究的范式与方法》，《社会学研究》2018 年第 2 期。

处的重点不在于人类的寿命延长了，而在于人不再随时随地面临死亡的威胁，死亡被排除在日常视野之外。

二是时序化（Chronologisierung）。目前，"人生"自然而然地被视作是以"年"为单位而流逝的时间过程。但在生命被时间化之前，"年龄"对生命并没有那么重要。当生命被时间化之后，年龄在现代社会就变得相当重要了。年龄首先是由生日所构成的。其次，"年"这个时间单位在今天多半只是一个单纯的数字。所以生命的流逝以年作为单位，也就意味着生命被数字化，生命历程变成一种量化时序形式。这让生命变得可以也必须被理性地计算、评估、规划、划分和排序。

三是个体化。科利认为个体化是现代化过程的一个重要社会转变，这个观点来自贝克（Ulrich Beck）的理论。根据贝克的说法，现代社会打散了传统的共同体，将社会权利、义务的承担者指向去背景化的个体。一个人是什么样的人，有什么样的权利义务，不再因为其所属的家庭背景或共同体而有所不同。个体首先意指一种同质地被称作"个体"的角色。不过科利接着指出，"个体"这个社会角色所背负的不同的权利义务范畴会归类给不同的身份，然后在上述时序化的基础上，将这些身份根据特定的扮演顺序安排在生命历程的各个区位中。

四是薪资劳动系统主轴。科利认为，现今对生命历程最重要的制度是学校教育系统与退休系统。这也让现代社会个体的生命历程基于薪资劳动系统之上，被普遍清晰切分出"童年与青少年阶段－成人阶段－老年阶段"三分时序结构。科利声称，现代化的生命历程就是这种由社会制度所切分出来的三分生命历程。当然，科利并不是说在现代化之前就不存在童年与青少年或不存在老人，而是说这些阶段是在现代化的社会制度出现之后才成为客观结构。

五是常态生平的形成。科利指出，生命历程应注意到两个面向，一个是社会结构面向，也就是利科所谓的制度层面；另一个是个体能动性面向，科利称为"个人生平"层面。在科利的范式中，个人生平意指主体通过反思行动对自身生命进行的规划、决策、实践等历程构成。

科利强调，上述五个命题要素并不是现代化之后才出现的。但是相对而言，这五个要素在现代化过程中被大幅强化了，并且使得现代的生命历程变成一个变异性不断降低、可预见性不断提高、逐渐具有标准性的整体过程。[①]

三、劳动模范的本色和特色

（一）劳动模范的本色

一是勤劳朴实、廉洁奉公。"不脱离农村，不脱离农民，不脱离劳动"是申纪兰的一句名言。不管拿过什么荣誉，只要回到西沟村，申纪兰就换上补丁摞补丁的旧衣服，锄头一扛，回归农民本色。曾有人如此评价她："不变的齐耳短发，不变的深蓝布套装，不变的朴实低调，不变的为民情怀。"虽说她是个大名人，但谁也看不出她"名"在哪里，因为她和普通农民一样，踏实而勤恳地生活着。

走进申纪兰的家，人们都会在那满墙挂着的照片前流连片刻，这些照片几乎就是一部新中国的历史，群众所熟悉的国家领导人几乎都在其间。与这辉煌的经历形成极大反差的是，她的家实在太简陋了，20多平方米狭长的空间既是卧室，又是厨房和客厅，正墙根儿是一张旧桌子和一个小柜子，两边山墙各放着两个大木箱子，一张老式木床占去了大半间屋子，甚至还不如普通农家。[②]

申纪兰每次外出为村办企业联系业务，坐的是公共汽车，住的是价格低廉的旅馆，吃的是最便宜的饭菜。为了给村里办事，她每年的车费、住宿费少说也要花上几千元，但她从未在村集体报销过一次车票，领过一次出差补助，反而把国家每月发给她的生活补贴"赔"进去不少。她听闻四川汶川大地震后慷慨解囊，把自己积攒的一万元钱捐给了灾区人民。

---

① 郑作彧、胡珊：《生命历程的制度化：欧陆生命历程研究的范式与方法》，《社会学研究》2018年第2期。

② 2006年春，申纪兰才把土炕换成老式木床。2006年冬，申纪兰搬进了新房，她在老房子住了60多年。

1973年3月，申纪兰被任命为山西省妇联主任。对于这样的"大官"，她总觉得不合适，不愿去，认为自己是"太阳底下晒的人，不是坐办公室的料"，干不好会给党抹黑。她坚决服从组织安排，在为难中上任。她向省委提出了"六不"：不转户口、不定级别、不拿工资、不要住房、不坐专车、不调动工作关系，并常抽空回西沟参加劳动。1983年，组织上把申纪兰列入长治市人大常委会副主任的候选人，她还是一再申明自己不合适。她当选了，市里要给她转户口、定级别、配专车，她又全部推辞了。"不是西沟离不开我，而是我离不开西沟"，这的确是申纪兰的大实话。

申纪兰常说："你要有私心，就不要当干部。""为人民服务，有一百个理由；为自己盘算，没有任何借口。"申纪兰有三个子女，都是领养的，她没有生育过。她疼爱三个孩子，但从来不会主动用自己的身份替他们铺平道路，相反，她还希望尽一切可能撇清这种影响。朱镕基总理曾坐在申纪兰的炕沿上对她说："纪兰，我知道，你从来没有利用自己的荣誉谋过私。"

"啥叫干部？领先一步叫干部；啥叫模范？吃苦在前叫模范。打铁先要自身硬。如果说的一套做的是另一套，群众就会戳你的脊梁骨。"1987年，西沟村开始筹建铁合金厂，浙江温州的一个推销员找到申纪兰推销铜线，欲给她高额回扣，被申纪兰当场轰走。无奈之下，这位推销员压价40%成交。十几天后，申纪兰收到这位推销员的来信，他在信中写道："你是共产党员，我也是共产党员，但你才是一名真正的共产党员。"

申纪兰说："金钱就像水一样，缺了它，会渴死；贪图它，会淹死。"近几年来，各级党委和政府对申纪兰的表彰奖励，有的是物质方面的，有的是金钱方面的，申纪兰毫无例外地都捐给了集体，用于各项集体事业的发展。她还常说："钱这个东西，乡亲们用和自己用都一样。"只要乡亲们找她借钱，她都解囊相助，若还她就收下，不还她也不要。

二是与时俱进，二次创业。十一届三中全会提出"无工不富、无商不活"口号，全国各地纷纷开始办工厂、抓生产，申纪兰也酝酿着第二次创业。1984年，西沟村组建经济合作社，申纪兰任社长。与30年前的农业生产合作社不同，经济合作社的主要职能是为农民提供产前、产中、产后服务，收集致富信息，开辟生产项目。

1985年，申纪兰率领村干部到河南七里营、天津大邱庄、江苏华西村等考察乡镇企业，为西沟村选项目。1985年4月，西沟村利用本地丰富的硅矿资源，开始兴建铁合金厂。1987年10月，总投资150万元、装机1800KVA的西沟铁合金厂建成投产。2007年，以该工厂名义又选择新地方，另建两个排污达标的高炉，承包给私人经营。由于生产规模较小、效益差、环保措施落后，这个新厂的发展也磕磕绊绊。西沟村党委书记王根考说："产品一直在调整，炉也时停时点，去年才给村委会交了十几万元，效益远不如从前。"①效益和问题摆在那里，到底关还是不关，村里人争议很大。2012年冬，申纪兰和西沟人经历了发展史上的一次大"阵痛"。由于不符合国家产业政策和环保要求，西沟铁合金厂要进行拆除。痛定思痛，申纪兰做通了西沟村党员干部和群众的工作，亲手拆掉了自己创办的第一个企业。同时，西沟村还关停了磁钢厂、石料厂、砖瓦厂等一批能耗高、污染大的企业。

1998年8月，申纪兰又第一个走出大山，在太原创办了集住宿，餐饮，娱乐为一体的"西沟人家"。山西纪兰产业公司下属的几家企业都是以"西沟"命名的私营企业，企业所有权不属于村里，也没有建在村里，诸如此类的还有山西纪兰农业科技有限公司、山西纪兰商贸公司等，每年仅给西沟村一点补偿。山西襄子老粗布有限公司在西沟村办了一个生产基地——长治市纪兰潞秀商贸有限公司，与西沟村合作经营，给西沟村留守妇女提供了就业机会。

1995年3月，西沟和山西安泰集团共同投资150万元办起了山西安泰纪兰饮料有限公司，主要生产"纪兰牌"核桃露饮料。申纪兰是法定代表人，并担任董事长。分红比例是西沟村七、安泰集团三。其后股东情况两次变更，公司名字现为山西纪兰饮料有限公司。担任过纪兰饮料厂厂长的王根考说："虽然申纪兰是董事长，而且产品打着申纪兰的商标，但是她既无股份也不从公司领工资。"②为了能让核桃露卖出去，她多次带人在长治街头

---

① 宋江云：《申纪兰的多重符号》，《21世纪经济报道》2012年3月20日。

② 宋江云：《申纪兰的多重符号》，《21世纪经济报道》2012年3月20日。

做广告宣传推销产品。到1996年底，西沟村村办企业已取代农业，成了西沟村经济发展的支柱产业。

在老劳模申纪兰的带领下，西沟村投资230万元新上的山西纪兰饮料公司矿泉水生产线和果汁饮料生产线正式投产。投资3000万元在太原开设了"今绣西沟"大酒店，这是西沟人家餐饮集团中规模最大、档次最高的酒店，为西沟及平顺安排了近500名劳力，成了西沟村利用品牌化经营，打造名牌产品，推动经济发展的成功典范。

西沟村把调结构、促转型作为新一轮经济发展的闪亮点，突出抓了绿色产品、红色旅游的开发建设。在农业上新发展40个香菇大棚种植项目和两个150平方米香菇保鲜库，完成了西沟红色旅游基础设施建设项目，建成了展览馆、太行之星纪念碑、村史亭、老西沟互助组雕塑、西沟森林公园等旅游景点。在申纪兰的带领下，西沟村已初步形成了以核桃露、小杂粮开发为主的绿色产业，以"纪兰""西沟"名人名村为品牌的以爱国主义教育和森林休闲为主的红色旅游和绿色旅游。同时，光伏发电、药材基地建设取得了很好的效益。引进太子龙服饰有限公司，吸纳更多村民就近打工。目前，西沟村共有集体企业4个、民营企业12个。

（二）劳动模范的特色

在申纪兰平凡而又非凡的人生历程中，有许许多多的"最"。她是中国资历最长的全国人大代表，资格最老的全国劳动模范，"男女同工同酬"最早的倡导者和实践者，中国政坛上地市一级干部中年龄最大的农民在职官员。

申纪兰是中国争取男女同工同酬的第一人。《劳动就是解放，斗争才有地位》[①]率先报道申纪兰如何动员妇女参加生产劳动以及同男社员争取同工同酬待遇的斗争过程，从此她的名字不胫而走，因此当选上全国劳动模范和人大代表。男女同工同酬政策提高了妇女参加劳动的积极性，解决了农村集体化时期劳动力不足的问题，它是新中国妇女解放的里程碑。

作为劳动模范的申纪兰，一有坚定的政治立场和社会主义信念，她常

[①]《劳动就是解放，斗争才有地位》，《人民日报》1953年1月25日。

说："我的一切是党给的，我就要把一切献给党，永远听党话，跟党走。"。二有"不脱离劳动，不脱离群众"的优良作风，她认为这是劳模的本分，"劳动模范不劳动，还叫什么劳动模范。"三有奋斗不息的艰苦创业精神，她带领群众战天斗地，彻底改变西沟村的贫困面貌。四有艰苦朴素的生活习惯，她始终保持着劳动人民的艰苦朴素、勤俭节约的本色，反对铺张浪费。五有奋力开拓的创新精神，她与时俱进，创办乡镇企业，使西沟村农林牧副工商旅游全面发展。

作为唯一连任十三届的全国人大代表，申纪兰是中国民主法制建设进程的见证人、亲历者，被称为"中国人大制度建设的活化石、常青树"。"人民代表，就要代表人民，代表人民说话，代表人民办事"，申纪兰是这样说的，也是这样做的。作为农民身份的地市级干部，申纪兰一辈子不转户口，不拿工资，不要住房，不离开农村，不脱离劳动，是名副其实的"人大代表"。对申纪兰而言，"全国劳动模范"和"全国人大代表"的内涵是一致的，"党员干部的本色是啥？是劳动，是奉献，是服务。"

四、生命历程视野下的国家和个人

新中国第一代劳动模范李顺达的命运可分为三个阶段：1915—1938年，李顺达艰辛坎坷；1938—1964年，李顺达辉煌备至；1965—1983年，李顺达波折不断。李顺达由一个普通农民成为一个家喻户晓的劳动模范，其个体命运深深地烙下了一个时代的印记。

李顺达原是河南林县合涧东山底村人，1915年12月23日出生在一个贫苦农民家庭。1929年，李顺达从河南逃荒到山西平顺县西沟村。1938年抗日战争时期，他加入中国共产党，带领群众一边生产一边配合八路军抗击日寇，成为太行山上一位劳武结合的英雄。1943年他成立了最早的农业劳动互助组。1944年他成为太行区第一届群英会的一等劳动英雄。1946年他又成为太行区第二届群英会的一等劳动英雄。1950年他参加了全国工农兵劳动模范代表大会。1954年农业部代表中央人民政府颁发了四枚"爱国丰产金星奖章"，李顺达是获奖者之一。同年，他出席了全国人民代表大会第一届第一次会议。再到1955年在农业社会主义改造高潮中被毛泽东点名予以表扬。直至60年代初，他一直是历次全国农业劳动模范代表和农业先进单位代表大会的代表。从抗日战争、解放战争到中华人民共和国成立后的很长一段时间里，他都可谓是中国农业战线的第一人，被誉为"翻身农民的道路""中国农民走社会主义道路的先行者"等，这是李顺达辉煌的前半生。[①]

1964年，全国上下开始了农业学大寨运动。尤其到了"文化大革命"时期，学大寨运动逐渐演变为一场充满意识形态之争的"政治大革命"。李顺达在公社时期的不幸遭遇主要起始于农业学大寨运动。李顺达领导的西沟村早在1963年初便开始向大寨经验学习了，这在全国学大寨运动中是较早的，而李顺达也是全国第一个学习大寨的劳模。到"文革"后期，随着将大寨"堵不住资本主义的路，就迈不开社会主义的步"的割资本主义尾巴的政治经验在全国农村推广，使得李顺达对盲从地学习大寨经验提出了质疑。因此，李顺达遭到诬陷和批判，被冠之以晋东南"反大寨势力"总后台，并给其总结出了所谓的"十二条"罪状。他担任的中共山西省委常委、省革委副主任、晋东南地委书记、中共平顺县委书记等职务全部被撤销。后在中共中央、国务院的干预下，中共山西省委不得不停止对李顺达的批判。1981年，山西省第五届人大四次会议上，恢复了李顺达省人大代表资格。1983年4月，李顺达被重新选为山西省第六届人民代表大会代表，省人大常委会副主任。1983年7月1日下午2时25分，李顺达在游五台山时，因心脏病突发不幸逝世，终年68岁。

李顺达个体生活史出现的第一个转折点即抗战时期"双减"运动中加入了中国共产党。这是李顺达带领西沟人互助生产、发家致富的一个重要条件。他作为农民个体，首先追求生存保障是第一位的；同时，作为共产党员，他又将个体生活的满足与国家革命和生产紧密地衔接起来。这样一种关系的出现正是我们理解一个劳模典型塑造所具有的时代意义。[②]但李顺达毕竟是农民出身，受制于多种因素影响，最后实际处于政治运动的裹挟

---

① 孔繁锐：《新中国第一代劳动模范李顺达研究》，中共中央党校2014年硕士论文，第53—54页。

② 行龙：《在村庄与国家之间：劳动模范李顺达的个人生活史》，《山西大学学报》2007年第3期。

当中，很难全身而退。特别是1957年之后当党的指导思想、路线方针政策出现日益"左"转的情况下，作为执行力很强的李顺达来说，就面临着很大的考验。最后，他还是保持了农民的纯真本色，实事求是、以身作则，把发展生产放在第一位。[1]于是他变成了"修正主义的黑典型""资本主义的黑样板"。

李顺达既有精明的一面，亦是一个"老实疙瘩"。他的精明之处在于他以受过毛泽东接见为资本，不断向毛泽东写信汇报工作，有时写信密度很高。仅1951年他就写了3封信，元旦，李顺达给毛泽东写信，报告其向全省挑战掀起爱国生产竞赛；6月25日，在建党30周年前夕，李顺达给毛泽东写信汇报"向全国农民兄弟提出爱国丰产竞赛运动的挑战"的情况；12月25日，李顺达给毛泽东写信，内容是"一定按照山地经济特点发展林牧业""保持住'劳动模范'的光荣称号"。乡亲们对"大老李"的评价用得最多的词是"老实疙瘩"。他始终坚持一就是一，二就是二，"是"就是"是"，"不是"就是"不是"。在战争年代和解放初期，他的一个弟弟上前线战死了，他又把另一个弟弟送上前线。1952年和1953年，他把自己家的好地和价值800元的五头牲口全部入了社。在"大跃进"中，他宁愿不要一块先进的牌子，也不让西沟社员饿着肚子。这一方面根源于他对党忠诚，党指到哪里，他就办到哪里；一方面是他作为基层出生的劳动模范，对农村和自己使命的清醒认识。

第二节　铁人王进喜的典型塑造

典型报道就是对具有普遍意义的突出事物进行强化报道。普遍意义，是指事物涉及的面要宽，影响要大，包含思想意义、教育意义、借鉴意义，它是成为典型的基础；突出，主要是指同类事物中最先进的事物，也包含一些转型的事物，以及少数恶劣的事物。[2]典型报道是无产阶级新闻事业的

---

[1] 孔繁锐：《新中国第一代劳动模范李顺达研究》，中共中央党校2014年硕士论文，第55页。
[2] 甘惜分：《新闻学大辞典》，郑州：河南人民出版社，1993年，第154页。

重要组成部分，它与列宁的党报理论和苏联的典型报道实践、毛泽东党报思想有着密切的联系。典型报道的基本功能是传播新闻信息，进而发挥榜样示范作用，起到社会整合和思想道德引导功能。

一、典型报道的理论基础

（一）列宁的党报理论①

典型报道的概念发轫于19世纪初期。当时的共产主义创始人相信，只要人们理解了他们对于未来社会的设想，就会去追求共产主义。当时，圣西门、欧文、傅立叶等人为了让民众理解他们关于未来社会的美好理想，创办了一批合作社、幼儿园、新型工厂和共产主义移民区。各派社会主义利用报刊对于这些试验点进行大量的、连续的报道，宣传这些试验点的经验，于是典型报道的观念应运而生。《共产党宣言》中说，空想社会主义者企图通过一些不会成功的试验和示范的力量来为新的社会开辟道路。但空想社会主义学说中提到的"典型示范"可以说是列宁"典型宣传"思想的源头。

十月革命以后，列宁非常注重用榜样的力量来唤醒民众，他号召，"让那些向全国人民介绍少数先进的国家劳动公社模范事迹的报刊销行几十万、几百万份吧"，"采取了这个办法，我们就能够做到而且应当做到，使模范首先成为道义上的榜样，然后成为在新的苏维埃俄国强制推行的劳动组织的榜样"。列宁对典型报道十分推崇，在《苏维埃政权的当前任务》《论我们报纸的性质》《怎样组织竞赛》《伟大的创举》《生产宣传提纲》等文章中均可领会到他提倡典型报道的精神。他指出，报刊从资本主义到共产主义的过渡时期的主要任务是用生活中生动具体的事例和典型来教育群众。"不要怕揭露错误和无能；要广泛介绍并大力宣扬任何一个表现稍为突出的工作人员，把他树立为榜样"，"在报道优胜者事迹时，不仅要树立先进人

---

① 孙发光等：《新中国新闻典型形象的生产与社会价值》，武汉：华中科技大学出版社，2017年，第4-5页。

物形象，而且要用先进人物的先进思想和先进经验去武装所有的人，以先进促后进，共同提高，做到经济宣传和政治思想教育相结合"。①

苏维埃新闻媒体忠实执行列宁的指示。二战中苏联报刊广为宣传的英雄人物如马特洛索夫、卓娅、吉利亚等都是苏共中央树立的著名的典型人物。典型报道在苏联历史上以组织社会主义竞赛、推广先进经验等形式，激发了劳动群众的生产热情和积极性，达到了生产宣传和思想政治教育结合的目的。苏联新闻事业的实践与理论极大地丰富了社会主义新闻理论体系，也对中国共产党的新闻事业建设产生了深远的影响。

（二）毛泽东的党报理论②

毛泽东的党报理论包括两个层面构成：一是作为指导方针的毛泽东的党报理论，它构成典型报道理论的基础；一是作为其报道方式内在规定的毛泽东的典型方法，它构成典型报道理论的主体内容。第一层面的党报理论是在20世纪40年代初延安新闻界整风改革中成熟的，并于那时开始贯彻于我党的新闻实践。第二层面的典型方法发端于毛泽东在大革命时期运用的典型调查实践，实施于毛泽东领导中国革命和建设的全过程，是毛泽东一贯运用的一种具有方法论意义的思想理论。

就报纸的性质而言，毛泽东认为，党报是党这个巨大的集体的宣传员、鼓动员和组织者，是党的喉舌，新闻事业是党的整个事业的一个组成部分。党报的任务是宣传党的政策，围绕党的工作发动群众，鼓舞群众，引导和组织群众。就对记者的要求而言，毛泽东认为，记者是党的工作者，和其他方面的工作者一样是实际斗争的参加者，要深入实际调查研究，密切联系群众。毛泽东党报理论强调"全党办报""群众办报"的路线，树立新鲜活泼的文风等理论原则。毛泽东党报理论的这些观点给新闻报道提出了一个明确、清晰而又切实的指导思想：为什么报道，报道什么，怎样报道。

---

① 孙发光等：《新中国新闻典型形象的生产与社会价值》，武汉：华中科技大学出版社，2017年，第5页。

② 吴廷俊、顾建明：《典型报道理论与毛泽东新闻思想》，《新闻与传播研究》2001年第3期。有删节。

毛泽东党报理论从三个方面给典型报道以理论支持：其一，新闻事业是党的整个事业的重要组成部分，新闻报道要无条件地宣传党的方针和政策，配合党的中心工作，宣传先进典型。其二，新闻报道要以实践中的基层群众为报道对象和服务对象，就必须用群众中的典型引导、鼓舞和教育群众。其三，新闻工作者是党的工作者，是社会实践的直接参加者，而不是冷眼旁观者，要参加实际斗争，深入调查研究，从群众的视角，发现典型，报道典型。

毛泽东的党报理论给予新闻宣传以方针上的指导，而毛泽东的典型方法，即典型思想方法与典型工作方法给新闻宣传一种独特的报道方式，这就是典型报道方式。典型调查方法又可称为"解剖麻雀"的方法，是从总体事物中选取若干有代表性的个体作为对象而进行的深入的调查研究，目的是找出一些规律性的东西，以指导和推动面上的工作，这种目的的典型调查必然发展到典型指导，即"以点带面"的工作方法。

作为典型报道理论主体的典型方法包含三部分内容：典型本体论，典型功能说，典型运作方式。从本体论上说，新闻报道中的典型不是文艺美学的概念，它不能虚拟物象，移置属性，它是指现实生活、社会实践中实实在在存在的典型人物或典型事件。这种意义上的典型要具备四种特质：新闻性、特殊性、代表性、超越性。典型的功能说是典型报道的价值所在。在认识上，典型是认识事物的本质、了解时代的特征、把握整体事物的入口，能够喻含昭示，揭示矛盾，设置议题，启发思考。在实践上，典型的功能是运用个体影响群体，一个是典型引导，榜样示范，这就是毛泽东常讲的"抓两头，带中间"的工作方法；再一个是扩张舆论，熏染社会。这两种做法常常同时并举。典型的运作方式一般要经过如下程序：明确目的的选择典型，广泛深入地进行调查研究，获取规律性认识，宣传典型作用于社会实践。

典型报道的要诀在于调查研究。深入群众，调查研究，发现典型，解剖麻雀，运用典型，指导面上的工作。这种对典型方法完整运用的典型报道既不同于早期共产主义者的"典型示范"，也有别于列宁倡导的上"红榜"与上"黑榜"的"典型宣传"。"典型示范"和"典型宣传"虽然也重视榜样的作用，但是与典型报道相比，缺少了"典型调查"这个认识环节，与我国的典型报道并不一路。

二、关于王进喜的典型报道

（一）《大庆精神大庆人》

《大庆精神大庆人》是第一篇公开向全国报道大庆石油会战的长篇通讯，由新华社记者袁木、范荣康采写。中央人民广播电台于1964年4月19日首次向全国广播，1964年4月20日《人民日报》全文发表，并配发"编后话"指出：大庆精神，就是无产阶级的革命精神。大庆人，是特种材料制成的人，就是用无产阶级革命精神武装起来的人。正是这篇著名的长篇通讯，第一次向世界宣布，中国有了属于自己的特大油田——大庆油田；第一次向世人宣布了一个具有伟大意义的政治概念——大庆精神，由此铁人的事迹被国人所关注。

该文通过许多典型人物的生动事迹，客观地介绍了大庆人在困难的时候、困难的地方、困难的条件下，以"两论"为指导，发扬自力更生、艰苦奋斗的革命传统，用革命加拼命的精神展开夺油大会战的情况。赞扬了大庆人奋发图强的爱国主义精神；风餐露宿、人拉肩扛、战胜困难的艰苦创业精神；为了全国人民的远大理想甘愿吃大苦、耐大劳、甚至不惜牺牲个人一切的献身精神；为油田建设负责一辈子的主人翁责任感；对工作一丝不苟，高标准、严要求的严细作风；取全取准20项资料、72个数据，保证一个不少、一个不错的科学求实精神；关心别人胜过自己的团结友爱精神；在成绩面前还要"冷一冷"，坚持"两分法"前进的可贵性格。高度评价大庆精神是延安精神的发扬光大。

袁木是新华社记者，范荣康是人民日报评论员。这两人对大庆有感情，对采访对象包括接待人员很尊重，对大庆的一切都感到新鲜，有浓厚的兴趣。听到谁讲什么大庆的人和事，总要刨根问底搞清楚，马上就下来，本笔不离手。他们接受任务后，白天下基层采访，晚上看材料、整理笔记，连走路吃饭都在琢磨怎么把这篇大文章做好。几天后两人就确定这篇通讯的总题目叫《大庆人·大庆精神》。主题确立以后，两位就根据已掌握的线索选择了四五十个大庆人的故事，根据内容分组归堆，按照"为了祖国和人民""科学求实""严细成风""爱岗敬业""甘于奉献"制订了小标题，还设计了"又回到了延安"的开头和"冷一冷"的结尾。然后就按细提纲一个故事一个故事地加细采访。他们用两个月的时间，几易其稿，最后完成了这篇大稿的创作。"采访团"王揖团长看了很满意，给工委领导送审也很快通过。这篇稿件在发表时，题目做了轻微调整，由《大庆人·大庆精神》改成了《大庆精神大庆人》。①

自此，中央和各地的广播电台、报纸、杂志对大庆开始了全方位的报道，一场轰轰烈烈学习大庆的活动在全国展开，大庆油田成为世人瞩目和向往的地方。也是从那时开始，大庆精神成为鼓舞大庆人前进、推动企事业发展的强大动力，成为大庆人享用了半个多世纪的精神财富。

（二）《工人阶级的光辉形象》

1966年1月3日，《工人日报》头版头条发表长篇通讯《工人阶级的光辉形象——王铁人》，作者是李冀、杜铁、张杰，同时发表社论《我们需要千千万万个铁人》，从而使铁人王进喜的英名和他的事迹在大江南北、长城内外得到了更加广泛的传播。

这篇通讯包括六个部分。一是"为中国人民争气"。他不相信中国是个贫油国，"我们一定要拿下个大油田，甩掉石油工业落后的帽子，为毛主席和全国人民争口气。"二是"天大的困难都要上"。大庆石油会战是在困难的时候、困难的地方、困难的条件下开始的，铁人说："有条件要上，没有条件创造条件也要上，天大的困难都要上。"他们用一天时间，把钻机从火车上卸下来，又足足用了三天三夜，把40多米的井架和钻机矗立在大荒原上。三是"和帝国主义争时间"。罐车没有，水管线没安好，钻机没水不能工作怎么办？铁人坚定地说："我们就是尿尿也要打井！"他带领大家用大桶、小桶、脸盆端水200吨，战胜了漏层。四是"争的是党的大红旗"。发

---

① 孙宝范：《听老会战讲述〈大庆精神大庆人〉发表背后故事》，《大庆网》2019年4月23日。

生井喷，铁人不顾自己的伤情，跳进池里，用身体搅拌泥浆。铁人想的不是他一个队打上去，他希望所有的队都打上去。他争的是党的大红旗，国家的大红旗，而不是插在他们井架上的那面小红旗。五是"工人身上有多少泥，铁人身上有多少泥"。铁人不坐办公室，成天从这个井队跑到那个井队，有问题就解决，没问题就和工人一起干活。工人们说："我们身上有多少泥，铁人身上就有多少泥；我们身上有多少汗，铁人身上就有多少汗。"铁人和阶级弟兄有深厚的感情。六是"读毛主席的书，听毛主席的话"。铁人认真读"毛选"，相信"真理从实践中来"。铁人王进喜就是这么一个人，"在党的面前，在人民面前，他是一头'牛'，他不为名、不为利、不怕苦、不怕死，心甘情愿为革命事业当一辈子老黄牛。""对工作极端负责，一点也不含糊。谁对工作不负责任，他就进行严肃的批评。他对自己要求更严。只要发现自己做错了事，就勇于改正。""他热爱自己的阶级弟兄，关心每一个阶级弟兄的成长；发现谁有什么困难，总是想办法帮助。他对自己却非常克己，从来不讲享受。"

这篇通讯报道反响强烈。《工人日报》刊发后，广播电台立即转播，新华社当天全文转发，全国50多家报纸转载。报社每天收到读者的大量来信来稿，他们纷纷表示要向王铁人学习，学习他"有条件要上，没有条件创造条件也要上""宁愿少活20年，拼命也要拿下大油田"的革命拼搏精神和爱国主义精神。全国各地工矿企业相继开展了一个学习王铁人，"做铁人式工人"的热潮。中宣部、工交政治部和石油工业部几次在会议上表扬这篇报道，认为这篇通讯奏出了时代的最强音，王铁人是时代精神的体现，是艰苦奋斗、拼搏奉献和爱国主义完美结合的英雄模范。为什么这篇通讯报道会在全社会引起如此强烈的反响？就是因为王铁人的思想和事迹凸现了当时的时代精神。当时，我国经济正处在一个困难时期，内忧外患一齐袭来，年轻的共和国正在承受着一种巨大的压力。这时宣传王铁人那种艰苦奋斗、自力更生，决不屈服于外来压力的价值取向，就成了全国人民共同的心愿。

（三）《中国工人阶级的先锋战士》

1972年1月27日，《人民日报》发表报告文学《中国工人阶级的先锋战士——铁人王进喜》，作者是新华社记者穆青和高洁。

王进喜是"一不怕苦二不怕死的铁人"。王进喜刚到大庆时，脚下荒原一片，朔风呼啸，滴水成冰，吃的是玉米面炒面，住的是四壁漏风的马棚。他们就是在这样的困难的时候、困难的地方、困难的条件下开始了史无前例的夺油大战。没有公路，吊车、拖拉机不足，设备在火车上卸不下来，面对这种困难，王进喜说："有条件要上，没有条件创造条件也要上！"他带领全队30多个人用绳子拉、撬杠撬、木块垫，将60多吨重的钻机一寸一寸地运到井场。打井需要水，可当时没有水管线和水罐车，为了抢时间，王进喜决定用脸盆端，硬是带领大家用脸盆端来几十吨水开了钻。王进喜率领的1205钻井队被誉为"硬骨头钻井队"。第一口油井打好之后，王进喜的腿被滚落的钻杆砸伤，应该住院的他却拄着拐杖缠着绷带连夜回到井队。在第二口油井即将发生井喷、且没有重晶石粉的危急时刻，王进喜当机立断用水泥代替。由于没有搅拌机，水泥沉在泥浆池底，王进喜便扔掉双拐，纵身跳进泥浆池，用身体搅拌泥浆。在他的带动下，工友们纷纷跳进泥浆池。经过三个多小时的奋战，井喷被"制服"，油井和钻机保住了，但王进喜身上却被碱性很大的泥浆烧出了大泡，当工友们把他扶出来时，腿疼得使他扑倒在钻杆上，豆大的汗珠不停地从脸上滚下来。

王进喜是"胸怀远大目标的革命先锋"。铁人王进喜把井场当成革命斗争的战场，一个心眼就是要为国家多打井，打好井。他把自己的一生，全部贡献给发展社会主义祖国的石油工业。1950年代，他率领钻井队，大战祁连山，七年间钻井进尺七万多米；1960年代，他奋不顾身投入大庆油田会战，为甩掉我国石油工业落后的帽子建立功勋。他满怀雄心壮志，设想着进一步发展我国石油工业的蓝图。他说："我这一辈子，就是要为国家办好一件事：快快发展我国的石油工业。"铁人王进喜胸怀发展我国石油工业的远大目标，做起工作来，却又是一丝不苟，扎扎实实地一步一个脚印。党的"九大"以后，他亲自组织一个废旧材料回收队，在风里、雨里、泥里、水里，他们搜寻散失的废旧钢材，连一颗螺丝钉、一小块废钢铁都拣起来。王进喜把远大目标和求实精神结合起来。他总是想着党的需要，展望我国石油工业发展的美好前景，设想着一个宏伟的目标。他豪迈地说："总有一天，要使我国石油流成河！"

铁人王进喜"为革命鞠躬尽瘁，奋战终生"。十多年来，严重的胃病和关节炎一直折磨着铁人，但他从不把自己的病痛放在心上。领导多次要他住院治疗，他总是那句话："没啥，老病了，工作这么忙，哪顾得上这些？"他身在医院，心里却时刻关心着大庆油田。每次大庆的领导和同志们去看望他，他都要详细询问：工人们学习怎样？打了多少新井？有什么新创造？还有什么困难问题？他不仅考虑工作上的问题，连职工生活方面的许多细小事情，也都想得很周到。临终前，他把党组织为他母亲、爱人、孩子长期生病补助的钱交给身边的领导，并说："这笔钱……请组织上花到最需要的地方……我不困难……"除此之外，文章还写到王进喜是"捍卫毛主席革命路线的英雄"。文中说，在大庆石油会战的几年间，王进喜在和大自然斗争中是一不怕苦、二不怕死，在和阶级敌人、错误路线、错误思想的斗争中，同样是英勇顽强、不屈不挠的英雄。

在"文革"极不正常的情况下，想用正常的态度写报告文学是不被允许的。关于"铁人"王进喜的几篇作品可作例证。1970年11月全国著名劳动模范王进喜病逝后，新华社记者高洁奉派和其他几位记者写作关于他的报告文学。但由于王铁人在"文革"初期曾被"打倒"和批斗，后又逃往北京。在极"左"思潮影响下，几位记者的思路怎么也统一不起来，无法写作。后来，任务落到刚刚"解放"的穆青身上。穆青认为应该摆脱当时流行的模式，例如"大批判开路"、大量引用毛泽东语录等，而应该抓住王进喜的特点，集中写好他对祖国石油事业的贡献，把人物形象写出来，至于他对毛泽东思想的认识，应渗透到各个情节中去，而不必单独提出。但在写作过程中，周围已是议论纷纷，当一万多字的文稿写出来后，即遭到有关方面的大删大改。穆青沉痛地说："我不承认是我写的""有朝一日要重写"①。这篇文章的最后署名是大庆革命委员会报导组、新华社记者，

---

① 刘淮：《穆青和他的报告文学》，郑州：河南人民出版社，1985年，第64—66页。

便是这样产生的。

平心而论，这篇作品从整体上看，比当时其他作品还算稍好些，因为这篇文章毕竟较为完整地介绍了这位先进工人艰苦创业、忘我劳动的情景。但用相当大的篇幅写他在"阶级斗争""路线斗争"中的表现，给人一种错觉：似乎他也是"文革"的积极分子似的，而对于"文革"期间造反派对生产的严重破坏活动则未能透露。另外，行文板滞，全文好像先进事迹的罗列，可能是删掉了应有的抒情议论的结果。①

三、典型报道的社会作用

传播新闻信息。典型人物报道的最基本的功能是向受众传递新闻信息，其他社会功能都是以新闻信息为载体，由这一功能派生出来的。新闻媒介不断向人们传播具有新闻价值的社会信息，帮助人们了解周围世界的变动，从而及时修正自己的观念、价值取向、生活方式、行为准则，以适应变化了的外部世界，提高自己的生存能力、生活质量，最终实现自身的追求和价值。一般动态性报道很难说明和解释复杂的有时甚至是扑朔迷离的事物，而典型报道可以适应这种需要，能较深入地阐明新闻事实的因果关系，因而含有量多质高的信息。②在《大庆精神大庆人》报道前，大庆一直是保密的，在石油系统内部叫"松辽石油勘探局"，对外叫"农垦场"，后来，党中央根据形势发展需要，决定公开报道大庆。就这样，中宣部派了一个"新闻采访团"到大庆采访。这篇通讯写了30多个故事，光点名的人物就有28个，信息量大。典型人物报道必须满足读者对新闻信息的渴求入手，再谋求实现其他社会功能。

社会整合与动员。典型报道通过树立典型，倡导维护社会稳定与发展的价值观念。社会凝聚力产生的一个重要方面是提供一套为大多数所认可的价值体系，此系统用以保证公民的社会行为方式大体趋同。所以，我们经常可以看到，典型报道多称通过某种典型以倡导某种观念、精神。在此

---

① 张春宁：《中国报告文学史稿》，北京：群言出版社，1993年，第360—361页。
② 朱清河：《典型报道：理论、应用与反思》，武汉：武汉大学出版社，2006年，第160页。

种情况下，典型是某种抽象原则的事迹载体，代表了社会所倡导的价值观念。而这一原则在社会上传播所起的正是整合社会的作用。中华人民共和国成立后，面对一穷二白的国情，党和政府要采取各种方式激励、动员广大民众同心同德，克服困难，争分夺秒地推动社会主义各项事业的不断进步。典型宣传是传播媒介进行社会动员的最常见的方式，即结合某一宣传主题抓住典型性的突出人物和事例进行深入详细的宣传报道，增强人民战胜困难的信心和决心，帮助和启发人们努力开拓创新，为社会多做贡献。如果说动员和整合社会的功能是较为宏观的话，那么典型报道的榜样示范功能则是具体、实在又实用的。作为典型宣传的工作经验可直接为他人所借用，先进人物的模范行为可供他人模仿，积极向上的价值观可给人以人生引导。榜样的示范作用使得人们可以从仿效典型的行为中改进工作方法，提高自身水平，取得更佳成绩。榜样示范的直接目的在于塑造出一批批观念、思维、行为类似的个人和群体，终极目的是促进党和政府的各项工作目标的实现。①

以铁人精神为核心的大庆精神是大庆石油人用马列主义和中国特色社会主义理论全面武装和改造自我的实践结果。大庆石油人靠"矛盾论"和"实践论"起家，注重用马克思主义的世界观和方法论来武装头脑，在改造客观世界的同时，他们也自觉地改造主观世界。铁人精神作为大庆精神的重要组成部分，其凝聚向心价值的过程，也是大庆石油人的共同信念、理想、价值追求相统一的过程，更是大庆石油人获得归属感的过程。②在艰苦的石油会战中，铁人精神得以孕育、提炼和发扬，它曾激励各行各业的劳动者奋勇争先。铁人在忘我拼搏中呈现出的不畏困难、不甘人后的精神，以及奋进、刻苦、乐观、自信的风貌，足以激励所有热爱生活的年轻人，使之脚踏实地地努力，用智慧与汗水去浇灌梦想。铁人的理想与国家的命运紧密相连，它体现了一个伟大民族刚毅不屈的优秀品格和积极向上的精神风貌。这为当下每一个普通人提供了前进的动力和前进的方向。

人生观和价值观引导。旗帜鲜明地宣传爱国主义、集体主义和社会主

---

① 朱清河：《典型报道：理论、应用与反思》，武汉：武汉大学出版社，2006年，第183—184页。

② 宋玉玲等：《马克思主义时代化与大庆精神的时代价值》，《大庆社会科学》2016年第3期。

义思想，宣传科学的价值观、人生观和世界观，以实现典型报道的思想导向和价值导向是典型报道永恒的追求。新闻媒体直接或间接地充当社会道德法庭的角色，歌颂真善美，鞭挞假恶丑，并使这种歌颂与鞭挞形成一种强大的无形的社会力量，成为人们约束自己行为的依据，调整个人与社会、个人与团体、个人与个人之间的关系。运用典型教育人民树立正确的世界观、人生观和价值观，是党的新闻宣传的重要方法，也是加强思想道德建设的锐利武器。典型报道就是要规范社会成员的行为标准，使人们在社会生活中，从自我发展的心理需要出发，克制自我行为和思想中的不良倾向，向更高、更好的目标接近。[①]

铁人精神的真善美。真，是铁人精神的鲜明品格。马克思主义的世界观、人生观、价值观，社会主义共产主义的理想信念，全心全意为人民服务的宗旨，构成了王进喜精神信仰的基本内容。王进喜坚定的马克思主义信仰，集中体现在他对党、对人民，特别是对他所从事的石油事业的热爱。他的这一信仰终生都没有改变。铁人精神的真也表现在思想方法和工作作风上。王进喜是一个最讲实事求是的人，他遇事总是注意调查研究，尊重客观实际，一切从实际出发。善，是铁人精神的伦理特征。王进喜对自己的队友感情深厚，充满体贴关爱之情。王进喜热爱人民群众，热爱自己的队友，也热爱自己的家人。美，是铁人精神的人格魅力。正是充溢着对人民的深情厚爱，才处处表现出铁人精神的道义之美。也正是充沛着这种道义美，她才亲近人心，贴近民众，饱含着激励人和鼓舞人的力量。铁人精神是富有生命活力的一种精神。铁人精神是在苦难、贫贱、屈辱、压迫中倔强地生长起来的，是在艰难困苦、百折不挠中磨砺出来的极其刚毅、极其坚忍的精神。铁人精神不仅是蓬勃向上的，也是永葆青春的。当一种精神与历史进步的追求、与人民利益的追求融汇在一起时，这种精神就是不朽的。具有人性的真善美的铁人精神，永远是我们这个伟大民族需要高举的崇高旗帜。[②]

---

① 朱清河：《典型报道：理论、应用与反思》，武汉：武汉大学出版社，2006年，第162—168页。
② 马英林等：《铁人精神的真善美》，《中外企业文化》2008年第2期。

第三节 "铁姑娘"的话语模式

"铁姑娘"是20世纪六七十年代对中国女性去性别化（或称男性化、中性化）行为方式的称誉性评价，也是那个反性感时代的性感。对中国传统之于妇女德容言工须"温柔""贤淑"的弱女子性别规范，是一种颠覆。其语义与中国古代的穆桂英、花木兰形象相似，指称女性中可堪与男性媲美的豪杰。

一、"铁姑娘"生成的历史语境

"铁姑娘"作为一个特定词汇，是由群众创造使用的、对社会生产中从事高强度劳动的青年女性的含有赞誉性的称呼。最初指称20世纪50年代农业合作化运动和社会主义经济建设中涌现出来的一些农村未婚女青年劳动积极分子，而非六七十年代的产物，更不是从60年代毛泽东的"时代不同了，男女都一样"的论述中汲取意涵而创造的词汇。在1958年"大跃进"中，"铁姑娘"进入《人民日报》的视野，成为与"铁老太太""铁大嫂""穆桂英""花木兰""杨排风"等并列的一种赞语。应当说，它是来自群众的一种通俗性民间用语，而非领袖话语催生的产物。即便是在山西省昔阳县，"铁姑娘"也并非"最早是人们对大寨青年妇女突击队的赞誉之称"。据该县档案馆的一份材料显示：共青团昔阳县委员会早在1957年11月就树立了一名16岁的"铁姑娘"典型张玉娥。至于大寨"铁姑娘"的"走红"，则是大寨成为全国典型的伴生物，这在时间点上可资佐证。在1960年代前期《人民日报》中的"铁姑娘"典型群体中，见不到大寨"铁姑娘"的名字；在1964、1965年大寨经验引起中央高层关注并向全国推广之际，1965年3月8日《人民日报》发表了向红的《大寨精神大寨妇女》，表明大寨"铁姑娘"和"铁姑娘队"开始引起关注，并在"文革"中进一步被树立为"革命妇女"的典范。①

1956年，中国共产党第八次全国代表大会确定了妇女工作的指导思想：动员妇女参加生产建设，以此争取妇女的彻底解放。邓颖超在大会上作了《在党的领导下，团结和发挥广大妇女群众的力量》的发言，她说："妇女工作的中心任务是广泛地动员妇女从各方面参加社会主义建设，这是增强建设社会主义的力量，争取妇女彻底解放的关键。"②1956年《中国妇女》第3期刊登了一篇文章《毛主席关于发动广大妇女群众参加社会主义建设的指示》，这是毛泽东在《中国农村的社会主义高潮》这本书里关于妇女工作的四段批语。其中对《发动妇女投入生产，解决劳动力不足的困难》的批语中这样说："在合作化以前，全国有很多地方存在着劳动力过剩的问题。在合作化以后，许多合作社感到劳动力不足了，有必要发动过去不参加田间劳动的妇女群众参加到劳动战线上去。这是出于许多人意料之外的一件大事。……中国的妇女是一种伟大的人力资源，必须发掘这种资源，为了建设一个伟大的社会主义国家而奋斗。"③毛泽东的这一批示指出：妇女等同于人力资源，他们参加劳动与实际生产中国家对劳动力的需求直接相关。

为支援"大炼钢铁"运动，解决劳动力紧张的困难，各行各业都展开了"以女替男"的"妇女化"运动。城市就业妇女的人数迅猛增加。1958年，在全民所有制企事业工作的女职工猛增700余万人，超过了前8年的总和。这不仅超过了中国社会现有的工商业生产力的容量，也超过了妇女走向社会应具备的心理和文化技术素质。农村几乎100%的妇女被发动和组织起来参加农业生产。④各地不断开展不顾妇女生理特点拼体力的劳动竞赛，使妇女的身体受到伤害，妇女病发病率大幅度上升，儿童得不到较好照顾，各种事故增多。

1959年3月8日，全国妇联主席蔡畅在首都各界妇女纪念"三八"节

① 耿化敏：《关于〈"铁姑娘"再思考〉一文几则史实的探讨》，《当代中国史研究》2007年第4期。
② 《在党的领导下，团结和发挥广大妇女群众的力量》，参见中国妇女管理干部学院编：《中国妇女运动文献资料汇编（1949—1983）》（第二册），北京：中国妇联出版社，1988年，第262页。
③ 《发动妇女投入生产，解决劳动力不足的困难》，《中国妇女》1956年第3期。
④ 张静如编：《中国共产党通志》（第三卷），北京：中央文献出版社，1997年，第587页。

大会上发表讲话。她认为，中国广大妇女劳动力得到了极大的解放，妇女能够和男子一样，同劳动、同学习、同休息、同参加文化娱乐，妇女们欢欣鼓舞，笑逐颜开。①1960年开始，《中国妇女》社论要求全国妇女，高举总路线、大跃进和人民公社的三面旗帜，发扬"妇女什么也能干，什么也干得好"的英雄气概，争取为社会主义建设做出更大更多的贡献。②

　　耿化敏认为，"铁姑娘"概念从一开始就有颠覆既定性别分工的指向，"文革"进一步强化和推向极致。③由于劳动积极是成为"铁姑娘"的前提条件，加之农业合作化运动和"大跃进"时期动员妇女参加生产劳动的需要，"铁姑娘"概念的提出和流传具有挑战和颠覆传统劳动禁忌与性别偏见的指向。昔阳县的"铁姑娘"典型事迹显示：这位16岁的姑娘在280天的时间里做了230个劳动日，超过当地妇女劳动日的50%，超过当地男性劳动日的6%；她还豪言"别看我是女孩子，男人们也不在眼"。再则从当时《人民日报》的舆论导向来看，它刻意彰显"铁姑娘"与男性之间的"隐性"劳动竞争的场景。借用1958年被《人民日报》多次报道的山东省寿张县五位"铁姑娘"自己的话，"铁姑娘"称呼的来历恰恰是：我们"一起做到了腿酸不嫌累，冰天不嫌冷，下雪不停工，骨断不哼声，流血不叫疼。因此群众就开始管我们叫五个铁姑娘了"④。而上述劳动品格在传统性别观念中，仅为强壮的成年男性所具备。因此，"铁姑娘"概念从一开始就已经具备了打破既定性别分工的指向。

二、话语主题和话语对象

　　话语（discourse）来自拉丁语，本身有两种含义：一是指演讲和写作，讨论和说明客观事物；二是指在演说和写作中使用能够产生意义的言语，即话语。这一概念学科来源极为复杂，在不同的语境下，不同的学者对

---

① 蔡畅：《党的总路线照耀着我国妇女彻底解放的道路》，北京：中国妇女杂志社，1960年，第7页。
② 《妇女什么也能干，什么也干得好》，《中国妇女》1960年第1期。
③ 耿化敏：《关于〈"铁姑娘"再思考〉一文几则史实的探讨》，《当代中国史研究》2007年第4期。
④ 赵凤岭：《铁姑娘大战黄砂》，《人民日报》1958年11月11日。

"话语"有着不同的界定。例如，早期的话语研究主要应用于语用学领域，关注话语和语法、话语和语义、话语与认知等方面的研究，简要地说，它们分为两个派别，一类强调句法研究，一类强调语义分析。① 但是随着研究的深入，许多学者认识到，话语与社会语境的关系是话语研究的一个关键。例如，法国的语言学家乔治·埃利亚和萨尔法蒂认为，话语是"话语分析指示的对象"，它指的是与其产生的历史条件相关的所有的文本整体。话语包含了文体，根据这些文体产生了文本。布迪厄进一步指出，话语植根于特定的社会制度中，是文化的一个组成部分，经验通过它们而形成，一个客观的社会系统正是通过这种方式被创造出来的。②

法国思想家福柯（Focault）提出人与世界的关系只是一种"话语"关系。"话语"在本质上被福柯界定为人类或社团依据某些成规将其意义传播于社会，以确立其社会地位。"语言"这个抽象概念，不足以解释一些意义在历史、政治与文化上的"定型过程"。"话语"取代无力而含糊的"语言"概念，是社会对话的结果。人是受话语支配的，也被话语打上烙印，所以"不是人在说话，而是话在说人"。谁在说话，怎样说，为什么这样说，这些"语言之外的东西"正是话语研究的对象。福柯在《话语的秩序》中对话语与权力的关系进行了探讨，认为话语的产生和运用都按照一定程序而被控制、选择、组织和传播，受到权力隐蔽地支配。真正的权力是通过话语实现的，权力的发生、运作离不开话语。他的《癫狂与文明》一书，考察从16世纪末到20世纪对"疯狂"的定义的衍变，证明社会各个层面的特定"话语"如同一张缜密的网，控制其成员的思维和行动，也控制着社会组织的规范和条例。③ 在福柯的话语分析（discourse analysis）理论中，所谓的"话语"，就是共同遵循某一特定的话语实践规则、"隶属于同一话语构成系统陈述群"④。这一理论思想及其分析方法，"被社会科学家广泛

① 乔治埃利亚、萨尔法蒂：《话语分析基础知识》，天津：天津人民出版社，2006年，第4页。

② 周海燕：《记忆的政治》，北京：中国发展出版社，2013年，第19—20页。

③ 刘建明：《话语研究的浮华与话语理论的重构》，《新闻爱好者》2018年第9期。

④ 谢立中：《话语或权力：福柯前后期话语分析理论之间的矛盾》，见郏正：《改革开放与中国社会学》（论文集），北京：社会科学文献出版社，2009年。

地当作一种模式"①。他们强调话语的社会性和建构性，认为话语是一种行为形式，是一种社会事件，与社会结构相互作用，互为条件和结果，它是具有建构意义的。②

20世纪60年代初，尉凤英作为一个极普通极平凡的工人，能够受到毛主席13次接见，又被授予"毛主席的好工人"这种国内最高荣誉的称号，与毛主席的好干部焦裕禄、毛主席的好战士雷锋并列。1964年，尉凤英出席第三届全国人民代表大会第一次会议，大会休息时，周总理把东北的三位劳模介绍给毛主席时说："这是咱们工人阶级的代表。"毛主席非常高兴，微笑着把他温暖的大手伸向个头高高穿着中式蓝棉袄的尉凤英，仔细地问她年龄、工作和生活。第二天，毛主席和尉凤英亲切握手的照片以头版头条登载在《人民日报》上，不久，党中央命名尉凤英为"毛主席的好工人"。

农业学大寨是中国在1960年代开展的一场运动，依据的是毛泽东于1963年发布的一项指示"工业学大庆，农业学大寨，全国学人民解放军"。大寨是山西省昔阳县大寨公社的一个大队，原本是一个贫穷的小山村。农业合作化后，社员们开山凿坡，修造梯田，使粮食亩产增长了7倍。1964年2月10日，《人民日报》刊登了新华社记者的通讯报道《大寨之路》，介绍了他们的先进事迹，并发表社论《用革命精神建设山区的好榜样》，号召全国人民尤其是农业战线学习大寨人的革命精神。此后，全国农村兴起了"农业学大寨"运动，大寨成为中国农业战线的光辉榜样。"农业学大寨"的口号一直流传到1970年代末，其中也被极"左"思潮利用过。随着毛泽东"农业学大寨"的提出，山西省昔阳县大寨村一支由23名少女组成的"铁姑娘战斗队"，渐渐成为家喻户晓的明星，也成了许多人年少时的偶像。

三、话语的社会影响

在1949年至1980年后的中国，与"知青""劳模"等词同样流行的称

---

① 费尔克拉夫：《话语与社会变迁》，北京：华夏出版社，2003年，第36页。
② 周海燕：《记忆的政治》，北京：中国发展出版社，2013年，第19—20页。

谓是"铁姑娘"。这与1949年后鼓励女性参与社会主义建设尤其是体力劳动的政策有关，并曾被视为女性解放的标志和最为重要的社会进步之一。南京师范大学金陵女子学院金一虹教授从劳动的性别分工体制形成和"文革"时期"铁姑娘"的生产和符号化两条脉络分析了"铁姑娘"现象。她在历史长镜头下洞察了时代女性的形象塑造，由此回答了"铁姑娘"是如何被创造出来的。在金一虹看来，"铁姑娘"概念的出现，把"男女平等"解释为"男女都一样"，让女性不顾其生理特点，硬去做男子做的事，这大概是今天的人对那一段历史批评最多、也是我们今天最需反思的地方。但是从认可"男女不一样"，到质疑、批判"男女不一样"，并用行动去挑战"男人做男人的事情，女人做女人的事情"的成见、定规，是人类寻求平等的难以绕过的一个阶段。每一个时代都有一个时代的平等观，妇女中的不同群体和不同个体间也有对男女平等的不同理解，对仍然要以体力劳动为主，始终生活在"男尊女卑""男强女弱"格局下的农村妇女，当她们发现能和男人做得一样好的时候，某种程度上也是一种精神解放。①

这种平等是以男性标准为标准，以忽视女性与男性生理差别为前提，以女性努力去做"男同志能办到的事"去争取形式的平等，女性为此付出许多代价。由于"男女都一样"的口号宗旨本在于鼓舞妇女向男人看齐，多做贡献，而不在于平等的权利，女性在实践中亦只知多尽义务，却无相关的权利意识。农村的男女同工不能同酬是普遍且经久的现实。铁姑娘们即使做了"男人的活"，也不能拿到同男人一样的报酬，她们甚至根本没有意识到这是个问题。当部分妇女在社会生产领域一马当先地"外向"扩展时，女人必须包揽家庭"内务"的格局依旧，男性并未因此而多分担一点家务。女人在社会领域努力推行"男女都一样"运动，给自己换来的是双重的劳累和重负。②

---

① 《回望"铁姑娘"群像，拓展中国研究边界》，《中国妇女报》2019年6月11日。

② 金一虹：《"铁姑娘"再思考》，《社会学研究》2006年第1期。

第四节 劳模精神再生产机制

以劳动模范申纪兰、黄宝妹、王进喜为研究对象，以党和国家的意识形态为主线，分为"实然""应然""使然""果然"四个阶段，探讨劳模精神的再生产机制。研究发现，主创人员按照社会主义意识形态的需要创作文艺作品和塑造劳动模范形象以教育广大群众，使劳模精神事迹在日常生活中加强建构和再现。

一、再生产机制及理论基础

劳模精神再生产机制经过两个阶段，第一个阶段是从现实中的劳模事迹和精神到媒介中的劳模形象和精神，这是劳模精神的生产过程；第二个阶段是劳模精神规训受众，在人民群众中再现劳模行为和继承劳模精神，这是劳模精神的再生产过程。

劳模精神再生产机制可分为"实然""应然""使然""果然"四个部分，（1）实然，即实际什么样。现实中的劳模有哪些先进事迹、优秀品质和高尚精神？（2）应然，即应该什么样。根据党和国家意识形态的需要，媒介塑造了什么样的劳模形象？歌颂了哪些劳模精神事迹？（3）使然，即为什么这样。劳模形象如何被塑造？劳模精神如何被建构？它解释了"实然"和"应然"之间的张力。（4）果然，即结果怎么样。劳模精神怎么规训群众？人民群众传承劳模精神，效仿劳模行为，它是"实然"和"应然"相互作用的结果。如下图。

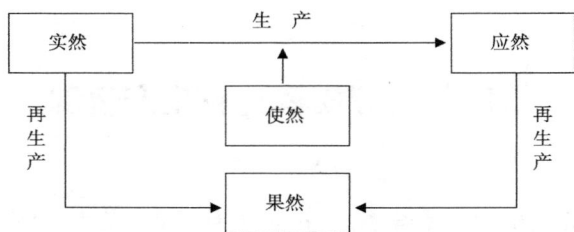

劳模精神再生产机制

劳模精神再生产机制是党的群众路线的实际应用。以毛泽东为主要代表的中国共产党在长期斗争中形成了"一切为了群众，一切依靠群众，从群众中来，到群众中去"的群众路线。群众路线是马克思主义世界观、认识论和方法论相统一的集中体现，是实现党的思想路线、政治路线、组织路线的根本工作路线。毛泽东指出："在我党的一切实际工作中，凡属于正确的领导，必须是从群众中来，到群众中去。这就是说，将群众的意见（分散的无系统的意见）集中起来（经过研究，化为集中的系统的意见），又到群众中去作宣传解释，化为群众的意见，使群众坚持下去，见之于行动，并在群众行动中考验这些意见是否正确。然后再从群众中集中起来，再到群众中坚持下去。如此无限循环，一次比一次地更正确、更生动、更丰富。"①劳模工作是一项群众运动，它是党和国家坚持群众路线，运用群众工作的方法，树立典型，总结普及先进经验，将先进生产者的经验和先进思想推广于全社会，从而提高全社会的生产水平和精神文明程度的一项群众工作。②

"从群众中来，到群众中去"的方法是同"从实践中来，到实践中去"的认识过程完全一致的，是马克思主义认识论在工作中的创造性运用。毛泽东在《实践论》中指出："认识从实践始，经过实践得到了理论的认识，还须再回到实践去。认识的能动作用，不但表现于从感性的认识到理性的认识之能动的飞跃，更重要的还须表现于从理性的认识到革命的实践这一个飞跃，抓着了世界的规律性的认识，必须把它再回到改造世界的实践中去，再用到生产的实践、革命的阶级斗争和民族斗争的实践以及科学实验

---

① 《毛泽东选集》（第3卷），北京：人民出版社，1991年，第899页。

② 高明岐：《社会主义劳动竞赛概论》，北京：中国工人出版社，1993年，第148页。

的实践中去。"①劳模精神是劳动群体先进性的高度浓缩，它源于又反作用于劳动群众，"先进生产者不只是要保持自己的先进，而且要努力促进别人由落后达到先进"，"每一个普通生产者应当向先进生产者学习，向先进生产者看齐"。②

二、党和国家的意识形态主线

贯穿"四然"的主线是党和国家的主流意识形态。在社会主义革命、建设和改革开放时期，党和政府会根据国家意识形态的需要评选劳动模范，借助文学艺术、政府表彰等形式塑造劳模形象，并用劳模形象的规范作用和劳模精神的规训力量向人民群众进行社会主义思想政治教育，使劳模精神在现实生活中得到加强建构和再生产。

劳模精神是伟大时代精神和社会主义意识形态的生动体现，印证着社会发展的变迁。延安时期的劳模按照"服务战争、支援军事"的指导思想，"以新的劳动态度对待新的劳动"，积极参加义务劳动，充分体现了"为革命献身、革命加拼命、苦干加巧干、经验加创新"的劳模精神，为新民主主义革命胜利和新中国的建立作出了重大贡献。"学习毛泽东思想，听党的话、忠于职守、勤奋工作"是20世纪50年代劳模精神的鲜明特征，"一不怕苦，二不怕死"的"老黄牛"形象是他们的真实写照，这些劳模身上体现的是社会主义理想和爱国报恩的价值追求。1958年，中国兴起"三面红旗"运动，紧接着出现三年自然灾害，经济面临严重困难。这时期的劳模只求奉献、不求索取，他们面对天灾，以自力更生、奋发图强的精神为全国人民树立了榜样。1979年，邓小平提出"知识分子成为工人阶级的一部分"的论断，中国科技界涌现一大批知识精英，体现了"淡泊名利，献身科学"的劳模精神。80年代，中国吹响了改革开放的号角，"科学技术是第一生产力"，新一代劳模发扬"当代愚公"和"两弹一星"精神，带领广

---

① 贾玉英编：《马克思主义经典著作选读》，成都：西南交通大学出版社，2018年，第90页。

② 《刘少奇在全国先进生产者代表会议上的祝词》（1956年4月30日），参见中共中央文献研究室编：《建国以来重要文献选编》（第8册），北京：中央文献出版社，1994年，第270—271页。

大职工群众勇攀科学技术高峰，在推动改革、促进发展、维护稳定中再立新功。90年代，中国经济飞速发展，劳模以"求真务实，拼搏进取"的主流价值观唱响时代的最强音。进入21世纪，以知识创造效益、以科技提升竞争力，实现个人价值、创造社会价值成为劳模的价值追求，知识型、创新型、技能型、管理型成为当代劳模的鲜明特征。当代劳模为全面建成小康社会，推动我国"五位一体"建设和党的建设作出了重大贡献，是实现中国梦的重要力量。

艺术和政治是密不可分的。早在《在延安文艺座谈会上的讲话》中，毛泽东就提出"文艺为工农兵服务"的方针。从20世纪40年代末开始，为政治服务不仅跃升为国家的文艺基本方针，也被明确地要求为执政党的具体政策和任务服务。60年代，文艺又被要求完全服从于以阶段斗争为纲的执政理念。80年，作为国家文艺方针的为政治服务才正式表明以"文艺为人民服务，为社会主义服务"取代"文艺从属于政治，文艺为政治服务"的提法。至此，被推行近40年的"文艺为政治服务"终于退出历史舞台，让位于文艺为"二为"服务，随后这一提法又被进一步诠释为"主旋律"。[1] 2014年，《在文艺工作座谈会上的讲话》中，习近平要求文艺工作者坚持以人民为中心的创作导向。

---

[1] 尹康庄：《"文艺为政治服务"的沿革》，《广州大学学报》2005年第2期。有删节。

参考文献

《马克思恩格斯选集》（第4卷），北京：人民出版社，1972年；

《毛泽东选集》（第3卷），北京：人民出版社，1991年；

《毛泽东文集》（第2卷），北京：人民出版社，1993年；

《毛泽东文集》（第7卷），北京：人民出版社，1999年；

《邓小平文选》（第2卷），北京：人民出版社，1994年；

《建国以来重要文献选编》（第8册），北京：中央文献出版社，1994年；

《建国以来农业合作化史料汇编》，北京：中共党史出版社，1992年；

胡绳：《中国共产党的七十年》，北京：中共党史出版社，1991年；

有林等：《中华人民共和国国史通鉴》（第2卷），北京：红旗出版社，1993年；

《中国妇女运动文献资料汇编》（第二册），北京：中国妇女出版社，1988年；

《上海妇女志》，上海：上海社会科学院出版社，2000年；

吴迪：《中国电影研究资料1949—1979》（中卷），北京：文化艺术出版社，2006年；

向德荣：《劳模精神职工读本》，北京：中国工人出版社，2016年；

刘文：《时代领跑者：上海劳模口述史》，上海：上海人民出版社，2018年；

周海燕：《记忆的政治》，北京：中国发展出版社，2013年；

《大寨昔阳青年工作经验》，北京：中国青年出版社，1977年；

《世纪人民代表：申纪兰》，北京：人民出版社，2014年；

刘重阳：《申纪兰》，长春：吉林文史出版社，2012年；

申纪兰：《忠诚：申纪兰60年工作笔记》，北京：北京联合出版公司，2011

年；

曹新广、王国红：《信念：申纪兰逸闻轶事》，太原：三晋出版社，2013年；

中共山西省委宣传部编：《申纪兰》，北京：人民出版社，2014年；

孙发光等：《新中国新闻典型形象的生产与社会价值》，武汉：华中科技大学出版社，2017年；

张会军编：《倾听的交流，电影人访谈》，北京：中国电影出版社，2015年；

梁振华编：《光影中国梦，镜语中国卷》，合肥：安徽大学出版社，2014年；

刘淮：《穆青和他的报告文学》，郑州：河南人民出版社，1985年；

朱清河：《典型报道：理论、应用与反思》，武汉：武汉大学出版社，2006年；

赵长安：《无所畏惧，吴运铎人生传奇》，北京：中国工人出版社，2015年；

傅广诚：《大庆企业文化辞典》，上海：上海人民出版社，1999年；

韩福魁：《学习铁人的创业精神》，《政工研究动态》2004年第16期；

韩福魁：《学习铁人的求实精神》，《政工研究动态》2004年第18期；

韩福魁：《大庆精神的核心是爱国》，《大庆社会科学》2013年第4期；

韩福魁：《铁人现象启示及铁人精神研究方法》，《大庆社会科学》2016年第1期；

韩福魁：《一以贯之的自信精神》，《大庆社会科学》2016年第5期；

韩福魁：《矢志不渝的信仰精神》，《大庆社会科学》2016年第6期；

韩福魁：《不屈不挠的奋斗精神》，《大庆社会科学》2017年第1期；

韩福魁：《至高无上的爱国精神》，《大庆社会科学》2017年第2期；

韩福魁：《不畏艰难的创业精神》，《大庆社会科学》2017年第3期；

韩福魁：《别开生面的苦学精神》，《大庆社会科学》2017年第4期；

韩福魁：《坚忍不拔的求实精神》，《大庆社会科学》2017年第5期；

韩福魁：《勇于担当的主人翁精神》，《大庆社会科学》2018年第2期；

马英林：《试论铁人精神的丰富内涵》，《大庆社会科学》2008年第1期；

马英林等：《铁人精神的真善美》，《中外企业文化》2008年第2期；

马英林：《铁人精神：从民族遗产到文化现象》，《大庆社会科学》2010年第4期；

马英林:《铁人王进喜的社会影响与历史贡献》,《大庆社会科学》2013年第5期;

马英林:《铁人文化现象的当代价值及其社会影响》,《大庆师范学院学报》2016年第1期;

刘仁等:《从铁人文化体系的形成看铁人文化的繁荣》,《大庆社会科学》2007年第2期;

李云雷:《看不到的"铁人"》,《电影艺术》2009年第4期;

李世明:《大庆精神铁人精神是中国工人阶级的共同精神财富》,《石油政工研究》2009年第5期;

许俊德:《浅谈铁人文学的产生和发展》,《大庆社会科学》2012年第2期;

于洪波、王晓琴:《铁人精神研究的主要成果及其存在的问题》,《大庆社会科学》2009年第2期;

张婧:《劳动模范:在道德与权力之间》,《开放时代》2007年第2期;

王永玺、张晓明:《简述中国劳模的历史发展》,《北京市工会干部学院学报》2010年第3期;

姚力:《劳模表彰:毛泽东群众路线思想的应用实践》,《当代中国史研究》2013年第6期;

夏莉娜:《杨富珍:始终保持劳模本色》,《中国人大》2010年5月25日;

《裔式娟小组》,《现代班组》2007年第6期;

金一虹:《"铁姑娘"再思考》,《社会学研究》2006年第1期;

耿化敏:《关于〈"铁姑娘"再思考〉一文几则史实的探讨》,《当代中国史研究》2007年第4期;

彭维锋:《新时代劳模精神的十大内涵》,《工人日报》2018年3月20日;

彭维锋:《习近平总书记关于劳动精神的重要论述研究》,《山东社会科学》2019年第4期;

吴廷俊、顾建明:《典型报道理论与毛泽东新闻思想》,《新闻与传播研究》2001年第3期;

李强等:《社会变迁与个人发展:生命历程研究的范式与方法》,《社会学研究》1999年第6期;

郑作彧、胡珊:《生命里层的制度化:欧陆生命历程研究的范式与方法》,《社会学研究》2018年第2期;

杜高:《吴运铎的当代价值》,《文艺理论与批评》2001年第6期;

黄会林:《感应与启示:评说〈中国保尔吴运铎〉》,《当代电视》2001年第8期;

黄式宪:《崇高着的精神魅力:谈电视剧〈中国保尔吴运铎〉的审美重构》,《当代电视》2001年第11期;

王啸文:《这就是中国的脊梁:看电视剧〈中国保尔吴运铎〉感言》,《当代电视》2001年第12期;

刘扬体:《为了崇高的信念:看电视剧〈中国保尔吴运铎〉有感》,《当代电视》2001年第11期;

郑伯农:《好钢需要百炼:电视剧〈中国保尔吴运铎〉观后》,《当代电视》2001年第12期;

正忠:《完全属于当下的英雄叙事与解读:我看〈中国保尔吴运铎〉》,《当代电视》2001年第12期;

李树榕:《"英雄记忆"与文化自觉:评获奖影片〈吴运铎〉》,《内蒙古宣传思想文化工作》2012年第12期;

闻过:《〈吴运铎〉观摩研讨会纪要》,《电影艺术》2011年第5期;

柳子:《吴运铎:用忠诚和坚强书写人生》,《党史文汇》2009年第10期;

朱定华、野畴:《中国纺织行业永不退色的旗帜:记全国劳动模范集体赵梦桃小组》,《现代企业》2012年第6期;

《传承梦桃精神,永葆先进本色》,《中国职工教育》2010年第11期;

柴云:《纺织战线上的骄傲:赵梦桃》,《党史纵览》2018年第8期;

李芳、袁武振:《"梦桃精神"的时代价值》,《当代陕西》2019年第22期;

《李顺达互助组发起捐献"中国农民号""爱国丰产号"飞机始末》,《文史月刊》2010年第8期;

蓝邨:《劳动就是解放,斗争才有地位:李顺达农林畜牧生产合作社妇女争取同工同酬的经过》,《人民日报》1953年1月25日;

行龙:《在村庄与国家之间:劳动模范李顺达的个人生活史》,《山西大学学报》2007年第3期；

岳续明：《"太行英雄"申纪兰》，《文史春秋》2001年第1期；

王占禹、郝斌生：《三秋树，二月花：通讯〈申纪兰的市场观〉采写体会》，《新闻战线》2007年第6期；

唐正芒：《建国初的农业增产竞赛运动述评》，《党史研究与教学》2010年第1期；

朱修勤、邢祖文：《访工人电影演员》，《电影艺术》1958年第12期；

李宗彦：《全球化语境中主旋律电影的创作策略探析》，《电影文学》2007年第8期；

尹康庄：《"文艺为政治服务"的沿革》，《广州大学学报》2005年第2期；

袁成亮：《电影〈创业〉被封杀的前前后后》，《党史纵览》2006年第6期

《胡锦涛在2005年全国劳动模范和先进工作者表彰大会上的讲话》，《人民日报》2005年4月30日；

《习近平在同全国劳动模范代表座谈时的讲话》，《人民日报》2013年4月28日；

《习近平在乌鲁木齐接见劳动模范和先进工作者、先进人物代表，向全国广大劳动者致以"五一"节问候》，《人民日报》2014年5月1日；

《习近平在庆祝"五一"国际劳动节暨表彰全国劳动模范和先进工作者大会上的讲话》，《人民日报》2015年4月29日；

《习近平在同各界优秀青年代表座谈会时的讲话》，《中国青年报》2013年5月6日；

《庆祝"五一"国际劳动节全国劳动模范座谈会举行》，《人民日报》（海外版）2001年4月30日；

张宝祥、张华：《山西上党梆子〈西沟女儿〉：农村需要"申纪兰"》，《人民日报》2011年8月18日；

郝斌生、王占禹、张维敬：《老劳模的市场观》，《人民日报》2007年2月25日；

杨联康：《甘当铺路的泥土：悼念吴运铎同志》，《人民日报》1991年5月28日；

《"铁姑娘"打井队》,《人民日报》1970年3月5日;

郑水泉:《劳模精神的时代内涵和实践指向》,《光明日报》2018年5月1日;

尹家绪:《把一切献给党:纪念吴运铎同志诞辰100周年》,《求是》2017年第14期;

张宪:《一代石油工人的英雄赞歌:对话〈铁人〉导演尹力》,《工人日报》2009年4月23日;

吴倩:《时代需要"铁人":访〈铁人〉主演吴刚》,《工人日报》2009年4月24日;

郭强等:《铁人精神:永远不会褪色:电影〈铁人〉在大庆油田拍摄纪实》,《工人日报》2009年4月23日;

刘斌:《大寨铁姑娘:曾是一个时代的偶像》,《山西晚报》2014年3月7日;

王晓婷:《尉凤英:总在奔跑的"铁姑娘"》,《沈阳日报》2019年8月7日;

陈姝:《"铁姑娘"接续传承"大庆精神"》,《中国妇女报》2019年8月23日;

徐保凤:《关于新时代弘扬梦桃精神的几点思考》,《咸阳日报》2019年12月2日;

李红云:《烙在心灵深处的梦桃精神》,《陕西工人日报》2019年11月22日;

马明:《农业生产战线上的女模范申纪兰》,《新中国妇女》1953年第2期;

安洋:《申纪兰的根与本》,《人民日报》2007年3月3日;

《中共长治市委关于授予申纪兰同志"太行英雄"称号暨向申纪兰同志学习的决定》,《长治日报》1992年3月4日;

《〈西沟女儿〉诠释一种精神,塑造一个传奇》,《太行日报》2012年4月27日;

小上、商培玺:《〈申纪兰〉创作背景和剧情》,《中国文化报》2012年5月10日;

张宝祥、张华:《〈西沟女儿〉诠释一种精神,塑造一个传奇》,《太行日报》

2012年4月27日。

宋江云:《申纪兰的多重符号》,《21世纪经济报道》2012年3月20日;

《人物形象鲜明,现实意义突出:〈铁人王进喜〉观摩研讨会纪要》,《中国电影报》2011年9月15日;

《吴运铎:"把一切献给党"》,《中国纪检监察报》2019年9月4日。